高等学校"十二五"规划教材
建筑工程管理入门与速成系列

建筑工程监理速成

盖卫东　主编

哈爾濱工業大學出版社

内 容 提 要

本书从建筑工程监理员的入门初级知识开始，详细阐述了建筑工程监理员应知应会的基础理论和专业技术知识，还适时介绍了建筑工程监理的相关数据资料及各种新材料、新技术、新设备、新工艺在建筑工程中的应用。本书主要内容包括建筑工程监理基本知识，建筑工程监理招投标，建筑工程投资控制，建筑工程监理进度控制，建筑工程监理质量控制和监理信息管理、资料管理与组织协调工作。

本书内容通俗易懂，可作为建筑工程监理员上岗培训的教材，也可供建筑工程施工相关管理人员使用。

图书在版编目(CIP)数据

建筑工程监理速成/盖卫东主编. —哈尔滨：哈尔滨工业大学出版社，2013.12

ISBN 978-7-5603-4407-2

Ⅰ.①建… Ⅱ.①盖… Ⅲ.①建筑工程-施工监理—高等学校—教材 Ⅳ.①TU712

中国版本图书馆 CIP 数据核字(2013)第 274080 号

策划编辑 郝庆多 段余男
责任编辑 王桂芝 段余男
封面设计 刘长友
出版发行 哈尔滨工业大学出版社
社　　址 哈尔滨市南岗区复华四道街 10 号 邮编 150006
传　　真 0451-86414749
网　　址 http://hitpress.hit.edu.cn
印　　刷 黑龙江省委党校印刷厂
开　　本 787mm×1092mm 1/16 印张 12.5 字数 320 千字
版　　次 2013 年 12 月第 1 版 2013 年 12 月第 1 次印刷
书　　号 ISBN 978-7-5603-4407-2
定　　价 31.00 元

编　委　会

主　编　盖卫东

编　委　曹启坤　齐丽娜　赵　慧　刘艳君

陈高峰　郝凤山　夏　欣　唐晓东

李　鹏　成育芳　高倩云　何　影

李香香　白雅君

前　言

目前,我国工程项目经常出现质量事故、工期拖延、费用超支等问题,特别是近几年出现了多起重大工程质量事故,不仅给国家和人民的生命财产造成了巨大的损失,同时也造成了不良的社会影响,这些事故无一例外都与项目管理有关,都是由于项目管理不善,管理不规范造成的。所以我国对项目管理给予了更多的关注,这就必须提高项目管理人员的素质,“建筑工程监理”是工程项目管理的一个方面,其内容和方法在项目管理的不同阶段各有不同,基于此我们组织编写了《建筑工程监理速成》。

本书以《建设工程监理规范》(GB/T 50319—2013)等现行标准规范为依据,主要特点如下:

1. 体现“规范”的思想,结合目前建筑工程监理中运用的基本原理和方法,并结合实际操作,系统、全面地介绍建筑工程监理的全过程。

2. 注重理论联系实际,实用性、操作性与前瞻性相结合,现代与传统方法相结合,具有较强的可操作性。

本书在编写过程中参考了有关文献和一些施工管理经验性文件,并且得到了许多专家和相关单位的关心与大力支持,在此表示衷心感谢。随着科技的发展,建筑技术也在不断进步,本书难免存在疏漏及不妥之处,恳请广大读者给予指正。

编　者

2013 年 8 月

目　录

1 建筑工程监理基本知识

1.1 建筑工程监理与相关法规制度

1.1.1 建筑工程监理

1.建设工程监理的概念

(1)定义。

我国的建设工程监理发展很快,在许多方面取得了成功,但仍有不成熟的地方,目前难以准确地定义。如果从其主要属性来说,大体上可作如下表述:

1)建设工程监理。是指工程监理单位受建设单位委托,根据法律法规、工程建设标准、勘察设计文件及合同,在施工阶段对建设工程质量、进度、造价进行控制,对合同、信息进行管理,对工程建设相关方的关系进行协调,并履行建设工程安全生产管理法定职责的服务活动。

2)建设单位。也称业主或项目法人,是委托监理的一方。建设单位在工程建设中拥有确定建设工程规模、标准、功能,以及选择勘察、设计、施工、监理单位等工程建设中重大问题的决定权。

3)工程监理单位。是指依法成立并取得国务院建设主管部门颁发的工程监理企业资质证书,从事建设工程监理活动的服务机构。

(2)监理概念要点。

1)建设工程监理的行为主体。《中华人民共和国建筑法》(以下简称建筑法)明确规定:"实行监理的建筑工程,由建设单位委托具有相应资质条件的工程监理单位监理"。建设工程监理只能由具有相应资质的工程监理单位来开展,建设工程监理的行为主体是工程监理单位,这是我国建设工程监理制度的一项重要规定。

建设工程监理不同于建设行政主管部门的监督管理。后者的行为主体是政府部门,它具有明显的强制性,是行政性的监督管理;它的任务、职责、内容不同于建设工程监理。同样,总承包单位对分包单位的监督管理也不能视为建设工程监理。

2)建设工程监理实施的前提。《建筑法》明确规定:"建设单位与其委托的工程监理单位应当订立书面委托监理合同"。即,建设工程监理的实施需要建设单位的委托和授权。工程监理单位应根据委托监理合同和有关建设工程合同的规定实施监理。

建设工程监理只有在建设单位委托的情况下才能进行。只有与建设单位订立书面委托监理合同,明确了监理的范围、内容、权利、义务、责任等,工程监理单位才能在规定的范围内行使管理权,合法地开展建设工程监理。工程监理单位在委托监理的工程中拥有一定的管理权限,能够开展管理活动,是建设单位授权的结果。

承建单位根据法律、法规的规定和它与建设单位签订的有关建设工程合同的规定接受工程监理单位对其建设行为进行的监督管理,接受并配合监理是其履行合同的一种行为。工程监理单位对哪些单位的哪些建设行为实施监理要根据有关建设工程合同的规定。

2.建设工程监理的依据

建设工程监理的依据主要包括以下几个方面:

(1)工程建设文件。

工程建设文件包括批准的可行性研究报告、建设项目选址意见书、建设用地规划许可证、建设工程规划许可证、批准的施工图设计文件、施工许可证等。

(2)法律法规及工程建设标准。

法律法规及工程建设标准包括《中华人民共和国建筑法》、《中华人民共和国合同法》、《中华人民共和国招标投标法》、《建设工程质量管理条例》等法律法规,《工程建设监理规定》等部门规章,以及地方性法规等;也包括《工程建设标准强制性条文》、《建设工程监理规范》,以及有关的工程技术标准、规范、规程等。

(3)建设工程勘察设计文件。

建设工程勘察设计文件,既是工程施工的重要依据,也是工程监理的主要依据。

(4)建设工程监理合同及其他合同文件。

工程监理单位应当根据两类合同,即工程监理单位与建设单位签订的建设工程监理合同和建设单位与承建单位签订的有关建设工程合同进行监理。

工程监理单位依据哪些有关的建设工程合同进行监理,应视委托监理合同的范围而定。全过程监理应当包括咨询合同、勘察合同、设计合同、施工合同以及设备采购合同等;决策阶段监理主要是咨询合同;设计阶段监理主要是设计合同;施工阶段监理主要是施工合同。

3.建设工程监理的性质

(1)服务性。

建设工程监理具有服务性,是从它的业务性质方面定性的。建设工程监理的主要方法是规划、控制、协调,主要任务是控制建设工程的投资、进度和质量,最终应当达到的基本目的是协助建设单位在计划的目标内将建设工程建成并投入使用。这就是建设工程监理的管理服务的内涵。

(2)科学性。

科学性是由建设工程监理要达到的基本目的而决定的。建设工程监理以协助建设单位实现其投资目的为己任,力求在计划的目标内建成工程。面对工程规模日趋庞大,环境日益复杂,功能、标准要求越来越高,新技术、新工艺、新材料、新设备不断涌现,参加建设的单位越来越多,市场竞争也就越来越激烈,风险日渐增加的情况,只有采用科学的思想、理论、方法和手段才能驾驭工程建设。

(3)独立性。

《建筑法》明确规定:“工程监理单位应当根据建设单位的委托,客观、公正地执行监理任务”。《工程建设监理规定》和《建设工程监理规范》要求工程监理单位按照“公正、独立、自主”的原则开展监理工作。

(4)公正性。

公正性是社会公认的职业道德准则,是监理行业能够长期生存和发展的基本职业道德准则。在开展建设工程监理的过程中,工程监理单位应当排除各种干扰,客观、公正地对待监理的委托单位和承建单位。

4. 建设工程监理的作用

建设单位的工程项目实行专业化、社会化管理在外国已有一百多年的历史,现在越来越显现出强劲的生命力,在提高投资的经济效益方面发挥了重要作用。我国实施建设工程监理的时间虽然不长,但已经发挥出明显的作用,为政府和社会所承认。建设工程监理的作用主要表现在以下几方面:

(1)有利于提高建设工程投资决策科学化水平。

(2)有利于规范工程建设参与各方的建设行为。

(3)有利于促使承建单位保证建设工程质量和使用安全。

(4)有利于实现建设工程投资效益最大化。

5. 建设工程监理现阶段的特点

我国的建设工程监理无论是在管理理论和方法上,还是在业务内容和工作程序上,均与国外的建设项目管理相同。但在现阶段,由于发展条件不尽相同,主要是需求方对监理的认知度较低,市场体系发育不够成熟,市场运行规则不够健全,因此还有一些差异。呈现出某些特点,具体如下:

(1)建设工程监理的服务对象具有单一性。

(2)建设工程监理属于强制推行的制度。

(3)建设工程监理具有监督功能。

(4)市场准入的双重控制。

6. 建设工程监理的一般理论

1988 年我国建立建设工程监理制之初就明确界定,我国的建设工程监理是专业化、社会化的建设单位项目管理,所依据的基本理论和方法来自于建设项目管理学。所谓建设项目管理学,又称工程项目管理学,是以组织论、控制论和管理学作为理论基础,结合建设工程项目和建筑市场的特点而形成的一门新兴学科。其研究范围包括管理思想、管理体制、管理组织、管理方法和管理手段。研究的对象是建设工程项目管理总目标的有效控制,包括费用(投资)目标、时间(工期)目标和质量目标的控制。我国监理工程师培训教材就是以建设项目管理学的理论为指导编写的,并尽可能及时地反映建设项目管理学的最新发展。因此,从管理理论和方法的角度来看,建设工程监理与国外通称的建设项目管理是一致的,这也是我国的建设工程监理很容易被国外同行所理解和接受的原因。

需要说明的是,我国在提出建设工程监理制构想的同时,还充分考虑了 FIDIC 合同条件。20 世纪 80 年代中期,在我国接受世界银行贷款的建设工程上普遍采用了 FIDIC 土木工程施工合同条件,这些建设工程的实施效果非常显著,受到有关各方的重视。而 FIDIC 合同条件中对工程师作为独立、公正的第三方的要求及其对承建单位严格、细致的监督和检查被认为起到了重要的作用。因此,在我国建设工程监理制中也吸收了对工程监理单位和监理工程师独立、公正的要求,以保证在维护建设单位利益的同时,不损害承建单位的合法权益。同时,强调了对承建单位施工过程和施工工序的监督、检查和验收。

理论来源于实践,并且又指导实践。所以,作为监理工程师应当了解建设工程监理的基本理论和方法,熟悉和掌握有关的 FIDIC 合同条件。

7. 建设工程监理发展趋势

我国的建设工程监理已经取得有目共睹的成绩,并且已被社会各界所认同和接受,但是应当承认,目前仍处于发展的初期阶段,与发达国家相比还存在很大的差距。因此,为了使我国的建设工程监理实现预期效果,在工程建设领域发挥更大的作用,应从以下几个方面进行发展:

(1)加强法制建设,走法制化的道路。

(2)以市场需求为导向,向全方位、全过程监理发展。

(3)适应市场需求,优化工程监理单位结构。

(4)加强培训工作,不断提高从业人员素质。

(5)与国际惯例接轨,走向世界。

1.1.2 建筑工程监理相关法规制度

1. 项目法人责任制

项目法人责任制是指由项目法人对项目的策划、资金筹措、建设实施、生产经营、债务偿还和资产的保值增值实行全过程负责的制度。

(1)项目法人。

项目法人可设立有限责任公司(包括国有独资公司)和股份有限公司等。

(2)项目法人的设立。

1)新上项目在项目建议书被批准后,应由项目的投资方派代表组成项目法人筹备组,具体负责项目法人的筹建工作。有关单位在申报项目可行性研究报告时,必须同时提出项目法人的组建方案,否则,其可行性研究报告将不予审批。

2)在项目可行性研究报告被批准后,应正式成立项目法人。按有关规定确保资本金按时到位,并及时办理公司设立登记。项目公司既可是有限责任公司(包括国有独资公司),也可是股份有限公司。

3)国家重点建设项目的公司章程必须报国家计委备案;其他项目的公司章程应按项目隶属关系分别报有关部门、地方计委备案。

4)由原有企业负责建设的大、中型基建项目,需新设立子公司的,应重新设立项目法人;只设立分公司或分厂的,原企业法人即为项目法人,且应向分公司或分厂派遣专职管理人员,并实行专项考核。

(3)组织形式。

1)国有独资公司设立董事会。董事会由投资方负责组建。

2)国有控股或参股的有限责任公司、股份有限公司设立股东会、董事会和监事会。董事会、监事会由各投资方按照《公司法》的有关规定进行组建。各类工程项目的董事会在建设期间应至少安排一名董事常驻现场。董事会应建立例会制度,讨论项目建设中的重大事宜,对资金支出进行严格管理,并以决议形式予以确认。

(4)项目法人责任制与建设工程监理制的关系。

项目法人责任制是实行建设工程监理制的必要条件;建设工程监理制是实行项目法人责任制的基本保障。

2.工程招标投标制

(1)招标范围。必须进行招标的建设工程,包括工程的勘察、设计、施工、监理,以及与工程建设有关的重要设备、材料等的采购。

(2)招标规模标准。包括:大型基础设施、公用事业等关系社会公共利益、公众安全的项目;全部或者部分使用国有资金投资或者国家融资的项目;使用国际组织或者外国政府贷款、援助资金的项目;法律或者国务院规定的其他项目。

(3)招标方式。主要有公开招标和邀请招标两种。

(4)招标程序。招标程序可分为三个阶段,即招标准备阶段、招标投标阶段和决标成交阶段。

(5)工程招标投标活动的监督。招标投标活动及其当事人应接受依法实施的监督。有关行政监督部门依法对招标投标活动实施监督,依法查处招标投标活动中的违法行为。

3.建设工程监理制

建设工程监理是指工程监理单位受建设单位委托,根据法律法规、工程建设标准、勘察设计文件及合同,在施工阶段对建设工程质量、进度、造价进行控制,对合同、信息进行管理,对工程建设相关方的关系进行协调,并履行建设工程安全生产管理法定职责的服务活动。

(1)建设工程监理准则。

监理工程师的执业准则是守法、诚信、公正、科学。

(2)建设工程监理的主要内容。

建设工程监理主要包括:控制建设工程的投资、工期和质量;进行建设工程合同管理;协调有关单位的工作关系。

(3)建设工程监理范围。

1)工程范围。为了有效发挥建设工程监理的作用,加大推行监理的力度,根据《建筑法》及国务院公布的《建设工程质量管理条例》对实行强制性监理的工程范围作了原则性的规定,建设部又进一步在《建设工程监理范围和规模标准规定》中对实行强制性监理的工程范围作了具体规定。下列建设工程必须实行监理:

①国家重点建设工程。是指依据《国家重点建设项目管理办法》所确定的对国民经济和社会发展有重大影响的骨干项目。

②大中型公用事业工程。包括项目总投资额在3000万元以上的供水、供电、供气、供热等市政工程项目;科技、教育、文化等项目;体育、旅游、商业等项目;卫生、社会福利等项目;其他公用事业项目。

③成片开发建设的住宅小区工程。是指建筑面积在5万平方米以上的住宅建设工程。5万平方米以下的住宅建设工程,可以实行监理,具体范围和规模标准,由省、自治区、直辖市人民政府建设行政主管部门规定。为了保证住宅质量,对高层住宅及地基、结构复杂的多层住宅应当实行监理。

④利用外国政府或国际组织贷款、援助资金的工程。包括使用世界银行、亚洲开发银行等国际组织贷款资金的项目;使用国外政府及其机构贷款资金的项目;使用国际组织或者国外政府援助资金的项目。

⑤国家规定必须实行监理的其他工程。包括学校、影剧院、体育场馆项目和项目总投资额在3000万元以上且关系到社会公共利益、公众安全的煤炭、石油、化工、天然气、电力、新能源等项目;铁路、公路、管道、水运、民航,以及其他交通运输业等项目;邮政、电信枢纽、通信、信息网络等项目;防洪、灌溉、排涝、发电、引(供)水、滩涂治理、水资源保护、水土保持等水利建设项目;道路、桥梁、地铁和轻轨交通、污水排放及处理、垃圾处理、地下管道、公共停车场等城市基础设施项目;生态环境保护项目;其他基础设施项目。

2)阶段范围。建设工程监理可适用于工程建设投资决策阶段和实施阶段,但目前主要是建设工程施工阶段。

在建设工程施工阶段,建设单位、勘察单位、设计单位、施工单位和工程监理单位等工程建设的各类行为主体均出现在建设工程当中,形成了一个完整的建设工程组织体系。在此阶段,建筑市场的发包体系、承包体系、管理服务体系的各主体在建设工程中会合,由建设单位、勘探单位、设计单位、施工单位和工程监理单位各自承担工程建设的责任和义务,最终将建设工程建成投入使用。在施工阶段委托监理,其目的是更有效地发挥监理的规划、控制、协调作用,为在计划目标内建成工程提供最好的管理。

4. 合同管理制

建设工程的勘察、设计、施工、材料设备采购和建设工程监理均要依法订立合同。各类合同均要有明确的质量要求、履约担保和违约处罚条款。违约方要承担相应的法律责任。合同管理制的实施对建设工程监理开展合同管理工作提供了法律上的支持。

(1)合同管理制的基本内容。建设单位的勘察、设计、施工、材料设备采购和建设工程监理均要依法订立合同。各类合同均要有明确的质量要求、履约担保和违约处罚条款。违约方要承担相应的法律责任。

(2)合同管理制对监理的作用。合同管理制的实施为建设工程监理开展合同管理工作提供了法律上的支持。

(3)实施合同管理制的意义。为了使勘察、设计、施工、材料设备供应单位和工程监理单位依法履行各自的责任和义务,在工程建设中必须实行合同管理制。

1.2　组建工程项目监理机构

监理单位与业主签订委托监理合同后,在实施建设工程监理之前,应建立项目监理机构。项目监理机构的组织形式和规模,应根据委托监理合同规定的服务内容、服务期限、工程类别、规模、技术复杂程度、工程环境等因素确定。

1. 建立项目监理机构的步骤

(1)确定项目监理机构目标。

建设工程监理目标是项目监理机构建立的前提,项目监理机构的建立应根据委托监理合同中确定的监理目标,制定总目标并明确划分监理机构的分解目标。

(2)确定监理工作内容。

如果建设工程进行实施阶段全过程监理,则监理工作任务划分可按设计阶段和施工阶段分别归并和组合,如图1.1所示。

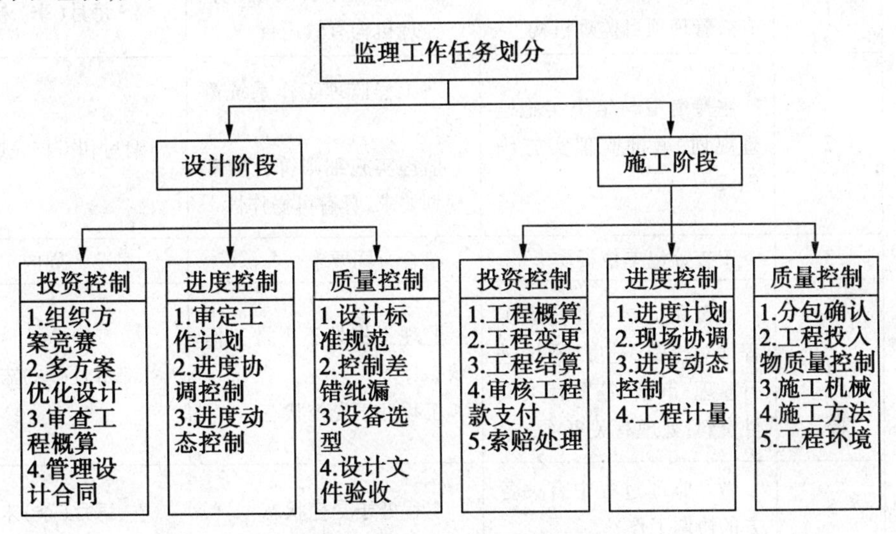

图1.1 实施阶段监理工作划分

(3)项目监理机构的组织结构设计。

1)选择组织结构形式。

2)确定管理层次和管理跨度。

3)划分项目监理机构部门。

4)制定岗位职责和考核标准。项目总监理工程师和专业监理工程师岗位职责考核标准分别见表1.1和表1.2。

表1.1 项目总监理工程师岗位职责标准

项目	项次	职责内容	考核要求	
			标准	时间
工作目标	1	投资控制	符合投资控制计划目标	每月(季)末
	2	进度控制	符合合同工期及总进度控制计划目标	每月(季)末
	3	质量控制	符合质量控制计划目标	工程各阶段末

续表 1.1

<table>
<tr><th rowspan="2">项目</th><th rowspan="2">项次</th><th rowspan="2">职责内容</th><th colspan="2">考核要求</th></tr>
<tr><th>标准</th><th>时间</th></tr>
<tr><td rowspan="6">基本职责</td><td>1</td><td>根据监理合同，监理和有效管理项目监理机构</td><td>监理组织机构科学合理；监理机构有效运行</td><td>每月(季)末</td></tr>
<tr><td>2</td><td>主持编写与组织实施监理规划；审批监理实施细则</td><td>对工程监理工作系统策划；监理实施细则符合监理规划要求，具有可操作性</td><td>编写和审核完成后</td></tr>
<tr><td>3</td><td>审查分包单位资质</td><td>符合合同要求</td><td>一周内</td></tr>
<tr><td>4</td><td>监督和指导专业监理工程师对投资、进度、质量进行监理；审核、签发有关文件资料；处理有关事项</td><td>监理工作处于正常工作状态；工程处于受控状态</td><td>每月(季)末</td></tr>
<tr><td>5</td><td>做好监理过程中有关各方的协调工作</td><td>工程处于受控状态</td><td>每月(季)末</td></tr>
<tr><td>6</td><td>主持整理建设工程的监理资料</td><td>及时、准确、完整</td><td>按合同约定</td></tr>
</table>

表 1.2 专业监理工程师岗位职责标准

<table>
<tr><th rowspan="2">项目</th><th rowspan="2">项次</th><th rowspan="2">职责内容</th><th colspan="2">考核要求</th></tr>
<tr><th>标准</th><th>时间</th></tr>
<tr><td rowspan="3">工作目标</td><td>1</td><td>投资控制</td><td>符合投资控制分解目标</td><td>每周(月)末</td></tr>
<tr><td>2</td><td>进度控制</td><td>符合合同工期及总进度控制分解目标</td><td>每周(月)末</td></tr>
<tr><td>3</td><td>质量控制</td><td>符合质量控制分解目标</td><td>工程各阶段末</td></tr>
<tr><td rowspan="4">基本职责</td><td>1</td><td>熟悉工程情况，制定本专业监理工作计划和监理实施细则</td><td>反映专业特点，具有可操作性</td><td>实施前一个月</td></tr>
<tr><td>2</td><td>具体负责本专业的建立工作</td><td>工程监理工作有序；工程处于受控状态</td><td>每周(月)末</td></tr>
<tr><td>3</td><td>做好监理机构内各部门之间的监理任务的衔接、配合工作</td><td>监理工作各负其责，相互配合</td><td>每周(月)末</td></tr>
<tr><td>4</td><td>处理与本专业有关的问题；对投资进度、质量有重大影响的监理问题应及时报告总监理</td><td>工程处于受控状态；及时、真实</td><td>每周(月)末</td></tr>
</table>

续表 1.2

项目	项次	职责内容	考核要求	
			标准	时间
	5	负责与本专业有关的签证、通知、备忘录，及时向总监理工程师提交报告、报表资料等	及时、真实、准确	每周(月)末
	6	管理本专业建设工程的监理资料	及时、准确、完整	每周(月)末

5)选派监理人员。

(4)制定工作流程和信息流程。

为使监理工作能够科学、有序地进行，应按监理工作的客观规律制定工作流程和信息流程，规范化地开展监理工作，施工阶段监理工作流程如图 1.2 所示。

2. 项目监理机构的组织形式

项目监理机构的组织形式是指项目监理机构具体采用的管理组织结构，常用的项目监理机构组织形式有以下几种：

(1)直线制监理组织形式。

直线制监理组织形式的特点是项目监理机构中任何一个下级只接受唯一上级的命令。各级部门主管人员对所属部门的问题负责，项目监理机构中不再另设职能部门。

直线制监理组织形式适用于能划分为若干相对独立子项目的大、中型建设工程。总监理工程师负责整个工程的规划、组织和指导，并负责整个工程范围内各方面的指挥、协调工作，如图 1.3 所示；子项目监理组分别负责各子项目的目标值控制，具体领导现场专业或专项监理组的工作。

如果业主委托监理单位对建设工程实施全过程监理，则项目监理机构的部门还可按不同的建设阶段分解设立直线制监理组织形式，如图 1.4 所示。

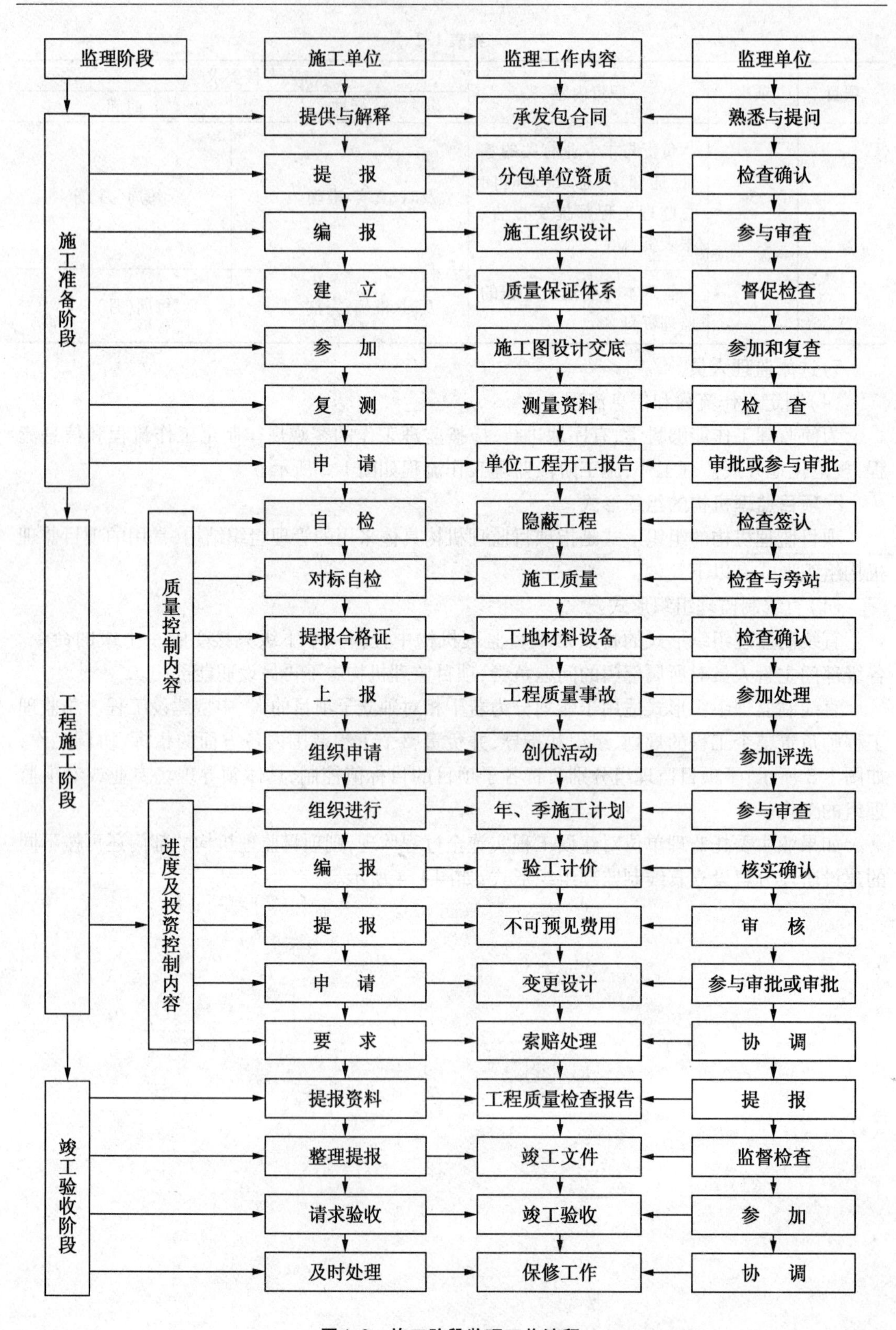

图1.2　施工阶段监理工作流程

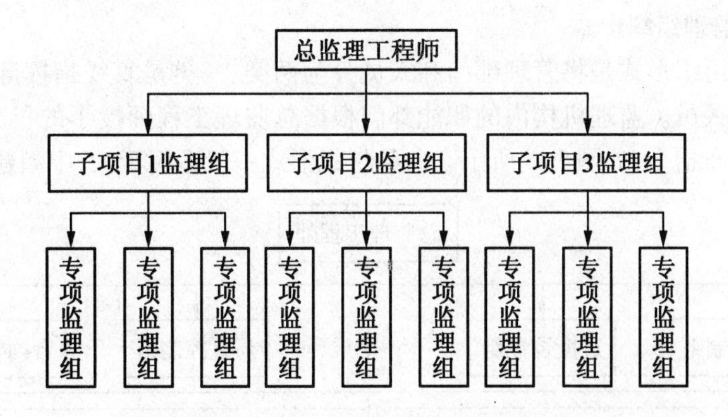

图1.3 按子项目分解的直线制监理组织形式

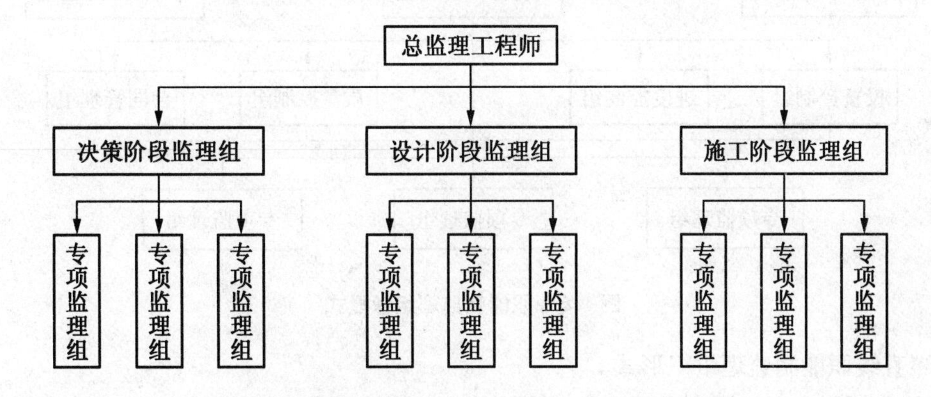

图1.4 按建设阶段分解的直线制监理组织形式

对于小型建设工程,监理单位也可采用按专业内容分解的直线制监理组织形式,如图1.5所示。

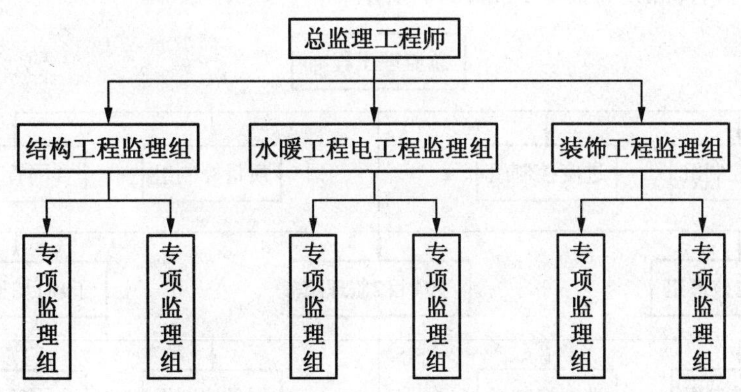

图1.5 按专业内容分解的直线制监理组织形式

直线制监理组织形式的主要优点是组织机构简单、权力集中、命令统一、职责分明、决策迅速、隶属关系明确。缺点是实行没有职能部门的“个人管理”,这就要求总监理工程师博晓各种业务,通晓多种知识技能,成为“全能”式人才。

(2)职能制监理组织形式。

职能制监理组织形式是将管理部门和人员分为两类:一类是直线指挥部门和人员;另一类是职能部门和人员。监理机构内的职能部门根据总监理工程师授予的权力和监理职责有权对指挥部门发布指令,如图 1.6 所示。此种组织形式一般适用于大、中型建设工程。

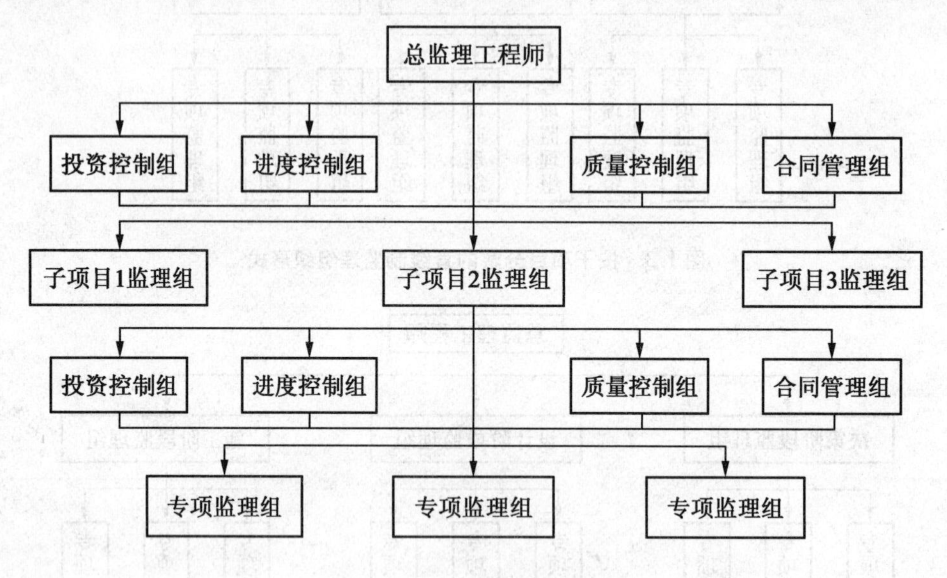

图 1.6　职能制监理组织形式

(3)直线职能制监理组织形式。

直线职能制监理组织形式是吸收了直线制监理组织形式和职能制监理组织形式的优点而形成的一种组织形式。指挥部门拥有对下级实行指挥和发布命令的权力,并对该部门的工作全面负责;职能部门是直线指挥人员的参谋,其只能对指挥部门进行业务指导,而不能对指挥部门直接进行指挥和发布命令,如图 1.7 所示。

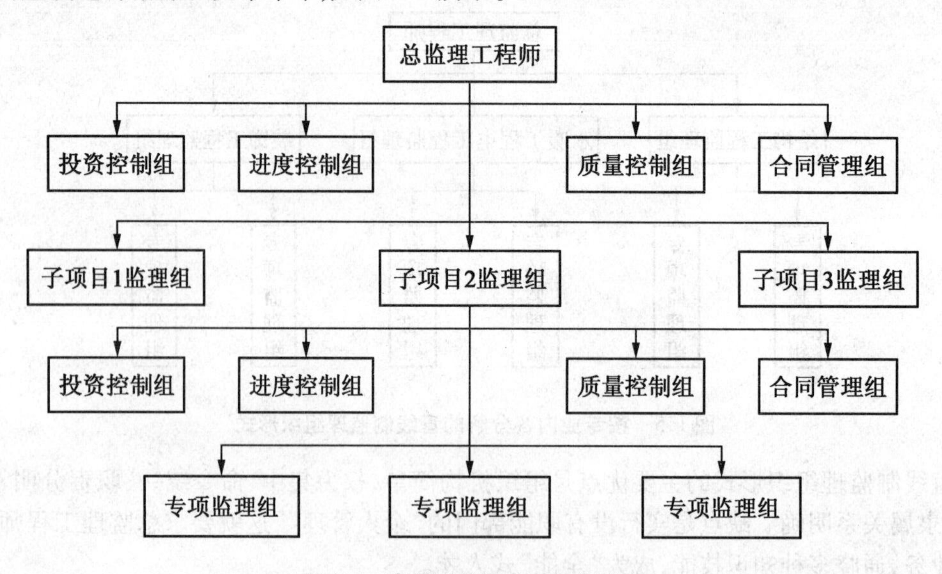

图 1.7　直线职能制监理组织形式

(4)矩阵制监理组织形式。

矩阵制监理组织形式是由纵、横两套管理系统组成的矩阵形组织结构,其中一套是纵向的职能系统,另一套是横向的子项目系统,如图1.8所示。

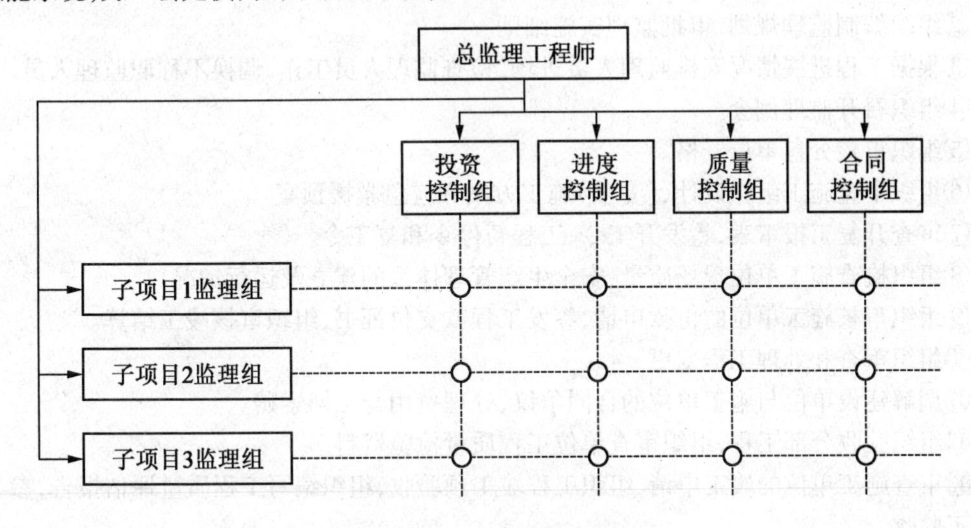

图1.8　矩阵制监理组织形式

3.项目监理机构的人员配备及职责分工

(1)项目监理机构的人员配备。

项目监理机构中配备监理人员的数量和专业应根据监理合同约定的服务内容、服务期限以及工程的特点、规模、技术复杂程度、工程环境等因素综合考虑,并应符合委托监理合同中对监理深度和密度的要求,能体现项目监理机构的整体素质,满足监理目标控制的要求。

1)人员结构。项目监理机构应具有合理的人员结构,即合理的专业结构和合理的技术职务、职称结构。

2)监理人员数量的确定。

①影响项目监理机构人员数量的主要因素如下所述:

a.工程建设强度。

b.建设工程复杂程度。

c.监理单位的业务水平。

d.项目监理机构的组织结构和任务职能分工。

②项目监理机构人员数量的确定方法可按下列步骤进行:

a.项目监理机构人员需要量定额。

b.确定工程建设强度。

c.确定工程复杂程度。

d.根据工程复杂程度和工程建设强度套用监理人员需要量定额。

e.根据实际情况确定监理人员数量。

(2)项目监理机构各类人员的基本职责

监理人员的基本职责应按照工程建设阶段和建设工程的情况确定。

施工阶段,按照《建设工程监理规范》(GB 50319—2013)的规定,项目总监理工程师、专业监理工程师和监理员应分别履行以下职责：

1)总监理工程师

①确定项目监理机构人员及其岗位职责。

②组织编制监理规划，审批监理实施细则。

③根据工程进展情况安排监理人员进场，检查监理人员工作，调换不称职监理人员。

④组织召开监理例会。

⑤组织审核分包单位资格。

⑥组织审查施工组织设计、(专项)施工方案和应急救援预案。

⑦审查开复工报审表，签发开工令、工程暂停令和复工令。

⑧组织检查施工单位现场质量、安全生产管理体系的建立及运行情况。

⑨组织审核施工单位的付款申请，签发工程款支付证书，组织审核竣工结算。

⑩组织审查和处理工程变更。

⑪调解建设单位与施工单位的合同争议，处理费用与工期索赔。

⑫组织验收分部工程，组织审查单位工程质量检验资料。

⑬审查施工单位的竣工申请，组织工程竣工预验收，组织编写工程质量评估报告，参与工程竣工验收。

⑭参与或配合工程质量安全事故的调查和处理。

⑮组织编写监理月报、监理工作总结，组织整理监理文件资料。

同时，总监理工程师不得将下列工作委托给总监理工程师代表：

①组织编制监理规划，审批监理实施细则。

②根据工程进展情况安排监理人员进场，调换不称职监理人员。

③组织审查施工组织设计、(专项)施工方案、应急救援预案。

④签发开工令、工程暂停令和复工令。

⑤签发工程款支付证书，组织审核竣工结算。

⑥调解建设单位与施工单位的合同争议，处理费用与工期索赔。

⑦审查施工单位的竣工申请，组织工程竣工预验收，组织编写工程质量评估报告，参与工程竣工验收。

⑧参与或配合工程质量安全事故的调查和处理。

2)专业监理工程师。

①参与编制监理规划，负责编制监理实施细则。

②审查施工单位提交的涉及本专业的报审文件，并向总监理工程师报告。

③参与审核分包单位资格。

④指导、检查监理员工作，定期向总监理工程师报告本专业监理工作实施情况。

⑤检查进场的工程材料、设备、构配件的质量。

⑥验收检验批、隐蔽工程、分项工程。

⑦处置发现的质量问题和安全事故隐患。

⑧进行工程计量。

⑨参与工程变更的审查和处理。

⑩填写监理日志，参与编写监理月报。

⑪收集、汇总、参与整理监理文件资料。

⑫参与工程竣工预验收和竣工验收。

3)监理员。

①检查施工单位投入工程的人力、主要设备的使用及运行状况。

②进行见证取样。

③复核工程计量有关数据。

④检查和记录工艺过程或施工工序。

⑤处置发现的施工作业问题。

⑥记录施工现场监理工作情况。

1.3 编制工程监理大纲、监理规划及监理实施细则

1.3.1 编制工程监理大纲

1. 监理大纲的作用

(1)投标文件中的监理技术标书。

建设单位在进行监理招标时,一般要求投标单位提交监理费用标书和监理技术标书两部分,其中监理技术标书即监理大纲。工程监理单位要想在投标中显示出自己的技术实力和监理业绩,获得建设单位的信任中标,必须写出自己以往监理的经验和能力,以及对本项目的理解和监理的指导思想、拟派驻现场的主要监理人员的资质情况等。建设单位通过对全部投标单位的监理大纲和监理费用进行考评,最终评选出中标监理单位。需要特别说明的是,建设单位评定监理投标书的重点在监理大纲即技术标书上,一般约占百分制评标的80%,而费用标书仅占20%左右。由此可以看出监理大纲对监理单位能否中标的影响程度。

(2)监理规划编制的基本依据。

工程监理单位一旦中标,在签订建设工程监理合同后,监理单位就要求项目总监理工程师着手编制项目监理规划。而监理规划的编制必须依据工程监理单位投标时的监理大纲。因为监理大纲是建设工程监理合同的重要组成部分,也是工程监理单位对建设单位所提技术要求的认同和答复,所以工程监理单位必须以此编写监理规划,来进一步指导项目的监理工作。

(3)业主监督检查监理工作的依据。

工程监理单位依据建设工程监理合同为建设单位提供监理服务。在监理过程中,建设单位检查监督监理工程师的工作质量的优劣,就是依据所签建设工程监理合同中的监理大纲,对监理工程师应完成的工作要求来衡量。因此工程监理单位在编写监理大纲时,一定要措词严谨、表达清楚,明确自己的责任与义务。一旦监理合同签订就要履行自己的诺言,严格按照监理大纲中的要求开展监理工作,给建设单位树立一个好的印象。

2. 监理大纲的编制

监理大纲的编制应表明工程监理单位与监理项目有关的经验和能力,以及对监理范围内提出的任务的理解,特别要提出自己认为能够给建设单位节约投资、缩短工期、保证工程质量的具体建议和自己承担本工程的优势,这些内容往往是工程监理单位长时间监理工作经验积

累的具体体现,因此这些内容对建设单位往往具有较强的说服力。

(1)编写依据。

1)国家有关建设工程方面的法律、法规。

2)建设单位提供的勘察、设计文件。

3)建设单位的工程监理招标文件。

4)工程监理单位有关的技术资料及人员资质情况。

5)工程监理单位的经营业绩和技术装备。

6)工程监理单位的质量保证体系认证资料。

(2)主要内容。

1)拟派往项目监理机构的监理人员情况介绍。在监理大纲中,监理单位需要介绍拟派往所承揽或投标工程的项目监理机构的主要监理人员,并对他们的资格情况进行说明。其中,应该重点介绍拟派往投标工程的项目总监理工程师的情况,这往往决定了承揽监理业务的成败。

2)拟采用的监理方案。监理单位应当根据业主所提供的工程信息,并结合自己为投标所初步掌握的工程资料,制定出拟采用的监理方案。监理方案的具体内容包括项目监理机构的方案、建设工程三大目标的具体控制方案、工程建设各种合同的管理方案、项目监理机构在监理过程中进行组织协调的方案等。

3)将提供给业主的阶段性监理文件。在监理大纲中,监理单位还应明确未来工程监理工作中向业主提供的阶段性的监理文件,这将有助于满足业主掌握工程建设过程的需要,有利于监理单位顺利承揽该建设工程的监理业务。

3. 监理大纲的格式

针对具体项目的监理大纲,应根据监理招标文件所规定的范围和内容,结合勘察、设计文件等技术资料和信息,参照以下标准监理大纲格式(对照监理招标文件要求和条件进行选择)编制项目监理大纲。其具体内容及格式如下:

(1)工程概况。

1)建设单位名称:________。

2)监理项目名称:________。

3)建设地点:________。

4)占地面积:________ m^2。

建筑面积:________ m^2。

结构类型:________。

层　　数:________。

5)项目总投资:________万元。

6)建设工期:________日历天。

7)计划开工日期:____年____月____日。

8)计划竣工日期:____年____月____日。

9)其他:________。

(2)监理工作阶段和任务。

根据监理招标文件的规定,本项目监理工作阶段包括项目决策阶段、项目招标(设计、施工)阶段、设计阶段、施工阶段及工程保修阶段。

监理工作的任务主要是对工程建设项目进行目标控制,以实现项目的投资、进度和质量目标,通过风险管理、目标规划和动态控制,严格控制项目的投资、工期和质量,达到预期的目标,最终实现项目投资、工期和质量的最佳结合。

(3)监理的范围和目标。

1)本工程建设项目监理的范围为:

①全部工程建设项目。

②________标段或子项。

2)对以上范围内的工程建设项目,监理工作的目标为:

①投资目标:静态投资________万元(以________年预算价计算)。

②工期目标:________年________月________日至________年________月________日。

③质量目标:________。

3)监理机构的组织形式。

①直线制监理组织。

②职能制监理组织。

③直线职能制监理组织。

④矩阵制监理组织。

4)投资控制的任务。

①审核工程建设项目各阶段及各年、季、月度资金使用计划,并监督其执行。

②审核工程概算、预算、决算,优化设计方案,使投资合理化。

③严格控制项目预付款和进度款支付,做到不早付、不超付、不少付。

④在项目实施过程中,每月进行投资计划值与实际值的比较,并每月、季、年向建设单位提交各种投资控制报表。

⑤对工程变更、设计洽商事前与建设单位和施工单位进行技术经济分析,严格控制工程变更价款。

⑥审核招投标文件和合同文件中有关资金支付的条款,使合同条款更加严密、合理、合法。

⑦研究确定预防索赔措施,审核各类索赔报告和费用。

5)进度控制的任务。

①对工程建设项目建设工期总目标进行分解、分析。

②审批施工单位项目总进度计划,并监督其实施。在必要时及时调整总进度计划中的控制性环节。

③审批施工单位各阶段进度计划,督促其实施并做好施工进度控制。

④审批设计单位、施工单位和材料、设备供应单位的进度计划,保证满足项目进度计划要求。

⑤在项目实施过程中,及时进行进度计划值与实际值的比较,每月、季、年公布进度控制报表。

⑥建立协调会议制度,及时协调有关各方关系。

6)质量控制的任务。

①协助建设单位制定工程建设项目的质量目标和标准(包括施工、材料及设备等方面)。

②及时、准确、完整地提供设计数据和资料,协助设计单位优化设计,满足建设单位对项目的工程规模、设计标准、规划设计、使用功能、生产工艺等要求。

③审核招标文件和合同文件中的质量要求。

④审批施工单位的施工组织设计和施工方案。

⑤审核施工单位资质,确认施工分包单位。

⑥检查原材料、构配件及设备的质量。

⑦检查工序质量,严格工序交接检查,特别是重要工序及隐蔽工程的质量验收。检查分项分部工程质量,进行单位、单项工程验收和竣工质量验收。

⑧行使质量否决权,协助做好付款控制。

⑨检查施工机械和机具等,保证施工质量。

⑩协助建设单位处理工程质量事故和安全事故。

7)合同管理的任务。

①协助建设单位确定工程建设项目的合同内容。

②协助建设单位拟定与工程建设项目有关的各类合同条款(包括设计、施工、材料和设备订货等合同),并参与各类合同谈判。

③进行各类合同的跟踪管理,进行合同各方执行合同情况的检查。

④协助建设单位处理与本工程有关的索赔事宜及合同纠纷事宜。

8)信息管理的任务。

①建立工程建设项目的信息编码体系。

②负责工程建设项目各类信息的收集、整理和保存。

③向建设单位提供有关工程建设项目的有关信息,定期提供各种监理报表。

④建立工程例会制度,整理各种会议记录。

⑤每月按时提交监理月报,及时整理有关监理资料并归档。

⑥督促设计单位、施工单位、材料及设备供应单位及时提交工程、技术、经济资料并归档。

9)组织协调的任务。

①组织协调与工程建设项目有关的各单位间的配合关系。

②督促总施工单位协调其各分包单位之间的关系。

③协助建设单位向建设行政主管部门办理各种审批手续。

④协助建设单位处理各种与工程建设项目有关的争议。

10)其他服务。接受建设单位委托的其他任务。

11)拟派驻项目监理部的技术装备。

12)监理报告目录。

①监理工作月报。

②不合格工程通知书。

③停工、复工通知书。

④施工组织设计审核意见。

⑤施工进度计划审核意见。

⑥材料、设备、构件数量及质量复核。

⑦工程质量事故处理审核意见。

⑧年度施工资金计划报表核定。

⑨月付款申请审核意见。

⑩工程变更价款审核意见。

⑪工程结算核定表。

⑫分部工程质量评定审核意见。

⑬主体结构质量评定审核意见。

⑭单位工程验收记录。

13)有关附件(与监理大纲有关的部分)。

①监理过的典型工程建设项目介绍。

②拟派驻的监理工程师证件及成果。

以上为监理大纲内容的参考格式,具体到每一个工程建设项目的监理投标书,应有针对性地突出对建设单位招标书的响应,对其尽可能地满足(但也不能不考虑自己的利益),同时应突出自己的技术、人员、设备等优势和监理费用的优惠。

1.3.2 监理规划

1. 工程监理规划概述

(1)监理规划的作用。

1)指导项目监理机构全面开展监理工作。

监理规划的基本作用就是指导项目监理机构全面开展监理工作。

建设工程监理的中心目的是协助业主实现建设工程的总目标。实现建设工程总目标是一个系统的过程。它需要制订计划,建立组织,配备合适的监理人员,进行有效的领导,实施工程的目标控制。只有系统地做好上述工作,才能完成建设工程监理的任务,实施目标控制。在实施建设监理的过程中,监理单位要集中精力做好目标控制工作。因此,监理规划需要对项目监理机构开展的各项监理工作做出全面、系统的组织和安排。具体包括确定监理工作目标,制定监理工作程序,确定目标控制、合同管理、信息管理、组织协调等各项措施和确定各项工作的方法和手段。

2)监理规划是建设监理主管机构对监理单位监督管理的依据。

政府建设监理主管机构对建设工程监理单位要实施监督、管理和指导,对其人员素质、专业配套和建设工程监理业绩要进行核查和考评以确认其资质和资质等级,从而使我国整个建设工程监理行业能够达到应有的水平。要做到这一点,除了进行一般性的资质管理工作之外,更为重要的是通过监理单位的实际监理工作来认定它的水平。而监理单位的实际水平可在监理规划和其实施中充分地表现出来。因此,政府建设监理主管机构对监理单位进行考核时,应当十分重视对监理规划的检查,即监理规划是政府建设监理主管机构监督、管理和指导监理单位开展监理活动的重要依据。

3)监理规划是业主确认监理单位履行合同的主要依据。

监理单位如何履行监理合同,如何落实业主委托监理单位所承担的各项监理服务工作,作为监理的委托方,业主不但需要而且应当了解和确认监理单位的工作。同时,业主有权监督监理单位全面、认真执行监理合同。而监理规划正是业主了解和确认这些问题的最佳资料,是业主确认监理单位是否履行监理合同的主要说明性文件。监理规划应当能够全面而详细地为业主监督监理合同的履行提供依据。

实际上,监理规划的前期文件,即监理大纲,是监理规划的框架性文件。并且,经由谈判确定的监理大纲应当纳入监理合同的附件之中,成为监理合同文件的组成部分。

4)监理规划是监理单位内部考核的依据和重要的存档资料。

从监理单位内部管理制度化、规范化、科学化的要求出发,需要对各项目监理机构(包括总监理工程师和专业监理工程师)的工作进行考核,其主要依据就是经过内部主管负责人审批的监理规划。通过考核,可对有关监理人员的监理工作水平和能力作出客观、正确的评价,以利于今后在其他工程上更加合理地安排监理人员,提高监理工作效率。

(2)监理规划编制依据。

1)工程建设方面的法律、法规。

①国家颁布的有关工程建设的法律、法规。这是工程建设相关法律、法规的最高层次。在任何地区或任何部门进行工程建设,都必须遵守国家颁布的工程建设方面的法律、法规。

②工程所在地或所属部门颁布的工程建设相关的法规、规定和政策。一项建设工程必然是在某一地区实施的,也必然是归属于某一部门的,这就要求工程建设必须遵守建设工程所在地颁布的工程建设相关的法规、规定和政策,同时也必须遵守工程所属部门颁布的工程建设相关规定和政策。

③工程建设的各种标准、规范。工程建设的各种标准、规范也具有法律地位,也必须遵守和执行。

2)政府批准的工程建设文件。

①政府工程建设主管部门批准的可行性研究报告、立项批文。

②政府规划部门确定的规划条件、土地使用条件、环境保护要求、市政管理规定。

3)建设工程监理合同。

在编写监理规划时,必须依据建设工程监理合同相关内容:监理单位和监理工程师的权利和义务,监理工作范围和内容,有关建设工程监理规划方面的要求。

4)其他建设工程合同。

在编写监理规划时,也需要考虑其他建设工程合同关于业主和承建单位权利和义务的内容。

5)监理大纲。

监理大纲中的监理组织计划,拟投入的主要监理人员,投资、进度、质量控制方案,合同管理方案,信息管理方案,定期提交给业主的监理工作阶段性成果等内容都是监理规划编写的依据。

(3)监理规划编制要求。

1)监理规划基本构成内容应当力求统一,即监理规划在总体内容组成上应力求做到统一。这是监理工作规范化、制度化、科学化的要求。

监理规划基本构成内容的确定,首先应考虑整个建设监理制度对建设工程监理的内容要求。建设工程监理的主要内容是控制建设工程的投资、工期和质量,进行建设工程合同管理,协调有关单位间的工作关系。这些内容无疑是构成监理规划的基本内容。如前所述,监理规划的基本作用是指导项目监理机构全面开展监理工作。因此，对整个监理工作的组织、控制、方法、措施等将成为监理规划不可或缺的内容。这样，监理规划构成的基本内容就可确定下来。至于某一个具体建设工程的监理规划，则要根据监理单位与业主签订的监理合同所确定的监理实际范围和深度来加以取舍。

归纳起来，监理规划基本构成内容应包括目标规划、监理组织、目标控制、合同管理和信息管理。施工阶段监理规划统一的内容要求应当在建设监理法规文件或监理合同中明确规定。

2）监理规划具体内容应具有针对性。

监理规划基本构成内容应当统一，但各项具体的内容则应具有针对性。这是因为，监理规划是指导某一个特定建设工程监理工作的技术组织文件，它的具体内容应与这个建设工程相适应。由于所有建设工程都具有单件性和一次性的特点，也就是说每个建设工程都有自身的特点，而且，每两个监理单位和每一位总监理工程师对某一个具体建设工程在监理思想、监理方法和监理手段等方面都会有自己的独到之处。因此，不同的监理单位和不同的监理工程师在编写监理规划的具体内容时，必然会体现出自己鲜明的特色。或许有人会认为这样难以有效辨别建设工程监理规划编写的质量。实际上，由于建设工程监理的目的就是协助业主实现其投资目的，因此，某一个建设工程监理规划只要能够对有效实施该工程监理做好指导工作，能够圆满地完成所承担的建设工程监理业务，就是一个合格的建设工程监理规划。

每一个监理规划都是针对某一个具体建设工程的监理工作计划，因此必然有它自己的投资目标、进度目标和质量目标，项目组织形式，监理组织机构，目标控制措施、方法和手段，信息管理制度及合同管理措施等。只有具有针对性，建设工程监理规划才能真正起到指导具体监理工作的作用。

3）监理规划应当遵循建设工程的运行规律。

监理规划是针对一个具体建设工程编写的，而不同的建设工程又具有不同的工程特点、工程条件和运行方式。这就决定了建设工程监理规划必然与工程运行客观规律具有一致性，只有把握、遵循建设工程运行的客观规律，监理规划的运行才是有效的，才能实施对这项工程的有效监理。

此外，监理规划要随着建设工程的展开而进行不断的补充、修改和完善。它由开始的“粗线条”或“近细远粗”逐步变得完整、完善起来。在建设工程的运行过程中，内外因素和条件会不可避免地发生变化，造成工程的实施情况偏离计划，往往需要调整计划乃至目标，这就必然造成监理规划在内容上也要相应地进行调整。其目的是使建设工程能够在监理规划的有效控制之下，避免成为脱缰的野马，变得无法驾驭。

监理规划要想把握建设工程运行的客观规律，就需要不断地收集大量的编写信息。如果掌握的工程信息量太少，就不可能对监理工作进行详尽的规划。例如，随着设计的不断进展、工程招标方案的出台和实施，工程信息量越来越多，监理规划的内容也就越来越趋于完善。就一项建设工程的全过程监理规划来说，想一气呵成的做法是不切实际的，也是不科学的，即使编写出来也是一纸空文，没有任何实施的价值。

4）项目总监理工程师是监理规划编写的主持人。

监理规划应当在项目总监理工程师的主持下编写制定。这是建设工程监理实施项目总监理工程师负责制的必然要求。当然，编制好建设工程监理规划，还要充分调动整个项目监理机构中专业监理工程师的积极性,要广泛征求各专业监理工程师的意见和建议,并邀请其中水平比较高的专业监理工程师共同参与编写。

在监理规划编写的过程中,应当充分听取业主的意见,最大限度地满足他们的合理要求,为进一步搞好监理服务奠定基础。

作为监理单位的业务工作,在编写监理规划时还应当按照本单位的要求进行编写。

5)监理规划一般要分阶段编写。

如前所述,监理规划的内容与工程进展密切相关,没有规划信息也就没有规划内容。因此,监理规划的编写需要有一个过程,并应将编写的整个过程划分为若干个阶段。

监理规划编写阶段可按工程实施的各阶段来划分,这样,工程实施各阶段所输出的工程信息就成为相应的监理规划信息,例如可划分为设计阶段、施工招标阶段和施工阶段。设计的前期阶段,即设计准备阶段应完成规划的总框架并将设计阶段的监理工作进行“近细远粗”的规划,使监理规划的内容与已经掌握的工程信息紧密结合;设计阶段结束,能够提供大量的工程信息,所以施工招标阶段监理规划的大部分内容能够得到落实;随着施工招标的进展,各承包单位逐步确定下来,工程施工合同逐步签订,施工阶段监理规划所需的工程信息基本齐备,足以编写出完整的施工阶段监理规划。在施工阶段,有关监理规划的主要工作是根据工程进展情况进行调整、修改,使监理规划能够动态地控制整个建设工程的正常进行。

在监理规划的编写过程中需要进行审查和修改,因此,监理规划的编写还要留出必要的审查和修改时间。为此,应当对监理规划的编写时间事先作出明确的规定,以免因编写时间过长而耽误了监理规划对监理工作的指导,使监理工作陷于被动和无序。

6)监理规划的表达方式应当格式化、标准化。

现代科学管理应当讲究效率、效能和效益,其表现之一就是使控制活动的表达方式格式化、标准化,从而使控制的规划显得更明确、简洁和直观。因此,需要选择最有效的方式和方法来表示监理规划的各项内容。比较而言,宜采用图、表和简单的文字说明作为基本方法。我国的建设监理制度应当走规范化、标准化的道路,这是科学管理与粗放型管理在具体工作上的明显区别,即规范化、标准化是科学管理的标志之一。所以,编写建设工程监理规划各项内容时应当对采用什么样的表格、图示以及哪些内容需要采用简单的文字说明作出统一规定。

7)监理规划应当经过审核。

监理规划在编写完成后需进行审核并经批准。监理单位的技术主管部门是内部审核单位,其负责人应当签认。监理规划是否需要经过业主的认可,由委托监理合同或双方协商确定。

从监理规划编写的上述要求来看,它的编写既需要由主要负责人(项目总监理工程师)主持,又需要形成编写班子。同时,项目监理机构的各部门负责人也有相关的任务和责任。监理规划涉及建设工程监理工作的各个方面。所以,有关部门和人员都应当关注它,使监理规划编制得科学、完备,真正发挥全面指导监理工作的作用。

2. 监理规划的内容及其审核

(1)监理规划的内容。

建设工程监理规划应将委托监理合同中规定的监理单位承担的责任及监理任务具体化,并在此基础上制定实施监理的具体措施。

建设工程监理规划通常包括以下内容：

1)建设工程概况。建设工程的概况部分主要编写以下内容：

①建设工程名称。

②建设工程地点。

③建设工程组成及建筑规模。

④主要建筑结构类型。

⑤预计工程投资总额。可按以下两种费用编列：

a. 建设工程投资总额。

b. 建设工程投资组成简表。

⑥建设工程计划工期。可以建设工程的计划持续时间或以建设工程开、竣工的具体日历时间表示：

a. 以建设工程的计划持续时间表示：建设工程计划工期为"××个月"或"×××天"。

b. 以建设工程的具体日历时间表示：建设工程计划工期为________年________月________日至________年________月________日。

⑦工程质量要求。应具体提出建设工程的质量目标要求。

⑧建设工程设计单位及施工单位名称。

⑨建设工程项目结构图与编码系统。

2)监理工作范围。

监理工作范围是指监理单位所承担的监理任务的工程范围。如果监理单位承担全部建设工程的监理任务，监理范围应为全部建设工程，否则应按监理单位所承担的建设工程的建设标段或子项目划分确定建设工程监理范围。

3)监理工作内容。

①建设工程立项阶段建设监理工作。

a. 协助业主准备工程报建手续。

b. 可行性研究咨询/监理。

c. 技术经济论证。

d. 编制建设工程投资匡算。

②设计阶段建设监理工作。

a. 结合建设工程特点，收集设计所需的技术经济资料。

b. 编写设计要求文件。

c. 组织建设工程设计方案竞赛或设计招标，协助业主选择好勘察设计单位。

d. 拟定和商谈设计委托合同内容。

e. 向设计单位提供设计所需的基础资料。

f. 配合设计单位开展技术经济分析，搞好设计方案的比选，优化设计。

g. 配合设计进度，组织设计单位与有关部门，如消防、环保、土地、人防、防汛、园林及供水、供电、供气、供热、电信等部门的协调工作。

h. 组织各设计单位之间的协调工作。

i. 参与主要设备、材料的选型。

j. 审核工程估算、概算、施工图预算。

k. 审核主要设备、材料清单。

l. 审核工程设计图纸,检查设计文件是否符合设计规范及标准,检查施工图纸是否能满足施工需要。

m. 检查和控制设计进度。

n. 组织设计文件的报批。

③施工招标阶段建设监理工作。

a. 拟定建设工程施工招标方案并征得业主同意。

b. 准备建设工程施工招标条件。

c. 办理施工招标申请。

d. 协助业主编写施工招标文件。

e. 标底经业主认可后,报送所在地方建设主管部门审核。

f. 协助业主组织建设工程施工招标工作。

g. 组织现场勘察与答疑会,回答投标人提出的问题。

h. 协助业主组织开标、评标及定标工作。

i. 协助业主与中标单位商签施工合同。

④材料、设备采购供应的建设监理工作。对于由业主负责采购供应的材料、设备等物资,监理工程师应负责制订计划,监督合同的执行和供应工作。具体内容包括:

a. 制定材料、设备供应计划和相应的资金需求计划。

b. 通过质量、价格、供货期、售后服务等条件的分析和比选,确定材料、设备等物资的供应单位。重要设备尚应访问现有使用用户,并考察生产单位的质量保证体系。

c. 拟定并商签材料、设备的订货合同。

d. 监督合同的实施,确保材料、设备的及时供应。

⑤施工准备阶段建设监理工作的主要内容。

a. 审查施工单位选择的分包单位的资质。

b. 监督检查施工单位质量保证体系及安全技术措施,完善质量管理程序与制度。

c. 参加设计单位向施工单位的技术交底。

d. 审查施工单位上报的实施性施工组织设计,重点对施工方案、劳动力、材料、机械设备的组织及保证工程质量、安全、工期和控制造价等方面的措施进行监督,并向业主提出监理意见。

e. 在单位工程开工前检查施工单位的复测资料,特别是两个相邻施工单位之间的测量资料、控制桩橛是否交接清楚,手续是否完善,质量有无问题,并对贯通测量、中线及水准桩的设置、固桩情况进行审查。

f. 对重点工程部位的中线、水平控制进行复查。

g. 监督落实各项施工条件,审批一般单项工程、单位工程的开工报告,并报业主备查。

⑥施工阶段建设监理工作。

a. 施工阶段的质量控制。

ⅰ. 对所有的隐蔽工程在进行隐蔽以前进行检查和办理签证,对重点工程要派监理人员驻点跟踪监理,签署重要的分项工程、分部工程和单位工程质量评定表。

ⅱ. 对施工测量、放样等进行检查,对发现的质量问题应及时通知施工单位纠正,并做好监理记录。

ⅲ.检查确认运到现场的工程材料、构件和设备质量,并应查验试验、化验报告单、出厂合格证是否齐全、合格,监理工程师有权禁止不符合质量要求的材料、设备进入工地和投入使用。

ⅳ.监督施工单位严格按照施工规范、设计图纸要求进行施工,严格执行施工合同。

ⅴ.对工程主要部位、主要环节及技术复杂工程加强检查。

ⅵ.检查施工单位的工程自检工作,数据是否齐全,填写是否正确,并对施工单位质量评定自检工作作出综合评价。

ⅶ.对施工单位的检验测试仪器、设备、度量衡定期检验,不定期地进行抽验,保证度量资料的准确。

ⅷ.监督施工单位对各类土木和混凝土试件按规定进行检查和抽查。

ⅸ.监督施工单位认真处理施工中发生的一般质量事故,并认真做好监理记录。

ⅹ.对大、重大质量事故以及其他紧急情况,应及时报告业主。

b.施工阶段的进度控制。

ⅰ.监督施工单位严格按施工合同规定的工期组织施工。

ⅱ.对控制工期的重点工程,审查施工单位提出的保证进度的具体措施,如发生延误,应及时分析原因,采取对策。

ⅲ.建立工程进度台账,核对工程形象进度,按月、季向业主报告施工计划执行情况、工程进度及存在的问题。

c.施工阶段的投资控制。

ⅰ.审查施工单位申报的月、季度计量报表,认真核对其工程数量,不超计、不漏计。严格按合同规定进行计量支付签证。

ⅱ.保证支付签证的各项工程质量合格、数量准确。

ⅲ.建立计量支付签证台账,定期与施工单位核对清算。

ⅳ.按业主授权和施工合同的规定审核变更设计。

⑦施工验收阶段建设监理工作。

a.督促、检查施工单位及时整理竣工文件和验收资料,受理单位工程竣工验收报告,提出监理意见。

b.根据施工单位的竣工报告,提出工程质量检验报告。

c.组织工程预验收,参加业主组织的竣工验收。

⑧建设监理合同管理工作。

a.拟定本建设工程合同体系及合同管理制度,包括合同草案的拟定、会签、协商、修改、审批、签署、保管等工作制度及流程。

b.协助业主拟定工程的各类合同条款,并参与各类合同的商谈。

c.合同执行情况的分析和跟踪管理。

d.协助业主处理与工程有关的索赔事宜及合同争议事宜。

⑨委托的其他服务。监理单位及其监理工程师受业主委托,还可承担以下几方面的服务:

a.协助业主准备工程条件,办理供水、供电、供气、电信线路等申请或签订协议。

b. 协助业主制定产品营销方案。

c. 为业主培训技术人员。

4）监理工作目标。建设工程监理目标是指监理单位所承担的建设工程的监理控制预期达到的目标。通常以建设工程的投资、进度和质量三大目标的控制值来表示。

①投资控制目标：以________年预算为基价，静态投资为________万元（或合同价为________万元）。

②工期控制目标：________个月或自________年________月________日至________年________月________日。

③质量控制目标：建设工程质量合格及业主的其他要求。

5）监理工作依据。

①工程建设方面的法律、法规。

②政府批准的工程建设文件。

③建设工程监理合同。

④其他建设工程合同。

6）项目监理机构的组织形式。项目监理机构的组织形式应根据建设工程监理要求选择，项目监理机构可用组织结构图表示。

7）项目监理机构的人员配备计划。项目监理机构的人员配备应根据建设工程监理的进程合理安排。

8）项目监理机构的人员岗位职责。

9）工程质量控制。

①质量控制目标的描述。

a. 设计质量控制目标。

b. 材料质量控制目标。

c. 设备质量控制目标。

d. 土建施工质量控制目标。

e. 设备安装质量控制目标。

f. 其他说明。

②质量目标实现的风险分析。

③质量控制的工作流程与措施。

a. 工作流程图。

b. 质量控制的具体措施。

ⅰ. 质量控制的组织措施。建立健全项目监理机构，完善职责分工，制定有关质量监督制度，落实质量控制责任。

ⅱ. 质量控制的技术措施。协助完善质量保证体系；严格事前、事中和事后的质量检查监督。

ⅲ. 质量控制的经济措施及合同措施。严格质检和验收，不符合合同规定质量要求的拒付工程款；达到业主特定质量目标要求的，按合同支付质量补偿金或奖金。

④质量目标状况的动态分析。

⑤质量控制表格。

10)工程投资控制。

①投资目标分解。

a.按建设工程的投资费用组成分解。

b.按年度、季度分解。

c.按建设工程实施阶段分解。

d.按建设工程组成分解。

②投资使用计划。投资使用计划可列表编制,具体见表1.3。

表1.3　投资使用计划表

工程名称	××年度				××年度				××年度				总额
	一	二	三	四	一	二	三	四	一	二	三	四	

③投资目标实现的风险分析。

④投资控制的工作流程与措施。

a.工作流程图。

b.投资控制的具体措施。

ⅰ.投资控制的组织措施。建立健全项目监理机构,完善职责分工及有关制度,落实投资控制的责任。

ⅱ.投资控制的技术措施。在设计阶段,推行限额设计和优化设计;在招标投标阶段,合理确定标底及合同价;对材料、设备采购,通过质量价格比选,合理确定生产供应单位;在施工阶段,通过审核施工组织设计和施工方案,使组织施工合理化。

ⅲ.投资控制的经济措施。及时进行计划费用与实际费用的分析比较。对原设计或施工方案提出合理化建议并被采用,由此产生的投资节约按合同规定予以奖励。

ⅳ.投资控制的合同措施。按合同条款支付工程款,防止过早、过量的支付。减少施工单位的索赔,正确处理索赔事宜等。

⑤投资控制的动态比较。

a.投资目标分解值与概算值的比较。

b.概算值与施工图预算值的比较。

c.合同价与实际投资的比较。

⑥投资控制表格。

11)工程进度控制。

①工程总进度计划。

②总进度目标的分解。

a.年度、季度进度目标。

b.各阶段的进度目标。

c.各子项目进度目标。

③进度目标实现的风险分析。

④进度控制的工作流程与措施。

a. 工作流程图。

b. 进度控制的具体措施。

ⅰ. 进度控制的组织措施。落实进度控制的责任,建立进度控制协调制度。

ⅱ. 进度控制的技术措施。建立多级网络计划体系,监控承建单位的作业实施计划。

ⅲ. 进度控制的经济措施。对工期提前者实行奖励;对应急工程实行较高的计件单价;确保资金的及时供应等。

ⅳ. 进度控制的合同措施。按合同要求及时协调有关各方的进度,以确保建设工程的形象进度。

⑤进度控制的动态比较。

a. 进度目标分解值与进度实际值的比较。

b. 进度目标值的预测分析。

⑥进度控制表格。

12)合同管理。

①合同结构。可以合同结构图的形式表示。

②合同目录一览表,具体见表1.4。

表1.4　合同目录一览表

序号	合同编号	合同名称	承包商	合同价	合同工期	质量要求

③合同管理的工作流程与措施。

a. 工作流程图。

b. 合同管理的具体措施。

④合同执行状况的动态分析。

⑤合同争议调解与索赔处理程序。

⑥合同管理表格。

13)信息管理

①信息分类表,具体见表1.5。

表1.5　信息分类表

序　号	信息类别	信息名称	信息管理要求	责任人

②机构内部信息流程图。

③信息管理的工作流程与措施。

a. 工作流程图。

b. 信息管理的具体措施。

④信息管理表格。

14)组织协调。

①与建设工程有关的单位。

a. 建设工程系统内的单位:主要有业主、设计单位、施工单位、材料和设备供应单位、资金提供单位等。

b. 建设工程系统外的单位:主要有政府建设行政主管机构、政府其他有关部门、工程毗邻单位、社会团体等。

②协调分析。

a. 建设工程系统内的单位协调重点分析。

b. 建设工程系统外的单位协调重点分析。

③协调工作程序。

a. 投资控制协调程序。

b. 进度控制协调程序。

c. 质量控制协调程序。

d. 其他方面工作协调程序。

④协调工作表格。

15)安全生产管理职责。

16)监理工作制度。

①施工招标阶段。

a. 招标准备工作有关制度。

b. 编制招标文件有关制度。

c. 标底编制及审核制度。

d. 合同条件拟定及审核制度。

e. 组织招标实务有关制度等。

②施工阶段。

a. 设计文件、图纸审查制度。

b. 施工图纸会审及设计交底制度。

c. 施工组织设计审核制度。

d. 工程开工申请审批制度。

e. 工程材料,半成品质量检验制度。

f. 隐蔽工程分项(部)工程质量验收制度。

g. 单位工程、单项工程总监验收制度。

h. 设计变更处理制度。

i. 工程质量事故处理制度。

j. 施工进度监督及报告制度。

k. 监理报告制度。

l. 工程竣工验收制度。

m. 监理日志和会议制度。

③项目监理机构内部工作制度。

a. 监理组织工作会议制度。

b. 对外行文审批制度。

c. 监理工作日志制度。

d. 监理周报、月报制度。

e. 技术,经济资料及档案管理制度。

f. 监理费用预算制度。

17)监理设施。业主提供满足监理工作需要的办公设施、交通设施、通信设施和生活设施。

根据建设工程类别、规模、技术复杂程度、建设工程所在地的环境条件,按委托监理合同的约定,配备满足监理工作需要的常规检测设备和工具,见表1.6。

表1.6 常规检测设备和工具

序号	仪器设备名称	型号	数量	使用时间	备注
1					
2					
3					
4					
5					
6					
⋮					

(2)监理规划的审核。

建设工程监理规划在编写完成后需要进行审核并经批准。监理单位的技术主管部门是内部审核单位,其负责人应当签认。监理规划审核的内容主要如下:

1)监理范围、工作内容及监理目标的审核。依据监理招标文件和委托监理合同,看其是否理解了业主对该工程的建设意图,监理范围、监理工作内容是否包括了全部委托的工作任务,监理目标是否与合同要求和建设意图相一致。

2)项目监理机构结构的审核。

①组织机构。在组织形式、管理模式等方面是否合理,是否结合了工程实施的具体特点,是否能够与业主的组织关系和承包方的组织关系相协调等。

②人员配备。人员配备方案应从下述几个方面进行审核:

a. 派驻监理人员的专业满足程度。应根据工程特点和委托监理任务的工作范围审查,不仅应考虑专业监理工程师,如土建监理工程师、机械监理工程师等能否满足开展监理工作的需要,而且还要看其专业监理人员是否覆盖了工程实施过程中的各项专业要求,以及高、中级职称和年龄结构的组成。

b. 人员数量的满足程度。主要审核从事监理的工作人员在数量和结构上的合理性。

c. 专业人员不足时采取的措施是否恰当。大中型建设工程由于其技术复杂、涉及的专业面较宽,当监理单位的技术人员不能够满足全部监理工作要求时,对拟临时聘用的监理人员的综合素质应进行认真审核。

d. 派驻现场人员计划表。对于大中型建设工程,不同阶段对监理人员人数和专业等方面的要求不同,应对各阶段所派驻现场监理人员的专业、数量计划是否与建设工程的进度计划相适应进行审核。还应平衡正在其他工程上执行监理业务的人员,是否能按照预定计划进入本工程参加监理工作。

3)工作计划审核。

在工程进展中各个阶段的工作实施计划是否合理、可行,审查其在每个阶段中如何控制建设工程目标以及组织协调的方法。

4)质量、投资、进度控制方法和措施的审核。

对三大目标的控制方法和措施应重点审查,看其如何应用组织、技术、经济、合同措施保证目标的实现,方法是否科学、合理、有效。

5)监理工作制度审核。

主要审查监理的内、外工作制度是否健全。

1.3.3　监理实施细则

1.监理实施细则的作用

监理实施细则是在监理规划的基础上,根据项目实际情况对各项监理工作的具体实施和操作要求的具体化、详细化。根据工程项目特点,监理实施细则应由项目总监理工程师组织各专业监理工程师编制,并经总监理工程师审定后执行,且报送建设单位。监理细则一般应重点写明控制目标、关键工序、特殊工序、重点部位、质量控制要点及相应的控制措施等。对于技术资料不完全或新的施工工艺、新材料应用等,应在充分调查的基础上,单独列出章节予以细化明确。监理细则对工程项目监理工作具有以下几个方面的作用:

(1)项目监理工作实施的技术依据。

在项目监理工作实施过程中,由于工程项目的单件性和一次性及周围内外环境条件变化,即使同一施工工序在不同的项目上也存在影响工程质量、投资、进度的各种因素,因此,为了做到防患于未然,专业监理工程师必须依据相关的标准、规范、规程及施工检评标准,对可能出现偏差的工序写出监理细则,以便做到事前控制,防止可能出现偏差。

(2)规范施工行为、落实项目计划的依据。

在项目施工过程中,不同专业间的施工方案不同。作为专业监理工程师,要想使各项施工工序做到规范化、标准化,如果没有一个详细的监督实施方案,那么将难以达到预期的监理规划目标。因此,对于较复杂和大型的工程,专业监理工程师必须编制各专业的监理细则,以规范专业施工过程。

(3)明确责任、协调矛盾的依据。

对于专业工种较多的工程项目,各个专业间相互影响的问题往往在施工过程中逐渐出现,如施工面相互交叉、施工顺序相互影响等,这些问题的产生是在所难免的,但如果专业监理工程师在编制监理细则时就考虑到可能影响不同专业工种间的各种问题,那么在施工中就会尽可能减少或避免,使各项施工活动能够连续不断地进行,减少停工、窝工等事情的发生。

2.监理实施细则的编制依据和要求

(1)监理实施细则的编制依据。

1)已批准的监理规划。

2)专业工程相关标准、工程设计文件。

3)施工组织设计、专项施工方案。

(2)监理实施细则的编制要求。

1)要结合专业自身的特点并兼顾其他专业的施工。监理细则虽然是具体指导各专业开展监理工作的技术性文件,但一个项目的目标实现,必须靠各专业之间的相互配合协调,才能实现项目的有序进行。如果各管各的专业特点而不考虑别的专业,那么整个项目的有序实施就会出现混乱,甚至影响到目标的实现。

2)严格执行国家的规范、规程并考虑项目的自身特点。国家的标准、规范、规程及施工技术文件等,是开展监理工作的主要依据。但是对于国家非强制性的规范、规程,则可结合项目当地专业施工的自身特点和监理目标,有选择地采纳部分适合项目当地自身特点的部分,决不能照抄、照搬。否则就会出现偏差,影响监理目标的实现。

3)尽可能地对专业方面的技术指标量化、细化,使其更具可操作性。监理细则的目的是指导项目实施过程中的各项活动,并对各专业的实施活动进行监督和对结果进行评价。因此,专业监理工程师必须尽可能地依靠技术指标来进行检验评定。在监理细则编写中,要明确国家规范、规程和规定中的技术指标及要求,以使监理细则更具针对性和可操作性。

3.工程建设各阶段监理实施细则的主要内容

监理细则的编写应突出专业监理工作的特点和目标控制的重点,其主要内容有以下三个阶段:

(1)设计阶段。

1)工作主要内容。

①收集与建设项目相关的资料,如项目建议书、可行性研究报告、设计任务书、标准、定额等。

②根据批准的项目"设计任务书"及有关管理部门的批文等,编制"设计要求"文件。

③组织设计方案竞赛或设计招标。

④组织设计方案评选。

⑤选择设计单位,会同建设单位商签设计委托合同。

⑥监督设计合同的实施,落实三大目标控制。

⑦审核设计图纸。

⑧审查概、预算。

2)工作依据。

①国家、部门、地方有关基本建设的政策和法规。

②建设项目设计委托监理合同与设计合同。

③批准的可行性研究报告和设计任务书。

④批准的选址报告。

⑤有关的批文。

⑥与设计相关的工程、自然条件等资料。

⑦设计规范、定额。

⑧相关单位、部门的协议书。

3)监理细则。

①确定设计原则。

a. 总监理工程师应组织各专业监理工程师对设计有关批文与资料进行深入分析研究，并对各专业监理工程师提出总体设计原则要求。

b. 各专业监理工程师应结合专业实际，根据项目特点与要求，提出各专业的设计原则和技术要求。

c. 在总监理工程师组织下，各专业监理工程师与建设单位共同磋商、修正，确定总体设计原则、专业设计原则和技术要求。

②编制“设计要求”文件。

a. 总监理工程师根据与建设单位商定的基本原则，对各专业提出的设计要求和设计原则负责汇编，形成“设计要求”文件。

b. 被监理项目的“设计要求”文件，应经监理单位技术负责人审定签字，并报送建设单位审阅确认。

c.“设计要求”一般应包括：编制依据；技术经济指标；城市规划要求；造型结构要求；平面布置要求；使用空间要求；建筑剖面要求；室内外装修要求；设备设计要求；消防及监控系统要求；计算机网络通信要求。

4）组织设计招标。

①项目总监理工程师负责组织制定“设计招标”文件或设计方案竞赛条件等工作。

②项目总监理工程师协助建设单位向有关设计单位发出招标邀请和招标文件。

③协助建设单位组织投标单位现场踏勘，并就招标文件及有关设计问题进行答疑。

④项目总监理工程师负责组织设计招标、评标或设计方案评选工作，并推荐若干个优选方案，由建设单位选定。

⑤协助建设单位督促中标设计单位向城市规划部门办理方案报批手续。

5）选择勘察和设计单位，签订勘察、设计合同。

①根据招标或方案竞赛选定并经有关部门批准的设计方案，项目总监理工程师做好选择设计单位工作，并协助建设单位商签设计合同。

②依据设计方案，由设计单位提出勘察条件要求，项目总监理工程师协助建设单位签订勘察合同，提出勘察任务。

③项目总监理工程师负责组织各专业监理工程师与设计单位进行施工图设计的技术磋商，重点控制工程的使用功能、设计标准和设计的主要参数等。

④项目总监理工程师会同建设单位组织施工阶段设计方案的中间审查，以保证批准的方案在施工图阶段的落实。中间审查的意见书由项目总监理工程师整理并签字，提交设计单位。

6）审查设计文件和概、预算。

①项目总监理工程师负责组织各专业监理工程师审查设计单位提交的设计文件内容是否完整，深度能否满足施工和材料设备订货要求，并提出审查意见提交建设单位敦促设计单位解决。

②监理单位的造价工程师对概、预算进行审查，就是否符合工程投资限额提出审查意见，经项目总监理工程师签字后报送建设单位，并提交设计单位修正概、预算。

③项目总监理工程师协助建设单位，督促设计单位向勘察设计管理部门上报有关设计资料和图纸，接受政府管理部门的审查。

(2)施工招标阶段。

1)招标申请。

①项目总监理工程师提请建设单位落实的有关招标条件。

a.具有设计单位提出的施工图及概、预算。

b.建筑用地已经征用(包括拆迁工作)。

c.资金、材料、设备的落实情况。

d.有当地建设主管部门签发的建筑许可证。

②项目总监理工程师协助建设单位向主管部门提出申请,经批准后即可开始招标工作。

2)编制招标文件。

①项目总监理工程师负责组织有关专业监理工程师熟悉了解施工图及设计技术说明,以掌握工程概况。

②项目总监理工程师按照下列内容组织招标文件的编制或审查工作(当招标文件由建设单位提供时)。

a.工程综合说明包括名称、规模、地址、发包范围、监理单位、设计单位、基础结构、装修、设备情况、场地及土质情况(可附工程地质勘察报告)、给排水、供电、道路及通信设备情况,以及工期要求等。

b.设计图纸及设计技术说明。

c.工程量清单和单价表。

d.编写投标须知,其内容一般包括填写和投送标书的注意事项,废标条件,评标条件,决标优惠条件,踏勘现场和解答问题的时间安排,投标截止日期及开标时间、地点等。

e.拟定承包合同主要条件(或条款)。为了事先使投标单位对承包单位承担的义务和责任,及应享受的权利有明确的理解,应将合同的主要条件(或条款)作为招标文件的组成部分。

③由监理单位负责编制的招标文件需经监理单位总工程师审定后,提交建设单位认定。

3)编制标底。

①标底的作用。

a.使建设单位预先明确对拟建工程承担的财务责任。

b.提供上级主管部门,核定建设规模的依据。

c.作为衡量投标单位标价的准绳,是评标的主要尺度之一。

②标底的编制依据为设计图纸及设计文件,以及当时的材料价格信息资料。可采用以下几种方法进行:

a.以施工图预算为基础的方法编制。

b.以预算定额或扩大综合定额为基础的方法编制。

c.以平方米造价为基础的方法编制。

③当监理合同规定由监理单位负责标底编制时,则项目总监理工程师应组织有关专业监理工程师进行具体的编制工作。标底文件须经监理单位技术负责人审核后送交建设单位认可。

④项目总监理工程师协助建设单位将认可的标底报送预算审查部门审查并报当地招标办核准。

⑤在开标前标底应严格保密,如有泄漏对责任者要严肃处理,直至法律制裁。

4)组织投标。

①项目总监理工程师协助建设单位根据招标方式组织发布投标通告或邀请投标函。

②项目总监理工程师会同建设单位对投标单位资格进行审查。当采取公开招标时,资格审查工作应在发售招标文件之前进行;当采取邀请招标时则可与评标同时进行。

③项目总监理工程师会同建设单位组织招标工程交底及答疑工作。

5)开标、评标、决标工作。

①项目总监理工程师协助建设单位在规定时间进行开标,开标应由招标单位主持,并邀请各投标单位和当地公证机构及有关部门代表参加,在开标现场招标单位主持人宣布评审原则和标准并记入开标记录。

评标原则:平等竞争,对所有投标单位一视同仁。如对某些单位实行优惠政策应在"招标通告"或在"投标单位须知"中事先说明。

评标标准:拥有足够胜任招标工程的技术和财务实力,信誉良好,报价合理。

②指定专人做好开标结果登记并由读标人、登记人和公证人签名。

③开标后应先排除无效标书,并经公证人检查确认,然后由评标小组(一般可由建设单位、监理单位、建设银行、市建委参加组成,也可邀请有关部门的代表和专家参加)从工程技术和财务的角度审查评议有效标书。

④评议后按标价从低到高的顺序列出清单,写出评价报告,推荐若干名候选的中标单位,送交招标单位决策人做出最终抉择。

⑤对简单工程可在开标现场决定中标单位,但对规模较大、内容复杂的工程,则应由招标单位与评标小组就推荐的候选中标单位,分别从技术力量、施工方案、机械设备、材料供应及标价等因素进行调查研究、全面衡量,最后由招标单位决策人择优选定中标单位。

⑥决标后项目总监理工程师协助建设单位向中标单位发出中标通知书,中标通知书应包括以下内容:

a. 中标单位。

b. 中标工程名称、工程内容及工程量。

c. 中标条件(承包方式、中标总造价、开竣工时间、工程质量等)。

d. 商签施工承包合同期限。

以加盖招标单位公章及负责人签字的形式发出通知,同时将中标结果通知所有未中标的投标单位,通知未中标单位退还招标文件、领回押金的时间和地点。

6)与中标单位商签承包合同。

①项目总监理工程师协助建设单位,按照约定时间就签订合同与中标承包单位进行具体磋商,最后双方就合同条款达成协议,由建设单位签订合同。

②项目总监理工程师应对双方达成协议的合同条款是否正确反映主要施工监理权限和内容进行审查提出意见。

③当承包单位需要将工程的某部分委托分包单位施工时,项目总监理工程师应协同建设单位对分包单位进行资格审查和认可。

(3)施工及验收阶段。

施工阶段监理实施细则的主要内容如下:

1)工程总进度计划。

①要求施工单位根据合同要求提交工程总进度计划,总监理工程师提出审查意见要求施工单位修正。

②在总的进度计划前提下,审查施工单位的季、月各工种的具体计划与安排,组织各专业监理工程师,就计划能否落实提出意见,经项目总监理工程审核后督促施工单位调整计划。

2)工程进度控制。

①现场监理部应建立工程监理日志制度,详细记录工程进度、质量、设计变更、洽商等问题和有关施工过程中必须记录的问题。

②组织工程进度协调会,听取施工单位的问题汇报,对其中有关进度问题提出监理意见。

③督促施工单位按月提出施工进度报表,由各专业监理工程师审查认定,最后由总监理工程师汇编出监理月报,报送监理单位和建设单位。

3)工程质量控制。

①各专业监理工程师应认真熟悉施工图纸及有关设计说明资料,了解设计要求,明确土建与设备、安装相关部位及工序之间的关系,审查图纸有无差错和表达不清楚的地方,对工程关键部位和施工难点做到心中有数,并做好设计图纸会审工作。

②图纸会审要求施工单位做好会审纪要的记录、整理及各方的签认工作,经建设单位、设计单位、监理单位、施工单位签字后成为施工设计文件的补充资料,是施工单位的施工技术资料。

③要求施工单位严格按照施工安装规范、验收标准、设计图纸进行施工,并经常深入现场检查施工质量和保证质量措施的落实情况。

④执行国家、部门和地方政府有关施工安装的质量检验报表制度,严格要求施工单位按照施工质量检验程序的规定,认真填报,各专业监理工程师对施工单位交验的有关施工质量报表,应进行核查或认定。对于隐蔽工程,未经总监理工程师核查签字,不能开始施工。

4)审查设计变更、洽商。

①对各方提出的设计修改应通过监理工程师,报请建设单位后由设计单位研究确定并提出修改通知,经监理工程师会签后交施工单位施工。

②对有关设计变更、洽商经监理工程师签字并经建设单位同意后,由施工单位向设计单位办理设计变更、洽商。

③监理工程师会签有关各种设计变更,应侧重审查对工程质量、进度、投资是否有不利影响。如发现影响监理目标的实现时,应明确提出监理意见,必要时向建设单位提出书面意见。

5)监督检查施工安全防护措施。

①审查施工单位提出的安全防护措施方案,并监督其实现,但施工安全防护的责任仍由施工单位承担。

②施工过程中的安全防护措施,应由施工单位负责定期检查,监理部配合监督。如发现施工中存在重大安全隐患,可直接提出停止施工意见,并写出书面监理意见,并向建设单位及政府主管部门反映。

6)审查主要建筑材料、设备的订货和核定其性能。

①主要建筑材料、构配件及设备订货前,施工单位应提供样品(或看样)和有关订货厂家资质证明及单价等资料向监理工程师申报。经监理工程师会同设计、建设单位研究同意后方

可订货。

②主要设备订货,在订货前施工单位应向监理部提出申请,由监理工程师会同设计、建设单位研究同意后方可订货。设备到货后应及时向项目监理部报送出厂合格证及有关设备的技术参数资料,由监理工程师核定是否符合设计要求。

③对用于工程的主要材料,进场时必须具备正式的出厂合格证和材质化验单。如不具备或对检验证明有疑问时,应向施工单位说明原因并要求施工单位补做检验。所有材料检验合格证必须经监理工程师验证,否则一律不准用于工程中,待工程师同意方能使用。

④工程中所用各种构配件必须具有生产厂家、批号和出厂合格证。由于运输安装等原因出现的构配件质量问题,应进行分析研究。采取措施处理后经监理工程师同意方能使用。

⑤监理工程师应检查工程上所采用的主要设备是否符合设计文件或标书所规定的厂家、型号、规格和标准。

⑥进口设备必须具有海关商检书。

7)认定工程数量,签发(或会签)付款凭证。

①对施工单位工程进度月报所反映完成的工程数量,监理工程师应进行认真核实。

②按照建设单位与施工单位签订的承包合同规定的工程付款办法,根据核实的完成工程数量,在扣除预付款和保修金等后,签发(或会签)付款凭证。

③对超出承包合同之外的设计变更、洽商,由施工安装单位做出预算,项目监理部可根据建设单位委托审查预算由此而引起的追加合同价款,并于当月付款时予以调整。

8)工程验收。

①现场监理部根据施工单位有关阶段的、分部的工程以及单位工程的竣工验收申请报告,负责组织初验。工程的各阶段、各分部和单位工程的正式验收由建设单位组织完成。

②监理部接到施工单位有关竣工验收申请报告后,项目总监理工程师负责组织有关专业监理工程师进行初验,并将初验意见书面答复施工单位。对工程存在的质量问题和漏项工程限定处理期限和再次复验日期。

③项目总监理工程师应严格掌握阶段的或部位的工程正式验收,通过正式验收合格后,方可同意继续下阶段施工,单位工程正式竣工验收合格后方可办理移交手续。

④经初验全部合格后,由项目总监理工程师在相应的工程竣工验收报告单上签认,然后向建设单位提出竣工验收报告。并要求建设单位组织有关部门和人员参加相应阶段的正式验收工作。

9)整理工程有关文件并归档。

①督促检查施工单位完成各阶段的竣工图和最后全套竣工图的工作。

②检查施工过程中的各种设计变更、洽商和监理文件等整理工作,并交建设单位存档。

10)组织工程质量事故的处理。

①监理工程师对工程质量事故,负责组织有关方面进行事故原因分析,并责成事故责任方及时写出事故报告和提出处理方案。

②责任方提出的质量事故处理方案,经监理工程师同意后,由责任方提出事故处理文件并对处理技术负责,监理工程师监督检查实施情况。

4. 工程监理主要工作文件的关系

(1)监理大纲、监理规划和监理实施细则的比较。

项目监理大纲、监理规划、监理实施细则是相互关联的,它们之间存在着明显的依据性关系;项目监理规划要根据监理大纲的有关内容来编写,制定项目监理实施细则要在监理规划的指导下进行。

监理大纲、监理规划和监理实施细则之间的比较见表 1.7。

表 1.7　监理大纲、监理规划和监理实施细则的比较

	编制对象	编制时间和作用	内容		
			为什么做	做什么	如何做
监理大纲	项目整体	在监理招标阶段编制的，目的是获得监理任务	√	○	
监理规划	项目整体	在监理委托合同签订后制订，目的是指导项目监理工作，起“初步设计”作用	○	√	√
监理实施细则	某项专业监理工作	在完善项目后监理组织，落实监理责任后制订，目的是具体指导各项监理工作的开展，起“施工图设计”的作用		○	√

注：√表示重点；○表示一般。

(2)监理规划与监理实施细则的比较。

根据《建设工程监理规范》(GB/T 50319—2013)中规定的监理规划与监理实施细则的比较，见表 1.8 所列。

表 1.8　监理规划与监理实施细则的比较

项次	要点	监理规划	监理实施细则
1	编制时间	在签订建设工程监理合同及收到工程设计文件后编制，在召开第一次工地会议前报送建设单位	在相应工程施工开始前编制完成
2	编制人	总监理工程师组织专业监理工程师编制	由专业监理工程师编制
3	批准人	总监理工程师签字后由工程监理单位技术负责人审批	报总监理工程师审批
4	作用、目的	作用：是监理工作的纲领性文件，指导监理单位内部自身业务工作的功能作用 目的：应针对项目的实际情况，明确项目监理机构的工作目标，确定具体的建立工作制度、程序、方法和措施，并应具有可操作性	在完善项目监理组织，落实监理责任后制订，目的是具体指导实施各项监理专业作业。 对中型及以上或专业性较强的工程项目，项目监理机构应编制监理实施细则。应符合监理规划的要求，并应结合工程项目的专业特点，做到详细具体，具有可操作性
5	编制依据	(1)建设工程的相关法律、法规及项目审批文件； (2)与建设工程项目有关的标准、设计文件、技术资料； (3)委托建立合同文件及与建设工程项目相关的合同文件	(1)监理规划； (2)相关标准、工程设计文件； (3)施工组织设计、专项施工方案

2　建筑工程监理招投标

2.1　建筑工程监理招标

1. 建设工程招标程序

(1)建设工程招标的一般程序。

1)设立招标组织或委托招标代理人。办理报建登记手续以后,凡已满足招标条件的工程建设项目均可组织招标,办理招标事宜。招标组织者组织招标必须具有相应的组织招标资质。组织招标可分为两种情况,即招标人自己组织招标和招标人委托招标代理人代理招标。

招标人委托招标代理人代理招标,必须与之签订招标代理合同(协议)。招标代理合同,应当明确委托代理招标的范围和内容,招标代理人的代理权限和期限,代理费用的约定和支付,招标人应提供的招标条件、资料和时间要求,招标工作安排,以及违约责等主要条款。

2)申报招标申请书、招标文件、评标定标办法和标底。招标人在依法设立招标组织并取得相应招标组织资质证书,或者书面委托具有相应资质的招标代理人以后,就可开始组织招标、办理招标事宜。招标人自己组织招标、自行办理招标事宜或者委托招标代理人代理组织招标、代为办理招标事宜的,应向有关行政监督部门备案。

招标申请书是招标人向政府主管机构提交的要求开始组织招标、办理招标事宜的一种文书,其主要内容包括招标工程具备的条件、招标的工程内容和范围、拟采用的招标方式和对投标人的要求、招标人或者招标代理人的资质等。

3)发布招标公告或者发出投标邀请书。

①公开招标。采用公开招标方式的,习惯上都是在投标前对投标人进行资格审查。

②邀请招标。采用邀请招标方式的,招标人要向三个以上具备承担招标项目的能力、资信良好的承包商发出投标邀请书,邀请他们参加投标。采用议标方式的,由招标人向拟邀请参加议标的承包商发出投标邀请书,向参加议标的单位介绍工程情况和对承包商的资质要求等。

③投标邀请书的内容。一般情况下,公开招标的招标公告和邀请招标的投标邀请书,应当明确包括以下内容:

a. 招标人的名称、地址及联系人姓名、电话。

b. 工程情况简介,包括项目名称、性质、数量、投资规模、工程实施地点、结构类型、装修标准、质量要求、时间要求等。

c. 承包方式,材料、设备供应方式。

d. 对投标人的资质和业绩情况的要求及应提供的有关证明文件。

e. 招标日程安排,包括发放、获取招标文件的办法、时间、地点,投标地点及时间、现场踏勘时间、投标预备会时间、投标截止时间、开标时间、开标地点等。

f. 对招标文件收取的费用(押金数额)。

g. 其他需要说明的问题。

4）对投标资格进行审查。

投标资格审查的主要内容如下：

①公开招标审查。

a. 投标人组织与机构，资质等级证书，独立订立合同的权利。

b. 近三年来的工程情况。

c. 目前正在履行合同情况。

d. 履行合同的能力，包括专业、技术资格和能力，资金、财务、设备和其他物质状况，管理能力，经验、信誉和相应的工作人员、劳力等情况。

e. 受奖、罚的情况和其他有关资料，没有处于被责令停业，财产被接管或查封、扣押、冻结，破产状态，在近三年（包括其董事或主要职员）没有与骗取合同有关的犯罪或严重违法行为。投标人应向招标人提交能证明上述条件的法定证明文件和相关资料。

②邀请招标资格审查。

a. 投标人组织与机构，营业执照，资质等级证书。

b. 近三年完成工程的情况。

c. 目前正在履行的合同情况。

d. 资源方面的情况，包括财务、管理、技术、劳力、设备等情况。

e. 受奖、罚的情况和其他有关资料。

③议标的资格审查。主要查验投标人是否具有相应的资质等级。

5）分发招标文件和有关资料，收取投标保证金。

招标人向经审查合格的投标人分发招标文件及有关资料，并向投标人收取投标保证金。公开招标实行资格后审的，直接向所有投标报名者分发招标文件和有关资料，收取投标保证金。

招标文件发出后，招标人不得擅自变更其内容。确需进行必要的澄清、修改或补充的，应当在招标文件要求提交投标文件截止时间至少 15 天前，书面通知所有获得招标文件的投标人。该澄清、修改或补充的内容是招标文件的组成部分，对招标人和投标人都有约束力。

投标保证金是为防止投标人不审慎考虑和进行投标活动而设定的一种担保形式，是投标人向招标人缴纳的一定数额的金钱。投标保证金的直接目的虽是保证投标人对投标活动负责，但其一旦缴纳和接受，对双方都有约束力。投标保证金可采用现金、支票、银行汇票，也可是由银行出具的银行保函。银行保函的格式应符合招标文件提出的格式要求。投标保证金的额度，应根据工程投资大小由业主在招标文件中确定。投标保证金的有效期为直到签订合同或提供履约保函为止，通常为 3～6 个月，一般应超过投标有效期的 28 天。

6）组织投标人踏勘现场，对招标文件进行答疑。

投标人对招标文件或者在现场踏勘中如果有疑问或不清楚的问题，可以并且应当用书面的形式要求招标人予以解答。招标人收到投标人提出的疑问或不清楚的问题后，应当给予解释和答复。

招标人答疑的形式包括：

①通过投标预备会进行解答，同时借此对图纸进行交底和解释，并以会议记录形式同时将解答内容送达所有获得招标文件的投标人。

②以书面形式解答，并将解答内容同时送达所有获得招标文件的投标人。书面形式包括解答书、信件、电报、电传、传真、电子数据交换和电子函件等可以有形地表现所载内容的形式。以书面形式解答招标文件中或现场踏勘中的疑问时，在将解答内容送达所有获得招标文件的投标人之前，应先经招标投标管理机构审查认定。

7）成立评标组织，召开开标会议。

开标会议的参加人员，包括招标人或其代表人、招标代理人、投标人法定代表人或其委托代理人、招标投标管理机构的监管人员和招标人自愿邀请的公证机构的人员等。评标组织成员不参加开标会议。开标会议由招标人或招标代理人组织，由招标人或招标人代表主持，并在招标投标管理机构的监督下进行。

8）审查投标文件，组织评标。

评标必须在招标投标管理机构的监督下，由招标人依法组建的评标组织进行。评标组织由招标人的代表和有关经济、技术等方面的专家组成评标委员会。评标一般采用评标会的形式进行。

9）定标，发出中标通知书。

①定标。招标人根据评标组织提出的书面评标报告和推荐的中标候选人确定中标人，也可授权评标组织直接确定中标人。

经评标能当场定标的，应当场宣布中标人；不能当场定标的，中小型项目应在开标之后7天内定标，大型项目应在开标之后14天内定标；特殊情况需要延长定标期限的，应经招标投标管理机构同意。招标人应当自定标之日起15天内向招标投标管理机构提交招标投标情况的书面报告。

②投标要求。中标人的投标，应符合下列条件之一：

a. 能够最大限度地满足招标文件中规定的各项综合评价标准。

b. 能够满足招标文件实质性要求，并且经评审的投标价格最低，但投标价格低于成本的除外。

③招标失败。如果发生招标失败，招标人应认真审查招标文件及标底，做出合理修改，重新招标。在重新招标时，原采用公开招标方式的，仍可继续采用公开招标方式，也可改用邀请招标方式；原采用邀请招标方式的，仍可继续采用邀请招标方式，也可改用议标方式；原采用议标方式的，应继续采用议标方式。

可能导致招标失败的情况有：

a. 所有投标报价均高于或低于招标文件所规定的幅度的。

b. 所有投标人的投标文件均实质上不符合招标文件的要求，被评标组织否决的。

④发出中标通知书。经评标确定中标人后，招标人应当向中标人发出中标通知书，并同时将中标结果通知给所有未中标的投标人，退还未中标投标人的投标保证金。中标通知书对招标人和中标人具有法律效力。中标通知书发出后，招标人改变中标结果的，或者中标人放弃中标项目的，应承担法律责任。

10）签订合同。

中标人收到中标通知书后，招标人和中标人双方应具体协商谈判签订合同事宜，形成合同草案。招标投标管理机构对合同草案的审查，主要是看其是否按中标的条件和价格拟订。

经审查后，招标人与中标人应当自中标通知书发出之日起30天内，按照招标文件和中标人的投标文件正式签订书面合同。招标人和中标人不得再订立背离合同实质性内容的其他协议。

(2)开标会议的一般程序。

1)参加开标会议的人员签名报到。

2)会议主持人宣布开标会议开始,宣读招标人法定代表人资格证明或招标人代表的授权委托书,介绍参加会议的单位和人员名单,宣布唱标人员、记录人员名单。

3)介绍工程项目的有关情况,邀请投标人或其推选的代表检查投标文件的密封情况并签字确认,或邀请招标人自愿委托的公证机构检查并公证。

4)由招标人代表当众宣布评标定标办法。

5)由招标人或招标投标管理机构的人员核查投标人提交的投标文件和有关证件、资料,检视其密封、标志、签署等情况。经确认无误后,当众启封投标文件,宣布核查检视结果。

6)由唱标人员进行唱标。唱标是指公布投标文件的主要内容,当众宣读投标文件的投标人名称、投标报价、工期、质量、主要材料用量、投标保证金、优惠条件等主要内容。唱标顺序按各投标人报送的投标文件时间先后的逆顺序进行。

7)由招标投标管理机构当众宣布审定后的标底。

8)由投标人的法定代表人或其委托代理人核对开标会议记录,并签字确认开标结果。

(3)评标会议的一般程序。

1)开标会结束后,投标人退出会场,参加评标会的人员进入会场,由评标组织负责人宣布评标会开始。

2)评标组织成员审阅各个投标文件,主要检查确认投标文件是否在实质上响应了招标文件的要求;投标文件正副本之间的内容是否一致;投标文件是否有重大漏项、缺项;是否提出了招标人不能接受的保留条件等。

3)评标组织成员根据评标定标办法的规定,只对未被宣布无效的投标文件进行评议,并对评标结果签字确认。

4)如有必要,评标期间评标组织可以要求投标人对投标文件中不清楚的问题作必要的澄清或说明,但是澄清或说明不得超出投标文件的范围或改变投标文件的实质性内容。所澄清和确认的问题,应当采取书面形式,经招标人和投标人双方签字后,作为投标文件的组成部分,列入评标依据范围。在澄清会谈中,不允许招标人和投标人变更或寻求变更价格、工期、质量等级等实质性内容。开标后,投标人对价格、工期、质量等级等实质性内容提出的任何修正声明或者附加优惠条件,一律不得作为评标组织评标的依据。

5)评标组织负责人对评标结果进行校核,按照优劣或得分高低排出投标人顺序,并形成评标报告,经招标投标管理机构审查,确认无误后,即可根据评标报告确定出中标人。至此,评标工作结束。

2. 招标文件的内容

一般来说,建设工程招标文件应包括投标须知,合同条件和合同协议条款,合同格式,技术规范,图纸、技术资料及附件投标文件的参考格式等几方面内容。

(1)投标须知。

投标须知正文的内容主要包括对总则、招标文件说明、投标文件说明、开标说明、评标、授予合同等方面的说明和要求。

1)总则。

①工程说明。主要说明工程的名称、位置、合同名称等情况。

②资金来源。主要说明招标项目的资金来源和支付使用的限制条件。

③资质要求与合格条件。指对投标人参加投标进而中标的资格要求,主要说明为签订和履行合同的目的,投标人单独或联合投标时至少应满足的资质条件。

④投标费用。投标人应承担其编制、递交投标文件所涉及的一切费用。无论投标结果如何,招标人对投标人在投标过程中发生的一切费用概不负责。

2)招标文件说明。招标文件说明是投标须知中对招标文件本身的组成、格式、解释、修改等问题所做的说明。投标人对招标文件所做的任何推论、解释和结论,招标人概不负责。投标人因对招标文件的任何推论、误解以及招标人对有关问题的口头解释所造成的后果,均由投标人自负。如果投标人的投标文件不能符合招标文件的要求,则由投标人承担责任。实质上不响应招标文件要求的投标文件将被拒绝。招标人对招标文件的澄清、解释和修改,必须采取书面形式,并送达所有获得招标文件的投标人。

3)投标文件说明。投标须知中对投标文件各项要求的阐述。

4)开标说明。在所有投标人的法定代表人或授权代表在场的情况下,招标人将于前附表规定的时间和地点举行开标会议,参加开标的投标人的代表应签名报到,以证明其出席开标会议。开标会议在招标投标管理机构监督下,由招标人组织并主持。

5)评标。

①评标内容的保密。公开开标后,直到宣布授予中标人合同为止,凡属于审查、澄清、评价和比较投标的有关资料,和有关授予合同的信息,以及评标组织成员的名单均不应向投标人或与该过程无关的其他人泄露。招标人应采取必要的措施,保证评标在严格保密的情况下进行。

②投标文件的澄清。为了有助于投标文件的审查、评价和比较,评标组织在保密其成员名单的情况下,可个别要求投标人澄清其投标文件。有关澄清的要求与答复,应以书面形式进行,但不允许更改投标报价或投标的其他实质性内容。按照投标须知规定校核时发现的算术错误不在此列。

③投标文件的符合性鉴定。在详细评标之前,评标组织将首先审定每份投标文件是否在实质上响应了招标文件的要求。投标文件无效的情况有:

a.未按招标文件的要求标志、密封的。

b.无投标人公章和投标人的法定代表人或其委托代理人的印鉴或签字的。

c.投标文件标明的投标人在名称和法律地位上与通过资格审查时的不一致,且这种不一致明显不利于招标人或为招标文件所不允许的。

d.未按招标文件规定的格式、要求填写,内容不全或字迹潦草、模糊,辨认不清的。

e.投标人在一份投标文件中对同一招标项目报有两个或多个报价,且未书面声明以哪个报价为准的。

f.逾期送达的。

g.投标人未参加开标会议的。

h.提交合格的撤回通知的。

④错误的修正。评标组织将对确定为实质上响应招标文件要求的投标文件进行校核,看

其是否有计算上或累计上的算术错误。修正错误的原则如下：

a. 如果用数字表示的数额与用文字表示的数额不一致时，以文字数额为准。

b. 当单价与工程量的乘积与合价之间不一致时，通常以标出的单价为准，除非评标组织认为有明显的小数点错位，此时应以标出的合价为准，并修改单价。

按照上述修改错误的方法，调整投标书中的投标报价。经投标人确认同意后，调整后的报价对投标人起约束作用。如果投标人不接受修正后的投标报价，其投标将被拒绝，投标保证金也将不予退还。

⑤投标文件的评价与比较。评标组织将仅对按照投标须知确定为实质上响应招标文件要求的投标文件进行评价与比较。评标方法可采用综合评议法、单项评议法或两阶段评议法。投标价格采用价格调整的，在评标时不应考虑执行合同期间价格变化和允许调整的规定。

6）授予合同。

①合同授予标准。招标人将把合同授予其投标文件在实质上响应招标文件要求和按投标须知规定评选出的投标人，确定为中标的投标人必须具有实施合同的能力和资源。

②中标通知书。确定出中标人后，在投标有效期截止前，招标人将在招标投标管理机构的认同下，以书面形式通知中标的投标人其投标被接受。

③合同的签署。中标人按中标通知书中规定的时间和地点，由法定代表人或其授权代表前往与招标人代表进行合同签订。

④履约担保。中标人应按规定向招标人提交履约担保。投标人应使用招标文件中提供的履约担保格式。如果中标人不按投标须知的规定执行，招标人将有充分的理由废除授标，并不退还其投标保证金。

（2）合同条件和合同协议条款。

招标文件中的合同条件和合同协议条款，是招标人单方面提出的关于招标人、投标人、监理工程师等各方权利义务关系的设想和意愿，是对合同签订、履行过程中遇到的工程进度、质量、检验、支付、索赔、争议、仲裁等问题的示范性、定式性的阐释。

1）通用合同条款。

①通用条件（或标准条款）。通用条件是运用于各类建设工程项目的具有普遍适应性的标准化的条件，其中凡双方未明确提出或声明修改、补充及取消的条款，就是双方均要遵行的。

②专用条件（或协议条款）。专用条件是针对某一特定工程项目对通用条件的修改、补充或取消。

2）常用条款。目前，我国在工程建设领域普遍推行的是《建设工程施工合同》（示范文本）（GF—2013—0201）、《建设工程监理合同》（示范文本）（GF—2012—0202）等。

（3）合同格式。

合同格式是招标人在招标文件中拟定好的具体格式，在定标后由招标人与中标人达成一致协议后签署。投标人投标时不填写。招标文件中的合同格式主要包括合同协议书格式、银行履约保函格式、履约担保书格式、预付款银行保函格式等。

（4）技术规范。

招标文件中的技术规范，用于反映招标人对工程项目的技术要求。通常分为工程现场条件和本工程采用的技术规范两大部分。工程现场条件包括现场环境、地形、地貌、地质、水文、地震烈度、气温、雨雪量、风向、风力等自然条件和工程范围、建设用地面积、建筑物占地面积、场地拆迁及平整情况、施工用水、用电、工地内外交通、环保、安全防护设施及有关勘探资料等施工条件。本工程采用的技术规范招标文件要结合工程的具体环境和要求,写明已选定的适用于本工程的技术规范,列出编制规范的部门和名称。

(5)图纸、技术资料及附件。

招标文件中的图纸,不仅是投标人拟定施工方案、确定施工方法、提出替代方案、计算投标报价不可缺少的资料,也是工程合同的组成部分。一般来说,图纸的详细程度取决于设计的深度和发包承包方式。招标文件中的图纸越详细,越能使投标人比较准确地计算报价。招标人应对这些资料的正确性负责,而对于投标人根据这些资料做出的分析与判断则不负责任。

(6)投标文件。

招标人在招标文件中,要对投标文件提出明确的要求,并拟定一套投标文件的参考格式,供投标人投标时填写。投标文件的参考格式,主要有投标书及投标书附录、工程量清单与报价表、辅助资料表等。其中,工程量清单与报价表格式,在采用综合单价和工料单价时有所不同,并同时要注意对综合单价投标报价或工料单价投标报价进行说明。

3. 投标文件的评审及定标

(1)投标文件的评审及定标程序。

1)组建评标组织进行评标。

2)进行初步评审。

①对投标文件进行符合性鉴定。

a. 对投标文件进行商务性评估。指对确定为实质上响应招标文件要求的投标文件进行投标报价评估,包括对投标报价进行校核,审查全部报价数据是否有计算上或累计上的算术错误,分析报价构成的合理性。

b. 对投标文件进行技术性评估。主要包括对投标人所报的方案或组织设计、关键工序、进度计划、人员和机械设备的配备、技术能力、质量控制措施、临时设施的布置和临时用地情况,施工现场周围环境污染的保护措施等进行评估。

②对投标文件进行综合评价与比较。评标应当按照招标文件确定的评标标准和方法,按照平等竞争、公正合理的原则,对投标人的报价、工期、质量、主要材料用量、施工方案或组织设计、以往业绩和履行合同的情况、社会信誉、优惠条件等方面进行综合评价和比较,并与标底进行对比分析,通过进一步澄清、答辩和评审,公正合理地择优选定中标候选人。

3)终审。终审是指对投标文件进行综合评价与比较分析,对初审筛选出的若干具备评标资格的投标人进行进一步澄清、答辩,择优确定出中标候选人。

4)编制评标报告及授予合同推荐意见。决标为确定中标单位。

(2)投标文件初步评审的内容。

初步评审主要包括检验投标文件的符合性和核对投标报价两部分内容,以确保投标文件能够响应招标文件的要求,剔除法律法规所提出的废标。

1)有关废标的法律规定。

①关于投标人的报价明显低于其他投标报价的规定。

②投标人的资格条件不符合国家有关规定和招标文件要求的,或者拒不按照要求对投标文件进行澄清、说明或者补正的,评标委员会可否决其投标。

③评标委员会应当审查每份投标文件是否对招标文件所提出的所有实质性要求和条件都作出了响应。未能在实质上响应的投标,应作废标处理。同时,审查并逐项列出投标文件的全部投标偏差。投标文件存在下列重大偏差的,按废标处理,招标文件对重大偏差另有规定的,从其规定:

a. 没有按照招标文件要求提供投标担保或者所提供的投标担保有瑕疵。

b. 投标文件没有投标人授权代表签字和加盖公章。

c. 投标文件载明的招标项目完成期限超过招标文件规定的期限。

d. 明显不符合技术规格、技术标准的要求。

e. 投标文件载明的货物包装方式、检验标准和方法等不符合招标文件的要求。

f. 投标文件附有招标人不能接受的条件。

g. 不符合招标文件中规定的其他实质性要求。

2)评审的具体内容。

①投标书的有效性。审查投标人是否与资格预审名单一致;递交的投标保函金额和有效期是否符合招标文件的规定;如果以标底衡量有效标时,投标报价是否在规定的标底上下百分比幅度范围内。

②投标书的完整性。投标书是否包括了招标文件规定应递交的全部文件。

③投标书与招标文件的一致性。如果招标文件指明是反应标,则投标书必须严格地对招标文件的每一空白格做出回答,不得有任何修改或附带条件。如果投标人对任何栏目的规定有说明要求时,只能在原标书完全应答的基础上,以投标致函的方式另行提出自己的建议。对原标书私自做任何修改或用括号注明条件,都将与业主的招标要求不相一致或违背,也按废标处理。

④标价计算的正确性。由于只是初步评审,不详细研究各项目报价金额是否合理、准确,而仅审核是否有计算统计错误。若出现的错误在规定的允许范围内,则可由评标委员会予以改正,并请投标人签字确认。若投标人拒绝改正,不仅按废标处理,而且还应按投标人违约对待。当错误值超过允许范围时,按废标处理。

(3)建设工程投标资格审查的内容。

1)公开招标。

①投标人组织与机构。

②近三年完成工程的情况。

③目前正在履行的合同情况。

④过去两年经审计过的财务报表。

⑤过去两年的资金平衡表和负债表。

⑥下一年度财务预测报告。

⑦施工机械设备情况。

⑧各种奖励或处罚资料。

⑨与本合同资格预审有关的其他资料。如是联合体投标应填报联合体每一成员的以上资料。

2)邀请招标。

①投标人组织与机构,营业执照,资质等级证书。

②近3年完成工程的情况。

③目前正在履行的合同情况。

④资源方面的情况,包括财务、管理、技术、劳力、设备等情况。

⑤受奖、罚的情况和其他有关资料。

3)议标。

一般通过对投标人按照投标邀请书的要求,提交或出具有关文件和资料进行验证,确认自己的经验和所掌握的有关投标人的情况是否可靠、有无变化。其资格审查的内容一般是查验投标人是否有相应的资质等级。

(4)投标文件详细评审的内容。

1)价格分析。

①报价构成分析。用标底价与标书中各单项合计价、各分项工程的单价以及总价进行比照分析,对差异较大之处找出其产生的原因,从而评定报价是否合理。

②计日工报价分析。分析投标报价时难以明确计量的工程量,以确定计日工报价的机械台班费和人工费单价的合理性。

③分析不平衡报价的变化幅度。虽然允许投标人为了解决前期施工中资金流通的困难而采用不平衡报价法投标,但不允许有严重的不平衡报价,否则会大大地提高前期工程的付款要求。

④资金流量的比较和分析。审查其所列数据的依据,进一步复核投标人的财务实力和资信可靠程度;审查其支付计划中预付款和滞留金的安排与招标文件是否一致;分析投标人资金流量和其施工进度之间的相互关系;分析招标人资金流量的合理性。

⑤分析投标人提出的财务或付款方面的建议和优惠条件。如延期负款、垫资承包等,并估计接受其建议的利弊,特别是接受财务方面建议后可能导致的风险。

2)技术评审。

①施工总体布置。着重评审布置的合理性。

②施工进度计划。首先要看进度计划是否满足招标要求,进而再评价其是否科学和严谨,以及是否切实可行。

③施工方法和技术措施。主要评审各单项工程所采取的方法、程序技术与组织措施。

④材料和设备。规定由承包商提供或采购的材料和设备,是否在质量和性能方面满足设计要求和招标文件中的标准。必要时可要求投标人进一步报送主要材料和设备的样本,技术说明书或型号、规格、地址等资料。

⑤技术建议和替代方案。对投标书中提出的技术建议和可供选择的替代方案,评标委员会应进行认真细致的研究,评定该方案是否会影响工程的技术性能和质量。

3)商务法律评审。

①投标书与招标文件是否有重大实质性偏离。

②合同文件某些条款修改建议的采用价值。

③审查商务优惠条件的实用价值。

4)管理和技术能力的评价。管理和技术能力的评价重点应放在承包商实施工程的具体组织机构和施工鼓励的保障措施方面。

5)对拟派人员的评价。要拥有一定数量的具有资质及丰富工作经验的管理人员和技术人员。

(5)投标文件评审。

1)经评审的最低投标价法。经评审的最低投标价法是以评审价格作为衡量标准,选取最低评标价者作为推荐中标人。评标价并非投标价,它是将一些因素(不含投标文件的技术部分)折算为价格,然后再计算其评标价。评标价的折算因素主要包括以下三方面:

①工期的提前量。

②标书中的优惠及其幅度。

③技术建议导致的经济效益。

2)综合评估法。综合评估法是对价格、施工组织设计(或施工方案)、项目经理的资历和业绩、质量、工期、信誉和业绩等因素进行综合评价,从而确定最大限度地满足招标文件中规定的各项综合评价标准的投标为中标人的评标定标方法。它是适用最广泛的评标定标方法。

(6)禁止串标的有关规定。

我国《建筑法》、《招投标法》、《评标委员会和评标方法暂行规定》、《工程建设项目施工招标投标办法》都有禁止串标的有关规定。

《招投标法》第三十九条规定:禁止投标人相互串通投标。有下列情形之一的,属于投标人相互串通投标:

1)投标人之间协商投标报价等投标文件的实质性内容。

2)投标人之间约定中标人。

3)投标人之间约定部分投标人放弃投标或者中标。

4)属于同一集团、协会、商会等组织成员的投标人按照该组织要求协同投标。

5)投标人之间为谋取中标或者排斥特定投标人而采取的其他联合行动。

第四十条规定:有下列情形之一的,视为投标人相互串通投标:

1)不同投标人的投标文件由同一单位或者个人编制。

2)不同投标人委托同一单位或者个人办理投标事宜。

3)不同投标人的投标文件载明的项目管理成员为同一人。

4)不同投标人的投标文件异常一致或者投标报价呈规律性差异。

5)不同投标人的投标文件相互混装。

6)不同投标人的投标保证金从同一单位或者个人的账户转出。

第四十一条规定:禁止招标人与投标人串通投标。有下列情形之一的,属于招标人与投标人串通投标:

1)招标人在开标前开启投标文件并将有关信息泄露给其他投标人。

2)招标人直接或者间接向投标人泄露标底、评标委员会成员等信息。

3)招标人明示或者暗示投标人压低或者抬高投标报价。

4)招标人授意投标人撤换、修改投标文件。

5)招标人明示或者暗示投标人为特定投标人中标提供方便。

6)招标人与投标人为谋求特定投标人中标而采取的其他串通行为。

2.2 建筑工程监理投标

1. 建设工程投标程序

(1)申报资格审查。

投标人在获悉招标公告或投标邀请后,应当按照招标公告或投标邀请书中所提出的资格审查要求,向招标人申报资格审查。

(2)购领招标文件和有关资料,缴纳投标保证金。

投标人经资格审查合格后,便可向招标人申购招标文件和有关资料,同时要缴纳投标保证金。投标保证金的缴纳办法应在招标文件中说明,并按照招标文件的要求进行。

(3)组织投标班子,委托投标代理人。

1)投标人在通过资格审查并且购领了招标文件和有关资料之后,就要着手开展各项投标准备工作。投标班子一般应由以下三类人员组成:

①商务金融类人员。从事有关金融、贸易、财税、保险、会计、采购、合同、索赔等项工作的人员。

②专业技术类人员。从事各类专业工程技术的人员,如建筑师、监理工程师、结构工程师、造价工程师等。

③经营管理类人员。一般是从事工程承包经营管理的行家里手,熟悉工程投标活动的筹划和安排,具有相当的决策水平。

2)投标人还可以雇投标代理人。投标代理人的一般职责如下:

①向投标人传递并帮助分析招标信息,协助投标人办理、通过招标文件所要求的资格审查。

②以投标人的名义参加招标人组织的有关活动,传递投标人与招标人之间的对话。

③提供当地物资、劳动力、市场行情及商业活动经验,并且提供当地有关政策法规咨询服务,协助投标人搞好投标书的编制工作,帮助递交投标文件。

④在投标人中标时,协助投标人办理各种证件的申领手续,搞好有关承包工程的准备工作。

⑤按照协议的约定收取代理费用。

(4)参加踏勘现场和投标预备会。

投标人在拿到招标文件以后,应进行全面细致的调查研究。如有疑问或不清楚的问题需要招标人予以澄清和解答的,应在收到招标文件后的 7 日内以书面形式向招标人提出。

投标人在去现场踏勘之前,应先仔细研究招标文件的有关概念、含义和各项要求,尤其是招标文件中的工作范围、专用条款以及设计图纸和说明等,然后有针对性地拟订出踏勘提纲,确定重点需要澄清和解答的问题,做到心中有数。投标人参加现场踏勘的费用,应由投标人自己承担。招标人一般在招标文件发出以后,就着手考虑安排投标人进行现场踏勘等准备工作,并在现场踏勘中对投标人给予必要的协助。

现场踏勘的内容如下:

1)现场是否达到招标文件规定的条件。

2)现场的地理位置和地形、地貌。

3)现场的地质、土质、地下水位、水文等情况。

4)现场气温、湿度、风力、年雨雪量等气候条件。

5)现场交通、饮水、污水排放、生活用电、通信等环境情况。

6)工程在现场中的位置与布置。

7)临时用地、临时设施搭建等。

(5)编制、递送投标书。

1)结合现场踏勘和投标预备会的结果,进一步分析招标文件。重点研究其中的投标须知、专用条款、设计图纸、工程范围以及工程量表等,要弄清到底有没有特殊要求或有哪些特殊要求。

2)校核招标文件中的工程量清单。投标人是否校核招标文件中的工程量清单或校核得是否准确,将会直接影响到投标报价和中标机会。

3)根据工程类型编制施工规划或施工组织设计。要在保证工期和工程质量的前提下,尽可能使成本最低、利润最大。具体要求是,根据工程类型编制出最合理的施工程序,选择和确定技术上先进、经济上合理的施工方法,选择最有效的施工设备、施工设施和劳动组织,周密、均衡地安排人力、物力和生产,正确编制施工进度计划,合理布置施工现场的平面和空间。

4)根据工程价格的构成进行工程估价,确定利润方针,计算和确定报价。投标人不得以低于成本的报价竞标。

5)形成、制作投标文件。

6)递送投标文件。在招标文件要求提交投标文件的截止时间之前,将所有准备好的投标文件密封送达投标地点。招标人在收到投标文件以后,应当签收保存,不得开启。投标人在递交投标文件以后,投标截止时间之前,可对所递交的投标文件进行补充、修改或撤回,并书面通知招标人,但所递交的补充、修改或撤回通知必须按照招标文件的规定编制、密封和标志。补充、修改的内容为投标文件的组成部分。

(6)咨询与澄清。

接受评标组织就投标文件中不清楚的问题进行的询问,举行澄清会谈。

(7)中标。

接受中标通知书,签订合同,提供履约担保,分送合同副本。

2.投标文件的内容

(1)投标文件的语言。

(2)投标文件的组成。

投标文件的一般内容应包括以下几点:

1)投标书。

2)投标书附录。

3)投标保证书(银行保函、担保书等)。

4)法定代表人资格证明书。

5)授权委托书。

6)具有标价的工程量清单和报价表。

7)施工规划或施工组织设计。

8)施工组织机构表及主要工程管理人员人选及简历、业绩。

9)拟分包的工程和分包商的情况。

10)其他必要的附件及资料,如投标保函、承包商营业执照和能确认投标人财产经济状况的银行或其他金融机构的名称及地址等。

(3)投标报价。

如果合同中无特殊规定,具有标价的工程量清单中所报的单价和合价,以及报价汇总表中的价格,应包括施工设备、劳务、管理、材料、安装、维护、保险、利润、税金、政策性文件规定及合同包含的所有风险、责任等各项应有费用。投标价格可采用的方式如下:

1)价格固定。投标人所填写的单价和合价在合同实施期间不因市场变化因素而变动,投标人在计算报价时可考虑一定的风险系数。

2)价格调整。投标人所填写的单价和合价在合同实施期间可因市场变化因素而变动。如果采用价格固定,则删除价格调整;反之,采用价格调整,则删除价格固定。

(4)投标有效期。

投标文件在投标须知规定的投标截止日期之后的前附表所列的日历日内有效。在原定投标有效期满之前,如果出现特殊情况,经招标投标管理机构核准,招标人可以书面形式向投标人提出延长投标有效期的要求。投标人须以书面形式给予答复,投标人也可拒绝该要求而不丧失投标保证金。同意延长投标有效期的投标人不允许修改其投标文件,但需要相应地延长投标保证金的有效期,在延长期内投标须知关于投标保证金的退还与否的规定仍然适用。

(5)投标保证金。

投标人应提供不少于前附表规定数额的投标保证金,此投标保证金是投标文件的一个组成部分。

(6)投标预备会。

投标预备会的目的是澄清、解答投标人提出的问题并组织投标人踏勘现场,了解情况。投标人可能被邀请到施工现场和周围环境进行踏勘,以获取需投标人自己负责的有编制投标文件和签署合同所需的所有资料。

(7)投标文件的份数和签署。

投标人按投标须知的规定,编制一份投标文件"正本"和前附表所述份数的"副本",并明确标明"投标文件正本"和"投标文件副本"。

(8)投标文件的密封与标志。

投标人应先将投标文件的正本和每份副本密封在内层包封,然后再密封在一个外层包封中,并在内包封上正确标明"投标文件正本"和"投标文件副本"。

(9)投标截止期。

投标人应在前附表规定的日期内将投标文件递交给招标人。招标人可按投标须知规定的方式,酌情延长递交投标文件的截止日期。

(10)投标文件的修改与撤回。

投标人可在递交投标文件以后、规定的投标截止时间之前,采用书面形式向招标人递交补充、修改或撤回其投标文件的通知。在投标截止日期以后,不能更改投标文件。投标人的补充、修改或撤回通知,应按照投标须知的规定进行编制、密封、加写标志和递交,并在内层包封上标明"补充"、"修改"或"撤回"字样。

3.编制投标文件的注意事项

(1)所有投标文件均由投标人的法定代表人签署、加盖印鉴,并加盖法人单位公章。

(2)填报投标文件应反复校核,保证分项和汇总计算均无错误。

(3)投标人编制投标文件时必须使用招标文件提供的投标文件表格格式,但表格可按同样格式扩展。投标保证金、履约保证金的方式,可按照招标文件有关条款的规定进行选择。

(4)应当编制的投标文件"正本"仅一份,"副本"则按招标文件前附表所述的份数提供,同时要明确标明"投标文件正本"和"投标文件副本"字样。投标文件正本和副本不一致时,应以正本为准。

(5)投标文件正本与副本均应使用不能被擦除的墨水打印或书写,各种投标文件的填写均要字迹清晰、端正,补充设计图纸要整洁、美观。

(6)投标人应先将投标文件的正本和每份副本分别密封在内层包封,然后再密封在一个外层包封中,并在内包封上正确标明"投标文件正本"和"投标文件副本"。内层和外层包封上都应写明招标人的名称和地址、合同名称、工程名称、招标编号,并注明在开标时间之前不得开封。在内层包封上还应写明投标人的名称与地址、邮政编码,以便投标出现逾期送达时能原封退回。如果内外层包封没有按照上述规定进行密封并加写标志,招标人将不承担投标文件错放或提前开封的责任,由此造成的提前开封的投标文件将被拒绝,并退还给投标人。投标单位应按时将投标文件递交至招标文件前附表所述的单位和地址。

2.3 建筑工程监理开标、评标、定标

1.开标

开标是在投标人提交投标文件截止日期时,招标人依据招标文件规定的时间和地点,开启投标人提交的投标文件,公开宣布投标人的名称、投标价格及投标文件中的其他主要内容的活动过程。为了保证开标的公开、公平、公正,维护投标人的权益而做出如下规定:

(1)开标应当在招标文件确定的提交投标文件截止时间的同一时间公开进行,开标地点也应当为招标文件中预先确定的地点。

(2)开标由招标人主持,邀请所有的投标人参加。

(3)开标时,由投标人或由其推选的代表检查投标文件的密封情况,也可由招标人委托的公证机构检查并公证;经确认无误后,由工作人员当众拆封,宣读投标人的名称、投标价格和投标文件的其他主要内容。

(4)招标人在招标文件要求提交投标文件的截止时间前收到的所有有效投标文件,开标时都应当众拆封、宣读。开标过程应当记录,并存档备查。

2.评标

评标是依据招标文件的规定和要求,对投标文件进行审查、评审和比较,从中择优的过程。

(1)评标程序。

评标指招标人设立的评标委员会,在建设工程招投标管理机构的监督下,对投标文件进行分析、评价、比较推选,从而确定出候选人的全过程。

一般的评标程序可分为两段三审。两段指初审和终审。初审即对投标文件进行符合性

评审、技术评审和商务性评审,从有效的投标文件中筛选出若干个具备授标资格的投标人。终审是指对投标文件进行综合评价与比较分析,对初审筛选出的若干具备授标资格的投标人进一步澄清、答辩择优并确定中标候选人。三审是指对投标文件进行的符合性评审、技术性评审和商务性评审,一般发生在初审阶段。在不分初审、终审的情况下只分审查(三审)和评议两个阶段。

(2)评标方法。

评标方法一般可分为单项评议法、综合评议法和两阶段评议法等。

1)单项评议法又称单因素评议法、低标价法,是一种只对投标人的投标报价进行评议从而确定中标人的评标定标方法,主要适用于小型工程。

2)综合评议法是对价格、监理的方法、措施、技术建议、人员的配备、企业的业绩、资质信誉等因素进行综合评价,从而确定中标人的评标方法。

3)两阶段评议法是先对投标的技术方案等非价格因素进行评议,确定若干中标候选人(第一阶段)后,再仅从价格因素对已入选的中标候选人进行评议,从中确定最后的中标人(第二阶段)。两阶段评议法主要适用于技术性要求高的比较复杂的工程建设项目。两阶段评议中的第一阶段评议可采用定性或定量评议法,第二阶段评议则通常采用单项评议法。实际上两阶段评议法是单项评议法与综合评议法的混合变通。

(3)评标原则。

技术和经济管理力量符合工程监理要求,监理方法可行,措施可靠,监理收费合理。

(4)监理投标书的评审。

监理单位开展监理工作的效果对项目建设的目标能否实现起着至关重要的作用,因此对监理评标来说应侧重于能力的强弱,而辅以价格的高低比较。为了保证技术能力的评审能够客观独立地进行,而不受报价的影响,评标可分为两阶段进行,即第一阶段先进行技术建议书的评审,然后再对技术建议书评审合格的投标书进行财务建议书评审。

1)对技术建议书的评审。评标委员会对技术建议书的评审主要考察以下几个方面的内容:

①投标人的资质条件,包括资质等级证书、批准的监理业务范围、主管部门或股东单位、监理单位的信誉等。

②监理经验,包括以往开展监理工作的经验、针对本项目的特殊要求的监理工作经验等。

③监理大纲,包括监理工作的指导思想和工作目标、项目监理组织机构、开展项目监理工作的计划、目标控制的方法、提交方案的创新性和经济性、项目的信息管理系统设置等。

④人员配备,包括总监理工程师的素质、拟派驻项目的主要监理人员的专业素质和满足程度、人员数量满足程度和派驻计划表等。

⑤检测设备和仪器配置,包括监理单位提供用于工程的检测设备和仪器,或委托有关单位检测的协议。

⑥近几年监理单位的业绩及奖惩情况。

⑦招标文件要求的其他情况。

2)财务建议书的评审。技术建议书评审通过以后,即进行财务建议书的评审,主要侧重以下几个方面:

①监理费报价的合理性和费用组成的合法性。

②人员费率计取的合理性。

③附加或额外服务的日平均报酬计算的正确性。

④监理单位提供设备取费的合理性。

⑤招标人提供设施和服务的合理性。

⑥招标文件要求的其他情况。

在审查过程中对投标书有不明之处可采用澄清问题会的方式请投标人予以说明,并可通过与总工程师的会谈考察其风险意识,及对建设意图的理解、应变能力、管理目标的设定等素质的高低。

3)对投标文件的比较。监理评标的量化比较,通常采用综合评分法对各投标人的综合能力进行对比,依据招标项目的特点设置评分内容和分值的权重。招标文件中说明的评标原则和预先确定的记分标准将作为评标委员会的打分依据,开标后不得更改。

3. 定标

定标是指在评标的基础上确定中标人的过程。定标方法一般可分为以下两种:

(1)直接定标法。根据评标组织的评标意见直接确定评议结果排序第一名的优秀投标人中标。这种方法的特点是评标和定标连接紧密,减少了中间环节,节约时间,透明度大,有利于减少不正之风和腐败现象滋生的空间。但有时中标人不一定合乎招标人的心愿。这种方法在我国较为普遍。

(2)复议定标法。以评标组织的评标意见为基础,由定标组织在评标组织推荐的候选人中择优筛选一名中标人。这种方法的特点是将评标与定标由评标组织和定标组织分开进行,经过复议筛选出使招标人比较满意的中标人。但由于存在评、定标两个环节,定标结果不一定是评标最好的,因此容易造成投标人的不满,同时也会造成不正之风的蔓延。这种方法在国外比较流行。

2.4　建筑工程项目监理费

1. 监理费的构成

监理单位作为一个企业,在经营中必然担负着必要的开支。同时,在日常的经营过程中,监理单位还应达到收支平衡且略有一定节余。监理费的构成是指监理单位在工程项目建设监理活动中所需的全部成本、应缴纳的税金和合理的利润。

(1)直接成本。

直接成本是指监理单位在完成某项具体监理业务中所发生的成本,主要内容包括以下几个方面:

1)监理人员和监理辅助人员的工资,包括津贴、附加工资、奖金等。

2)用于监理人员和监理辅助人员的其他专项开支,包括差旅费、补助费、医疗费等。

3)用于监理工作的计算机等办公设施的购置使用费和其他仪器、机械的租赁费等。

4)所需的其他外部服务支出。

(2)间接成本。

间接成本有时也称为日常管理费,包括全部业务经营开支和非工程建设项目监理的特定开支,具体如下:

1)管理人员、行政人员和后勤服务工作人员的工资,包括津贴、附加工资、资金等。

2)经营业务费,包括为招揽监理业务而发生的广告费、宣传费、有关契约或合同的公证费和鉴证费等活动经费。

3)办公费,包括办公用具、用品购置费,通信、邮寄费,交通费,办公室及相关设施的使用(或租用)费、维修费以及会议费、差旅费等。

4)其他固定资产及常用工、器具和设备的使用费。

5)垫支资金贷款利息。

6)业务培训费、图书、资料购置费等教育经费。

7)新技术开发、研制、试用费。

8)咨询费,专有技术使用费。

9)职工福利费,劳动保护费。

10)工会等职工组织活动经费。

11)其他行政活动经费,如职工文化活动经费等。

12)企业领导基金和其他营业外支出。

(3)税金。

税金是指按照国家规定,监理单位应交纳的各种税金总额,如交纳营业税、所得税等。监理单位属于科技服务类企业,应享有一定的优惠政策。

(4)利润。

利润是指监理单位的监理活动收入扣除直接成本、间接成本和各种税金之后的余额。监理单位是一种高智能群体,同时监理也是一种高智能的技术服务,监理单位的利润应当高于社会年均利润。

2.监理费计算方法

按照国家规定,监理费应从工程概算中列支,并从建设项目管理费中扣除。

监理费的计算方法一般由建设单位与监理单位协商确定。国外的建设监理制经历了较长的发展过程,监理费的计算有了较固定的模式,常用的计算方法如下:

(1)按时计算法。

按时计算法是指根据合同项目的使用时间补偿费,加上一定数额的补贴来计算监理费的总额。单位时间的补偿费一般是在监理单位职员基本工资的基础上,加上一定的管理费和利润(税前利润)。采用这种方法时,监理人员的差旅费、工作函电费、资料费、实验和检验费、交通住宿费等均由建设单位另行支付。

按时计算法较适用于临时性、短期的监理业务活动,或不宜按工程的拟预算百分比等其他方法计算监理费时使用。这种方法在一定程度上限制了监理单位潜在效益的增加。

(2)工资加一定比例的其他费用计算法。

工资加一定比例的其他费用计算法实际上是按时计算法的变相,以参加监理工作人员的实际工资为基数,乘上一个系数。这个系数包含了间接成本、税金和利润,而其他各项费用则由建设单位另行支付。

一般情况下,这种方法较少采用,尤其是在核定监理人员的数量和实际工资方面,建设单位与监理单位之间难以统一。

(3)按工程建设成本的百分比计算法。

按工程建设成本的百分比计算法是指按工程规模大小和所委托的监理工作繁简,以建设投资的一定百分比来计算。一般情况下,工程规模越大,建设成本就越高,监理费的百分比也越小。这种方法简便科学,颇受建设单位和监理单位的欢迎。

使用这种方法的关键在于如何确定建设成本,它是计算监理费的基数。一般的工程概预算均采用此基数,只有到工程结算时,才进行调整。这里所说的工程概预算,是指建设单位委托给监理单位(公司)监理的那一部分项目。严格来讲,监理的这部分工程概预算也不一定全用于计算监理费,比如建设单位的管理费、工程所用的土地征用费、建筑物的拆迁费等一般均应扣除,不作为监理费的基数。为了简便起见,签订监理合同时,可不扣除这部分费用在某些方面造成的一些费用出入,待工程结算时一并调整和结算,因此这种方法普遍受到欢迎。

(4)监理成本和固定费计算法。

监理成本是指监理单位在工程监理项目上所花费的直接成本。固定费用是指除直接费用以外的其他费用。各监理单位的直接费与其他费用的比例是不同的,但就每个监理单位而言这个比例大体上是可以确定的。所以只要估算出某工程建设项目的监理成本,整个监理费也就可以确定了。问题是在商谈监理合同时,往往难以准确地确定监理成本,这就为合同的签订带来了阻力,因此这种方法很少采用。

(5)固定价格计算法。

固定价格计算法适用于小型或中等规模的项目监理费的计算,尤其是监理内容比较明确时的中小型规模的建设项目。建设单位和监理单位均不会承担较大的风险,经协商一致采用固定价格法。该方法有两种计算形式:一是确定工作内容后以一笔监理总价包死,工作量有所增减也不调整监理费;二是不同类别的工程建设项目价格不变,根据各项工程量的大小分别算出各类的监理费,汇总后就得到监理总价。如居民小区的工程监理,建筑物按确定的建筑面积乘以确定的监理价格,道路工程按道路面积乘以确定的监理价格,市政管道工程按长度乘以确定的监理价格,三者加一起就是居民小区的监理总价。

2.5 建筑工程监理合同

1. 监理合同的概念

《建设工程监理合同》简称监理合同,是指委托人与监理人就委托的工程项目管理内容而签订的明确双方权利、义务的协议。

(1)监理合同的作用与特点。

1)监理合同的作用。

工程建设监理制是我国建筑业在市场经济条件下为保证工程质量、规范市场主体行为、提高管理水平而采取的一项重要措施。建设监理与发包人和承包商一起共同构成了建筑市场的主体,为了使建筑市场的管理规范化、法制化,大型工程建设项目不仅要实行建设监理制,还要求发包人必须以合同形式委托监理任务。监理工作的委托与被委托实质上是一种商业行为,所以必须以书面合同的形式来明确工程服务的内容,以便为发包人和监理单位的共同利益服务。监理合同不仅明确了双方的责任和合同履行期间应遵守的各项约定,成为当事人的行为准则,还可作为保护任何一方合法权益的依据。

作为合同当事人一方的工程建设监理公司应具备相应的资格,不仅要求其是依法成立并已注册的法人组织，还要求它所承担的监理任务应与其资质等级和营业执照中批准的业务范围相一致，决不允许低资质的监理公司承接高等级工程的监理业务，也不允许承接虽与资质级别相适应、但工作内容超越其监理能力范围的工作，以保证所监理工程的目标能够顺利圆满的实现。

2)监理合同的特点。

监理合同是委托合同的一种，它具有委托合同的共同特点，除此之外还具有以下特点：

①监理合同的当事人双方应是具有民事权利能力和民事行为能力并取得法人资格的企事业单位、其他社会组织，个人在法律允许的范围内也可成为合同当事人。委托人必须是具有国家批准的建设项目，落实投资计划的企事业单位、其他社会组织及个人，作为受托人必须是依法成立具有法人资格的监理单位，并且所承担的工程监理业务应与企业资质等级和业务范围相一致。

②监理合同委托的工作内容必须符合工程项目建设程序，遵守有关法律、行政法规。监理合同的主要内容是对建设工程项目实施控制和管理，因此其必须符合建设工程项目的程序，符合国家和建设行政主管部门颁发的有关建设工程的法律、行政法规、部门规章和各种标准、规范要求。

③委托监理合同的标的是服务，建设工程实施阶段所签订的其他合同，如勘察设计合同、施工承包合同、物资采购合同、加工承揽合同的标的物是产生新的物质成果或信息成果，而监理合同的标的是服务，即监理工程师凭借自己的知识、经验、技能受发包人委托为其所签订其他合同的履行实施监督和管理。

(2)监理合同的形式。

为了明确监理合同当事人双方的权利和义务关系，应以书面形式签订监理合同，而不能采用口头形式。由于发包人委托监理任务有繁有简，具体工程监理工作的特点各异，因此监理合同的内容和形式也不尽相同。经常采用的合同形式有以下几种：

1)双方协商签订的合同。

这种监理合同以法律、法规要求为基础，双方根据委托监理工作的内容和特点，通过友好协商订立有关条款，达成一致后签字盖章生效。合同的格式和内容不受任何限制，双方就权利和义务所关注的问题以条款形式具体约定即可。

2)信件式合同。

信件式合同通常由监理单位编制有关内容，由发包人签署批准意见，并留存一份备案后退回给监理单位执行。这种合同形式适用于监理任务较小或简单的小型工程，也可在正规合同的履行过程中，依据实际工作进展情况，监理单位认为需要增加某些监理工作任务时，以信件的形式请示发包人，经发包人批准后作为正规合同的补充合同文件。

3)委托通知单。

正规合同履行过程中，发包人以通知单形式把监理单位在订立委托合同时建议增加而当时未接受的工作内容进一步委托给监理方。这种委托只是在原定工作范围之外增加了少量工作任务，一般情况下原订合同中的权利义务不变。如果监理单位没有异议，委托通知单就成为监理单位所接受的协议。

4)标准化合同。

为了使委托监理行为规范化，减少合同履行过程中的争议或纠纷，政府部门或行业组织制订出了一套标准化的合同示范文本,供委托监理任务时作为合同文件采用。标准化合同通用性强,采用规范的合同格式,条款内容覆盖面广,双方只要就达成一致的内容写入相应的具体条款中即可。标准合同由于对履行过程中所涉及的法律、技术、经济等各方面问题均作出了相应的规定,合理地分担双方当事人的风险并约定了各种情况下的执行程序,不仅有利于双方在签约时讨论、交流和统一认识,还有助于监理工作的规范化实施。

(3)建立合同的内容。

1)建设工程监理合同示范文本。《建设工程监理合同示范文本》由"工程建设委托监理合同"(以下简称"合同")、"建设工程监理合同标准条件"(以下简称"标准条件")、"建设工程监理合同专用条件"(以下简称"专用条件")组成。

①工程建设委托监理合同。"合同"是一个总的协议,是纲领性的法律文件。其中明确了当事人双方确定的委托监理工程的概况(工程名称、地点、工程规模、总投资);委托人向监理人支付报酬的期限和方式;合同签订、生效、完成时间;双方愿意履行约定的各项义务的表示。"合同"是一份标准的格式文件,经当事人双方在有限的空格内填写具体规定的内容并签字盖章后,即发生法律效力。

对委托人和监理人有约束力的合同,除双方签署的"合同"协议外,还包括下列文件:

a. 监理委托函或中标函。

b. 建设工程监理合同标准条件。

c. 建设工程监理合同专用条件。

d. 在实施过程中双方共同签署的补充与修正文件。

②建设工程监理合同标准条件。其内容涵盖了合同中所用词语定义、适用范围和法规、签约双方的责任、权利和义务、合同生效变更与终止、监理报酬、争议的解决,以及其他一些情况。它是委托监理合同的通用文件,适用于各类建设工程项目监理。各个委托人、监理人均应遵守。标准条件共有 11 节 49 条,内容如下:

a. 词语定义、适用范围和法规。

b. 监理人义务。

c. 委托人义务。

d. 监理人权利。

e. 委托人权利。

f. 监理人责任。

g. 委托人责任。

h. 合同生效、变更与终止。

i. 监理报酬。

j. 其他。

k. 争议的解决。

③建设工程监理合同专用条件。由于标准条件适用于所有的建设工程监理,因此其中的某些条款规定得比较笼统,需要在签订具体工程项目的监理合同时,就地域特点、专业特点和委托监理项目的工程特点,对标准条件中的某些条款进行补充、修正。就委托监理的工作内容而言,如果认为标准条件中的条款还不够全面,则允许在专用条件中增加合同双方议定的条款内容。

所谓“补充”,是指标准条件中的某些条款明确规定,在该条款确定的原则下在专用条件的条款中进一步明确具体内容,使两个条件中相同序号的条款共同组成一条内容完整的条款。例如,标准条件中规定:“建设工程监理合同适用的法规是指国家的法律、行政法规,以及专用条件中议定的部门规章或工程所在地的地方法规、地方规章。”这就要求在专用条件的相同序号条款内写入应遵循的部门规章和地方法规的名称,作为双方都必须遵守的条件。

所谓“修改”,是指标准条件中规定的程序方面的内容,如果双方认为不合适,可进行协议修改。例如,标准条件中规定“如果委托人对监理人提交的支付通知书中报酬或部分报酬项目提出异议,应当在收到支付通知书24小时内向监理人发出表示异议的通知”,如果委托人认为这个时间太短,则在与监理人协商达成一致意见后,可在专用条件的相同序号条款内修改延长时间。

2)总则性条款。

①合同主体。工程建设监理合同的当事人是委托人和监理人,但根据我国目前法律、法规的规定,当事人应为法人或依法成立的组织,而不是某一自然人。

a.委托人。

ⅰ.委托人的资格。委托人是指承担直接投资责任、委托监理业务的合同当事人及其合法继承人,通常为建设工程的项目法人,是建设资金的持有者和建筑产品的所有人。

ⅱ.委托人的代表。为了能够较好地配合监理人工作,委托人应任命一位熟悉工程项目情况的常驻代表,负责与监理人联系。对该代表人应有一定的授权,使其能够对监理合同履行过程中出现的有关问题和工程施工过程中发生的某些情况迅速作出决定。这位常驻代表不仅作为与监理人的联系人,还作为与施工单位的联系人,既有监督监理合同和施工合同的履行责任,又有承担两个合同履行过程中与其他有关方面进行协调配合的义务。委托人代表在授权范围内行使委托人的权利,履行委托人应尽的义务。

为了使合同管理工作能够连贯、有序地进行,派驻现场的代表人在合同有效期内应尽可能地相对稳定,不要经常更换。当委托人需要更换常驻代表时,应提前通知监理人,并指派一位具有同等能力的人员代替。后续继任人对前任代表依据合同已作过的书面承诺、批准文件等,均应承担履行义务,不得以任何借口推卸责任。

b.监理人。

ⅰ.监理人的资格。监理人是承担监理业务和监理责任的监理单位及其合法继承人。监理人必须具有相应履行合同义务的能力,即拥有与委托监理业务相应的资质等级证书和注册登记的允许承揽委托范围工作的营业执照。

ⅱ.监理机构。监理机构是监理人派驻建设项目工程现场,实施监理业务的组织。

ⅲ.总监理工程师。监理人派驻现场监理机构从事监理业务的监理人员实行总监理工程师负责制。监理人与委托人签订监理合同后,应迅速组织派驻现场实施监理业务的监理机构,并将委派的总监理工程师人选和监理机构主要成员名单以及监理规划报送委托人。在合同正常履行过程中,总监理工程师将与委托人派驻现场的常驻代表建立联系交往的工作关系。总监理工程师既是监理机构的负责人,又是监理人派驻工程现场的常驻代表人。除非发生了涉及监理合同正常履行的重大事件而需委托人和监理人协商解决,否则,正常情况下监理合同的履行和委托人与第三方签订的被监理合同的履行,均由双方代表人负责协调和管理。

监理人委派的总监理工程师人选，是委托人选定监理人时所考察的重要因素之一，因此总监理工程师不允许随意更换。在监理合同生效后或合同履行过程中，如果监理人确需调换总监理工程师，应以书面形式提出请求，申明调换的理由和提供后继人选的情况介绍，经过委托人批准后方可调换。

②监理人应完成的监理工作。虽然监理在合同的专用条款中注明了委托监理工作的范围和内容，但对于工作性质而言属于正常的监理工作。作为监理人必须履行的合同义务，除了正常监理工作之外，还应包括附加监理工作和额外监理工作。这两类工作属于订立合同时未能或不能合理预见，而在合同履行过程中所发生的需要监理人完成的工作。

a. 正常工作。监理服务的正常工作是指合同专用条件中约定的监理工作范围和内容。监理人提供的是一种特殊的中介服务，委托人可委托的监理服务内容很广泛。但对于具体工程项目而言，则要根据工程的特点、监理人的能力、建设不同阶段所需要的监理任务等诸多因素，将委托的监理业务详细地写入合同的专用条件中，以便使监理人明确责任范围。我国目前委托的监理业务主要为招标和施工阶段的监理，正在开展设计监理，可行性研究一般还不委托监理，保修期的工作通常也不包括在委托任务内。

b. 附加工作。附加工作是指与完成正常工作相关，在委托正常监理工作范围以外监理人应完成的工作。

c. 额外工作。额外工作是指除正常工作和附加工作以外的工作，即非监理人自己的原因而暂停或终止监理业务，其善后工作及恢复监理业务前应有不超过 42 天的准备工作时间。如在合同履行过程中发生不可抗力，承包人的施工被迫中断，监理工程师应完成的确认灾害发生前承包人已完成工程的合格和不合格部分、指示承包人采取应急措施等，以及灾害消失后恢复施工前必要的监理准备工作。

由于附加工作和额外工作是除委托正常工作之外要求监理人必须履行的义务，因此委托人在其完成工作后应另行支付附加监理工作报告酬金和额外监理工作酬金，但酬金的计算方法应在专用条款内予以约定。

③合同有效期。尽管双方签订的《建设工程监理合同》中注明“本合同自×年×月×日开始实施，至×年×月×日完成”，但此期限仅指完成正常监理工作预定的时间，并不就一定是监理合同的有效期。监理合同的有效期又称监理人的责任期，不是以约定的日历天数为准，而是以监理人是否完成了包括附加和额外工作的义务来判定。因此通用条款规定，监理合同的有效期应为双方签订合同后，从工程准备工作开始，到监理人向委托人办理完竣工验收或工程移交手续，承包人和委托人已签订工程保修责任书，监理收到监理报酬尾款后，监理合同才终止。如果保修期间仍需监理人执行相应的监理工作，双方应在专用条款中另行约定。

3)双方的权利和义务。

①委托人的权利。

a. 授予监理人权限的权利。监理合同是要求监理人对委托人与第三方签订的各种承包合同的履行实施监理，监理人在委托人授权范围内对其他合同进行监督管理，因此在监理合同中除需明确委托的监理任务外，还应规定监理人的权限。在委托人授权范围内，监理人可对所监理的合同自主地采取各种措施进行监督、管理和协调，如果超越权限，则应首先征得委托人同意后方可发布有关指令。委托人授予监理人权限的大小，要根据自身的管理能力、建设工程项目的特点及需要等因素考虑。监理合同中授予监理人的权限,在执行过程中可随时通过书面附加协议予以扩大或减小。

b. 对其他合同承包人的选定权。委托人是建设资金的持有者和建筑产品的所有人,因此对设计合同、施工合同及加工制造合同等的承包单位有选定权和订立合同的签字权。监理人在选定其他合同承包人的过程中只有建议权而无决定权。监理人协助委托人选择承包人的工作内容可能包括:邀请招标时提供有资格和能力的承包人名录;帮助起草招标文件;组织现场考察;参与评标,以及接受委托代理招标等。但标准条件中规定,监理人对设计和施工等总包单位所选定的分包单位,拥有批准权或否决权。

将对总包单位所选分包单位的批准或否决权授予监理人,一方面是因为委托人不与分包单位签订合同,与分包单位没有直接的权利义务关系,另一方面是由于委托人已将被监理工程的管理权授予了监理人。监理人为了确保委托人所签订的总包合同能够顺利实施,必须审查分包的工作内容是否符合总包合同中约定允许分包的内容,以及分包单位的资质与其准备承接的工程等级要求是否相一致。如果总包合同中没有具体约定允许分包的工作内容,监理单位也要依据有关法规、条例加以审查,之后再决定是批准还是否决分包单位。根据《建筑法》规定,建筑工程主体结构的施工必须由总承包单位自行完成,非主要部分或专业性较强的工程部分,经委托人认可后只能分包给资质条件符合该部分工程技术要求的建筑安装单位。结构和技术要求相同的群体工程,总包单位应至少完成半数以上的工程。分包单位必须自己完成分包工程,不得再次进行分包。

c. 委托监理工程重大事项的决定权。委托人虽然将被监理工程的合同管理权委托给监理人,但其对工程所涉及的重大事项仍具有决定权。

d. 对监理人履行合同的监督控制权。委托人对监理人履行合同的监督权利体现在以下三个方面:

ⅰ. 对监理合同转让和分包的监督。除了支付款的转让外,监理人不得将所涉及的利益或规定义务转让给第三方。监理人所选择的监理工作分包单位必须事先征得委托人的认可。在没有取得委托人的书面同意之前,监理人不得实行、更改或终止全部或部分服务的任何分包合同。

ⅱ. 对监理人员的控制监督。合同专用条款或监理人的投标书内,应明确总监理工程师人选,监理机构派驻人员计划。合同开始履行时,监理人应向委托人报送委派的总监理工程师及其监理机构主要成员名单,从而保证完成监理合同专用条件中约定的监理工作范围内的任务。当监理人调换总监理工程师时,需经委托人同意。

ⅲ. 对合同履行的监督权。监理人有义务按期提交月、季、年度的监理报告,委托人也可随时要求其对重大问题提交专项报告,这些内容应在专用条款中明确约定。委托人按照合同约定检查监理工作的执行情况,如果发现监理人员不按监理合同履行职责或与承包方串通,给委托人或工程造成损失,有权要求监理人更换监理人员,甚至终止合同,并承担相应赔偿责任。

②监理人的权利。监理合同中涉及监理人权利的条款可分为两大类:一类是监理人在监理合同中相对于委托人享有的权利;另一类是监理人对委托人与第三方所签合同履行监督管理责任时可行使的权利。

a. 委托监理合同中授予监理人的权利。

ⅰ.完成监理任务后获得酬金的权利。监理人不仅可获得完成合同中规定的正常监理任务酬金,如果合同履行过程中因主、客观条件的变化,完成附加工作和额外工作后,也有权按照专用条件中约定的计算方法,得到额外工作的酬金。正常酬金的支付程序和金额,以及附加与额外工作酬金的计算方法,应在专用条款中写明。

ⅱ.获得奖励的权利。监理人如果在监理服务过程中取得了显著成绩,如由于其提出的合理化建议,使委托人得到了经济效益,理应得到委托人给予的适当奖励。奖励的办法应在专用条件中作出约定。应当强调的是,为了工程建设项目最终目标的实现,受委托人聘用的监理人应当忠诚地为委托人提供一切可能的优质服务。监理人就工程项目建设的有关事项提出自己的合理化建议供委托人选用,也包含在其基本义务当中。因此当采用监理人的合理化建议后,委托人获得了实际经济利益,如节约投资、工期有较大幅度提前、委托人获得了使用效益、在保证质量和功能的条件下对永久工程的生产或工艺流程提出重要的合理改进或优化等,监理人为此而有权获得的应仅是奖励,而不是委托人所得好处的利益分成,因为其不是委托人的合伙人。

ⅲ.终止合同的权利。如果由于委托人违约严重拖欠应付于监理人的酬金,或由于非监理人责任致使监理暂停的期限超过半年以上,监理人可按照终止合同规定程序,单方面提出终止合同,以保护自己的合法权益。

监理人单方面提出终止监理合同的要求,仅限于监理合同中规定的上述两种情况,而不能以因委托人违约、承包人违约或不可抗力等原因导致监理工作不能顺利进行作为理由,提出终止监理合同的要求。此时监理人仅有权根据事件发生和发展的实际情况,向委托人提出终止其与第三方所签合同的建议,并出具有关证明,而无权决定终止被监理的合同。而且当委托人决定终止与第三方的合同关系后,监理人还应按照监理合同的约定,完成善后工作并再次恢复监理业务前的准备等额外服务工作,而不能擅自提出终止合同的要求。因为此时被监理的合同虽然被迫终止了,但监理合同并不一定也随之终止,监理人完成善后工作后,监理工作可能只是中断履行或增加其他的额外服务工作,如帮助委托人重新选定承包单位等。只有当实际监理工作被暂停时间超过半年以上,监理人才有权单方面提出终止合同的要求。

b.监理人执行监理业务可行使的权利。按照范本通用条件的规定,监理委托人和第三方签订承包合同时可行使的权利包括以下几个方面:

ⅰ.建设工程有关事项和工程设计的建议权,建设工程有关事项包括工程规模、设计标准、规划设计,生产工艺设计和使用功能要求。

设计标准和使用功能等方面,向委托人和设计单位的建议权,工程设计是指按照安全和优化方面的要求,就某些技术问题自主向设计单位提出建议。但如果由于提出的建议提高了工程造价,或延长了工期,应事先征得委托人的同意,如果发现工程设计不符合建筑工程质量标准或约定的要求,应报告委托人要求设计单位更改,并向委托人提出书面报告。

ⅱ.对实施项目的质量、工期和费用的监督控制权。主要表现为:对承包人提出的工程施工组织设计和技术方案,按照保质量、保工期和降低成本的要求,自主进行审批和向承包人提出建议;征得委托人同意,发布开工令、停工令及复工令;对工程上使用的材料和施工质量进行检验;对施工进度进行检查、监督,未经监理工程师签字,建筑材料、建筑构配件和设备不得在工地上使用,施工单位不得进行下一道工序的施工;工程实施竣工日期提前或延误期限的鉴定;在工程承包合同方确定的工程范围内,工程款支付的审核和签认权,以及结算工程款的复核确认与否定权。未经监理人签字确认,委托人不支付工程款,不进行竣工验收。

ⅲ. 进行被监理合同履行中的协调管理。为了保证整个工程项目目标能够顺利实现,监理人需要协调和管理委托人与某一承包单位所签合同的履行,还要负责协调各独立合同之间的衔接和配合工作。这是因为,分别与委托人签订合同的各承包人之间没有任何权利义务关系,排除各合同间的干扰,保证建设项目的有序实施,就是监理人所应承担的职责。

ⅳ. 审核承包人索赔的权力。监理人在委托人授权范围内对被监理合同在履行过程中进行全面管理,承包人向委托人提出的索赔要求必须首先报送监理人。监理人收到索赔报告后,要判定索赔条件是否成立,以及索赔成立后其索赔要求是否合理、计算是否正确或准确。待作出自己的处置意见后再报请委托人批准,并通知承包人。

ⅴ. 调解委托人与承包人的合同争议。虽然圆满地实现工程项目的预定目标是各方的共同目的,但是在合同履行的过程中,委托人或第三方根据合同实施中发生的具体情况,均会分别站在各自立场上向对方提出某些要求。一方面为了避免就同一事项委托人和监理人分别发布不同的指示而造成管理混乱,因此委托人应将其意图通知给监理人,并由其来贯彻实施,委托人不能直接对第三方发布指示;另一方面,第三方对委托人的要求也应首先在监理人的协调管理中来实现。从上述两方面可以看出,合同正常履行过程中的管理是以监理人为核心,与国际上通行的管理模式相接轨。这种管理模式还可尽量避免任何一方站在自己的立场上理解合同内容,向对方提出不切合实际或不合理的要求,尽可能地减少合同争议。

发生合同争议时,规定首先应提交监理人来调解,这样既体现了监理机构在合同管理中的地位,又由于其不是所签订承包合同的当事人,在该合同中没有经济利益,可公正地判断责任归属,从而作出双方都可接受的处理方案。

如果一方或双方不接受监理人的调解争议方案,而将合同的争议甚至导致的纠纷提交到政府建设行政主管部门调解或仲裁机关仲裁时,监理人也应站在公正的立场上提供作证的有关事实材料。

③委托人的义务。委托人在监理合同中的义务,主要体现在满足监理人顺利实施监理任务所需要的协助工作。

a. 负责做好外部协调工作。委托人应负责作好所有与工程建设有关的外部协调工作,满足开展监理工作所要求的外部条件。外部协调工作内容较为广泛,对于某一具体监理合同而言,由于监理工作内容不尽相同,要求委托人负责完成的外部协调任务也各异,但在签订合同时应明确由委托人办理的具体外部协调工作,同时还应明确在合同履行过程中所有需要进行协调的外部关系均应由委托人负责联系或办理有关手续。

b. 为开展监理业务做好配合工作。工程项目实施过程中的情况千变万化,经常会发生一些原来没有预计到的新情况,监理人在处理过程中又往往被授权所限制,不能独自决定处理意见,需要请示委托人或将其处理方案送交委托人批准。为了使监理服务和工程项目能够顺利进行,委托人应在合理的时间内就监理人以书面形式提交的一切事宜作出书面决定。

合同履行过程中涉及的“通知”、“建议”、“批准”、“证明”、“决定”等有关事项,均需以书面形式发送给对方,以免空口无凭而发生合同纠纷。文件可由专人递送或传真通信,但要有书面签收、回执或确认,并从对方收到时生效。为了不耽误监理工作的正常进行,应在专用条件内明确约定委托人须对监理人以书面形式提交的有关事宜作出书面决定的合理时间。如果委托人对监理人的书面请求超过该约定时限而未做出任何答复,则视为委托人已同意监理人对某一事项的处理意见，监理人可按报告内的计划方案执行。

c. 与监理人做好协调工作。委托人要授权一位熟悉建设工程情况，能迅速作出决定的常驻代表，负责与监理人联系。更换此人要提前通知监理人。

d. 为监理人顺利履行合同义务，做好协助工作。

e. 按时支付监理酬金。监理酬金在合同履行过程中一般按阶段支付给监理人。每次阶段支付时，监理人应按合同约定的时间向委托人提交该阶段的支付报表。报表内容应包括按照专用条件约定方法计算的正常监理服务酬金和其他应由委托人额外支付的合理开支项目，并相应提供必要的工作情况说明及有关证明材料。如果发生附加服务工作或额外服务工作，则该项酬金计算也应包含在报表之内。

委托人收到支付报表后，应对报表内的各项费用，审查其取费的合理性和计算的正确性。如果有预付款，则还应按合同约定在应付款额之内扣除应归还的部分。委托人应在收到支付报表后合同约定的时间内予以支付，否则从规定支付之日起按约定的利率加付该部分应付款的延误支付利息。如果委托人对监理人提交的支付报表中所列的酬金或部分酬金项目有异议，则应当在收到报表后 24 小时内向监理人发出异议通知。如果未能在规定时间内提出异议，则应认为监理人在支付报表内要求支付的酬金是合理的。虽然委托人对某些酬金项目提出异议并发出相应通知，但不能以此为理由拒付或拖延支付其他无异议的酬金项目，否则也将按逾期支付对待。

④监理人的义务。

a. 不得随意转让监理合同。监理合同签订以后，未经委托人的书面同意，监理人不得随意转让合同内约定的权利和义务。签订监理合同本身就是一种法律行为，监理合同生效后将受到法律的保护，因此任何一方均不能不履行合同而将约定的权利、义务转让给他人，尤其不允许监理人以赢利为目的将合同转让。

b. 监理人在履行合同义务的期间内，应运用合理的技能认真勤奋地工作，公正地维护有关方面的合法权益。当委托人发现监理人员不按照监理合同履行监理职责，或与承包人串通给委托人或工程造成损失时，委托人有权要求监理人更换监理人员，甚至终止合同并要求监理人承担相应的赔偿责任或连带赔偿责任。

c. 合同履行期间应按照合同约定派驻足够的人员从事监理工作。开始执行监理业务前应向委托人报送派往该工程项目的总监理工程师及该项目监理机构的人员情况。合同履行过程中如果需要调换总监理工程师，必须首先经过委托人同意，并派出具有相应资质和能力的人员。

d. 在合同期内或合同终止后，未征得有关方同意，不得泄露与本工程、合同业务有关的保密资料。

e. 任何由委托人提供的供监理人使用的设施和物品均属于委托人的财产，监理工作完毕或中止时，应将设施和剩余物品归还委托人。

f. 未经委托人书面同意，监理人及其职员不应接受委托监理合同约定以外的与监理工程有关的报酬，以保证监理行为的公正性。

g. 监理人不得参与可能与合同规定的与委托人利益相冲突的任何活动。

h. 在监理过程中，不得泄露委托人申明的秘密，也不得泄露设计、承包等单位申明的秘密。

i. 负责合同的协调管理工作。在委托工程范围内,委托人或承包人对对方的任何意见和要求(包括索赔要求),均必须首先向监理机构提出,由监理机构研究处置意见,再与双方协商确定。当委托人和承包人发生争议时,监理机构应根据自己的职能,以独立的身份判断,公正地进行调解。当双方的争议交由政府行政主管部门调解或仲裁机构仲裁时,应当提供作证的事实材料。

2. 委托监理合同的订立

(1)委托监理业务的范围。

监理合同的范围包括监理工程师为委托人提供服务的范围和工作量。委托人委托监理业务的范围可以非常广泛。从工程建设各阶段来说,可包括项目前期立项咨询、设计阶段、实施阶段、保修阶段的全部监理工作或某一阶段的监理工作。在每一阶段内,又可进行投资、质量和工期的三大控制,及信息、合同两项管理。但就具体项目而言,要根据工程的特点,监理人的能力,建设不同阶段的监理任务等诸方面因素,将委托的监理任务详细地写入合同的专用条件之中。如果进行工程技术咨询服务,则工作范围可确定为进行可行性研究,各种方案的成本效益分析,建筑设计标准、技术规范准备,提出质量保证措施等。施工阶段的监理可包括下列内容:

①协助委托人选择承包人,组织设计、施工、设备采购等招标。

②技术监督和检查。检查工程设计、材料和设备质量;对操作或施工质量的监理和检查等。

③施工管理。包括质量控制、成本控制、计划和进度控制等。通常,施工监理合同中的“监理工作范围”条款一般应与工程项目总概算、单位工程概算所涵盖的工程范围相一致,或与工程总承包合同、单项工程承包所涵盖的范围相一致。

(2)监理合同的订立。

首先,签约双方应对对方的基本情况(如资质等级、营业资格、财务状况、工作业绩、社会信誉等)有所了解,作为监理人还应根据自身状况和工程情况,考虑竞争该项目的可行性。其次,监理人在获得委托人的招标文件或与委托人草签协议以后,应立即对工程所需费用进行预算,提出报价,同时对招标文件中的合同文本进行分析、审查,为合同谈判和签约提供决策依据。无论以何种方式招标中标,委托人和监理人均要就监理合同的主要条款进行谈判。谈判内容要具体,责任要明确,并有准确的文字记载。作为委托人,切忌因手中有工程的委托权,而不以平等的原则对待监理人。应当看到,监理工程师的良好服务,将给委托人带来巨大的利益。作为监理人,应利用法律赋予的平等权利进行对等谈判,对重大问题不能迁就和无原则让步。经过谈判,双方就监理合同的各项条款达成一致,即可正式签订合同文件。

(3)监理合同订立时需注意的问题。

①坚持按法定程序签署合同。监理委托合同一旦签订,便意味着委托关系的形成,委托方与被委托方的关系均将受到合同的约束。因此签订合同必须是双方法定代表人或经其授权的代表签署并监督执行。在合同签署过程中,应检验代表对方签字人的授权委托书,避免合同失效或不必要的合同纠纷。

②不可忽视来往函件。在合同洽商过程中,双方通常会采用一些函件来确认双方达成的某些口头协议或书面交往文件,后者将构成招标文件和投标文件的组成部分。为了确认合同责任以及明确双方对项目的有关理解和意图以免将来产生分歧,签订合同时双方达成一致的

部分应写入合同附录或专用条款内。

③其他应注意的问题。在监理委托合同的签署过程中，双方均应认真注意，涉及合同的每一份文件都是双方在执行合同过程中对各自承担义务相互理解的基础。一旦出现争议，这些文件也是保护双方权利的法律基础。因此，还要注意以下问题：

a. 要注意合同文字的简洁、清晰，每个措辞均应经过双方充分讨论，以保证对工作范围、采取的工作方式和方法以及双方对相互间的权利和义务确切理解。一份写得很清楚的合同，如果未经充分的讨论，只能是“一厢情愿”的东西，双方的理解不可能完全一致。

b. 对于一项时间要求特别紧迫的任务，在委托方选择了监理单位以后，在签订委托合同之前，双方可通过使用意图性信件进行交流，监理单位对意图性信件的用词要认真审查，尽量使对方容易理解和接受，否则有可能在忙乱中致使合同谈判失败或遭受其他意外损失。

c. 监理单位在合同事务中，要注意充分利用有效的法律服务。监理委托合同的法律性很强，监理单位必须配备这方面的专家，这样在准备标准合同格式、检查其他人提供的合同文件及研究意图性信件时，才不至于出现失误。

3. 监理合同的履行

(1) 监理合同的履行。

1) 委托人的履行。

①严格按照监理合同的规定履行应尽义务。监理合同中规定的应由委托人负责的工作，是使合同最终实现的基础，如外部关系的协调，为监理工作提供外部条件，为监理人提供获取本工程使用的原材料、构配件、机械设备等生产厂家名录等，均是为监理人做好工作的先决条件。委托人必须严格按照监理合同的规定，履行应尽的义务，才有权要求监理人履行合同。

②按照监理合同的规定行使权力。监理合同中规定的委托人的权利主要包括：对设计、施工单位的发包权；对工程规模、设计标准的认定权及设计变更的审批权；对监理人的监督管理权。

③委托人的档案管理。在全部工程项目竣工后，委托人应将全部合同文件，包括完整的工程竣工资料进行系统整理，按照国家《档案法》及有关规定，建档保管。为了保证监理合同档案的完整性，委托人对合同文件及履行中与监理人之间进行的签证、记录协议、补充合同备忘录、函件、电报、电传等均应系统地进行认真整理，妥善保管。

2) 监理人的履行。监理合同一旦生效，监理人便要按照合同规定，行使权力，履行应尽义务。

①确定项目总监理工程师，成立项目监理机构。对于每一个拟监理的工程项目，监理人均应根据工程项目规模、性质、委托人对监理的要求，委派称职的人员担任项目的总监理工程师，代表监理人全面负责该项目的监理工作。总监理工程师对内向监理人负责，对外向委托人负责。

在总监理工程师的具体领导下，组建项目的监理机构，并根据签订的监理委托合同，制订监理规划和具体的实施计划，开展监理工作。

一般情况下，监理人在承接项目监理业务时，应参与项目监理的投标、拟订监理方案（大纲）以及与委托人商签监理委托合，同时还应选派人员主持该项工作。在监理任务确定并签订监理委托合同以后，该主持人即可作为项目总监理工程师。这样，项目的总监理工程师在承接任务阶段就早期介入，从而更能了解委托人的建设意图和对监理工作的要求，并与后续工作能更好地衔接。

②制订工程项目监理规划。工程项目的监理规划，是开展项目监理活动的纲领性文件，根据委托人委托监理的要求，在详细掌握监理项目有关资料的基础上，结合监理的具体条件编制的开展监理工作的指导性文件。其内容包括：工程概况；监理范围和目标；监理主要措施；监理组织；项目监理工作制度等。

③制订各专业监理工作计划或实施细则。在监理规划的指导下，为具体指导投资控制、质量控制、进度控制的进行，还需结合工程项目实际情况，制订相应的实施性计划或细则。

④根据制订的监理工作计划和运行制度，规范化地开展监理工作。

⑤监理工作总结归档。监理工作总结包括以下三部分内容：

a. 向委托人提交监理工作总结。其内容主要包括：监理委托合同履行情况概述；监理任务或监理目标完成情况评价；由委托人提供的供监理活动使用的办公用房、车辆、试验设施等清单；表明监理工作终结的说明等。

b. 监理单位内部的监理工作总结。其内容主要是监理工作的经验，它既可以是采用某种监理技术、方法的经验，又可以是采用某种经济措施、组织措施的经验，还可以是签订监理委托合同方面的经验以及如何处理好与委托人、承包单位关系的经验等。

c. 监理工作中存在的问题及改进的建议，以指导今后的监理工作，并向政府有关部门提出政策建议，不断提高我国工程建设监理的水平。

在全部监理工作完成以后，监理人应注意做好监理合同的归档工作。监理合同的归档资料应包括：监理合同（包括与合同有关的在履行中与委托人之间进行的签证、补充合同备忘录、函件、电报等）；监理大纲；监理规划；在监理工作中的程序性文件（包括监理会议纪要、监理日记等）。

3）合同的变更。监理合同中涉及合同变更的条款主要指合同责任期的变更和委托监理工作内容的变更两方面。

①合同责任期的变更。签约时注明的合同有效期并不一定就是监理人的全部合同责任期，如果在监理过程中因工程建设进度推迟或延误而超过约定的日期，监理合同并不能到期终止。如果由于委托人和承包人的原因致使监理工作受到阻碍或延误，则监理人应当将此情况与可能产生的影响及时通知委托人，完成监理业务的时间也要相应延长。

②委托监理工作内容的变更。监理人应尽职尽责地完成监理合同中约定的正常监理服务工作。合同履行期间由于发生某些客观或人为事件而导致一方或双方不能正常履行其应尽职责时，委托人和监理人均有权提出变更合同的要求。合同变更的后果一般都会导致合同有效期的延长或提前终止，以及增加监理方的附加工作或额外工作。

（2）监理合同的违约责任与索赔。

1）违约责任。

合同履行过程中，由于当事人一方的过错，造成合同不能履行或者不能完全履行，由有过错的一方承担违约责任；如属双方的过错，则应根据实际情况，由双方分别承担各自的违约责任。为保证监理合同规定的各项权利义务能够顺利实现，在《委托监理合同示范文本》中，制定了约束双方行为的条款："委托人责任"、"监理人责任"。这些规定归纳起来有如下几点：

①在合同责任期内，如果监理人未按合同中要求的职责勤恳认真地服务，或委托人违背了其对监理人的责任时，均应向对方承担赔偿责任。

②任何一方对另一方负有责任时的赔偿原则如下：

a. 委托人违约时应承担违约责任，赔偿监理人的经济损失。

b. 因监理人过失而造成经济损失时，应向委托人进行赔偿，累计赔偿额不应超出监理酬金总额（除去税金）。

c. 当一方向另一方的索赔要求不成立时，提出索赔的一方应补偿由此而导致的对方各种费用支出。

2）监理人的责任限度。

由于建设工程监理是以监理人向委托人提供技术服务为特性的，因此在服务过程中，监理人主要凭借自身知识、技术和管理经验，向委托人提供咨询、服务，替委托人管理工程。同时，在工程项目的建设过程中，会受到多方面因素制约，鉴于上述情况，在责任方面作了如下规定：

①监理人在责任期内，如果因过失而造成经济损失，则要负监理失职的责任。

②监理人不对责任期以外发生的任何事情所导致的损失或损害负责，也不对第三方违反合同规定的质量要求和完工（交图、交货）时限承担责任。

3）对监理人违约处理的规定。

当委托人发现从事监理工作的某个人员不能胜任工作或有严重失职行为时，有权要求监理人将该人员调离监理岗位。监理人接到通知以后，应在合理的时间内调换该工作人员，而且不应使其在该项目上再承担任何监理工作。如果发现监理人或某些工作人员从被监理方获取任何贿赂或好处，将构成监理人严重违约。对于监理人的严重失职行为或有失职业道德的行为而致使委托人受到损害的，委托人有权终止合同关系。

监理人在责任期内因其过失行为而造成委托人损失的，委托人有权要求给予赔偿。赔偿的计算方法是扣除与该部分监理酬金相适应的赔偿金，但赔偿总额不应超出扣除税金后的监理酬金总额。如果监理人员不按照合同履行监理职责，或与承包人串通给委托人或工程造成损失的，委托人有权要求监理人更换监理人员，甚至终止合同，并要求监理人承担相应的赔偿责任或连带赔偿责任。

4）因违约终止合同。

①委托人因自身应承担责任原因要求终止合同。合同履行过程中，由于发生严重的不可抗力事件、国家政策的调整或委托人无法筹措到后续工程的建设资金等情况，需要暂停或终止合同时，应提前至少56天向监理人发出通知，此后监理人应立即安排停止服务，并将开支减少到最低。双方通过协商对监理人受到的实际损失给予合理补偿后，协议终止合同。

②委托人因监理人的违约行为要求终止合同。当委托人认为监理人无正当理由而又未履行监理义务时，可向监理人发出指明其未履行义务的通知。若委托人在发出通知后的21天内没有收到监理人的满意答复，可在第一个通知发出后的35天内，进一步发出终止合同的通知。委托人的终止合同通知发出后，监理合同即可终止，但不影响合同内约定各方享有的权利和应承担的责任。

③监理人因委托人的违约行为要求终止合同。如果委托人不履行监理合同中约定的义务，则应承担违约责任，赔偿监理人由此而造成的经济损失。标准条件规定，监理方可在发生下列情况之一时单方面提出终止与委托人的合同关系：

a. 在合同履行过程中，由于实际情况发生变化而致使监理人被迫暂停监理业务时间超过半年。

b. 委托人发出通知指示监理人暂停执行监理业务时间超过半年,且还不能恢复监理业务。

c. 委托人严重拖欠监理酬金。

5)争议的解决。

①项目监理机构接到处理施工合同争议要求后应进行以下工作:

a. 了解合同争议情况。

b. 及时与合同争议双方进行磋商。

c. 提出处理方案后,由总监理工程师进行协调。

d. 当双方未能达成一致时,总监理工程师应提出处理合同争议的意见。

②项目监理机构在施工合同争议处理过程中,对未达到施工合同约定的暂停履行合同条件的,应要求施工合同双方继续履行合同。

③在施工合同争议的仲裁或诉讼过程中,项目监理机构可按仲裁机关或法院要求提供与争议有关的证据。

3　建筑工程投资控制

3.1　建筑安装工程费用参考计算方法

1. 直接费的参考计算方法

(1)直接工程费:

直接工程费 = 人工费 + 材料费 + 施工机械使用费

1)人工费:

人工费 = $\sum$(工日消耗量 × 日工资单价) 日工资单价(G) = $\sum_{1}^{5} G$

①基本工资(G_1):

G_1 = 生产工人平均月工资/年平均每月法定工作日

②工资性补贴(G_2):

$$G_2 = \frac{\sum 年发放标准}{全年日历日 - 法定假日} + 每工作日发放标准 + \frac{\sum 月发放标准}{年平均每月法定工作日}$$

③生产工人辅助工资(G_3):

G_3 = [全年无效工作日 × ($G_1 + G_2$)]/(全年日历日 - 法定假日)

④职工福利费(G_4):

G_4 = ($G_1 + G_2 + G_3$) × 福利费计提比例(%)

⑤生产工人劳动保护费(G_5):

G_5 = 生产工人年平均支出劳动保护费/(全年日历日 - 法定假日)

2)材料费:

材料费 = $\sum$(材料消耗量 × 材料基价) + 检验试验费材料基价 =
[(供应价格 + 运杂费) × (1 + 运输损耗率)] ×
(1 + 采购保管费率)

检验试验费 = $\sum$(单位材料量检验试验费 × 材料消耗量)

3)施工机械使用费:

施工机械使用费 = $\sum$(施工机械台班消耗量 × 机械台班单价) 机械台班单价 =
台班折旧费 + 台班大修费 + 台班经常修理费 +
台班安拆费及场外运费 + 台班人工费 +
台班燃料动力费 + 台班养路费及车船使用税

(2)措施费。

对于措施费的计算,本书只列出通用措施费项目的计算方法。各专业工程的专用措施费项目的计算方法由各地区或国务院有关专业主管部门的工程造价管理机构自行制定。

1)环境保护:

环境保护费=直接工程费×环境保护费费率(%)

环境保护费费率(%)=本项费用年度平均支出/[全年建安产值×直接工程费用占总造价比例(%)]

2)文明施工费:

文明施工费=直接工程费×文明施工费费率(%)

文明施工费费率(%)=本项费用年度平均支出/[全年建安产值×直接工程费用占总造价比例(%)]

3)安全施工费:

安全施工费=直接工程费×安全施工费费率(%)

安全施工费费率(%)=本项费用年度平均支出/[全年建安产值×直接工程费用占总造价比例(%)]

4)临时设施费。

临时设施费包括周转使用临建(例如活动房屋)、一次性使用临建(例如简易建筑)、其他临时设施(例如临时管线)。

临时设施费=(周转使用临建费+一次性使用临建费)×[1+其他临时设施所占比例(%)]

①周转使用临时费:

$$\text{周转使用临时费}=\sum\left[\frac{\text{临时面积}\times\text{每平方米造价}}{\text{使用年限}\times 365\times\text{利用率}(\%)}\times\text{工期(天)}\right]+\text{一次性拆除费}$$

②一次性使用临建费:

$$\text{一次性使用临建费}=\sum\text{临建面积}\times\text{每平方米造价}\times[1-\text{残值率}(\%)]+\text{一次性拆除费}$$

③其他临时设施所占比例。其他临时设施在临时设施费中所占比例可由各地区造价管理部门依据典型施工企业的成本资料经分析后综合测定。

5)夜间施工增加费:

夜间施工增加费=(1-合同工期/定额工期)×(直接工程费用中的人工费合计/平均日工资单价)×每工日夜间施工费开支

6)二次搬运费=直接工程费×二次搬运费费率(%)

$$\text{二次搬运费费率}(\%)=\frac{\text{年平均二次搬运费开支额}}{\text{全年建安产值}\times\text{直接工程费占总造价的比例}(\%)}$$

7)大型机械进出场及安拆费:

$$\text{大型机械进出场及安拆费}=\frac{\text{一次进出场及安拆费}\times\text{年平均安拆次数}}{\text{年工作台班}}$$

8)混凝土、钢筋混凝土模板及支架费。

①模板及支架费=模板摊销量×模板价格+支、拆、运输费摊销量=一次使用量×(1+施工损耗)×[1+(周转次数-1)×补损率/周转次数-(1-补损率)50%/周转次数]

②租赁费:

租赁费=模板使用量×使用日期×租赁价格+支、拆、运输费

9)脚手架搭拆费。

①脚手架搭拆费：

$$脚手架搭拆费 = 脚手架摊销量 \times 脚手架价格 + 搭、拆、运输费$$

$$脚手架摊销量 = \frac{单位一次使用量 \times (1 - 残值率)}{耐用期 / 一次使用期}$$

②租赁费：

$$租赁费 = 脚手架每日租金 \times 搭设周期 + 搭、拆、运输费$$

10）已完工程及设备保护费：

$$已完工程及设备保护费 = 成品保护所需机械费 + 材料费 + 人工费$$

11）施工排水、降水费：

$$排水降水费 = \sum 排水降水机械台班费 \times 排水降水周期 + 排水降水使用材料费、人工费$$

2. 间接费的参考计算方法

间接费的计算方法按取费基数的不同分为以下三种：

（1）以直接费为计算基础：

$$间接费 = 直接费合计 \times 间接费费率(\%)$$

（2）以人工费和机械费合计为计算基础：

$$间接费 = 人工费和机械费合计 \times 间接费费率(\%)$$

$$间接费费率(\%) = 规费费率(\%) + 企业管理费费率(\%)$$

（3）以人工费为计算基础：

$$间接费 = 人工费合计 \times 间接费费率(\%)$$

1）根据本地区典型工程发承包价的分析资料综合取定规费计算中所需数据。

①每万元发承包价中人工费含量和机械费含量。

②人工费占直接费的比例。

③每万元发承包价中所含规费缴纳标准的各项基数。

2）规费费率。

①以直接费为计算基础：

$$规费费率(\%) = \frac{\sum 规费缴纳标准 \times 每万元发承包价计算基数}{每万元发承包价中的人工费含量} \times 人工费占直接费的比例(\%)$$

②以人工费和机械费合计为计算基础：

$$规费费率(\%) = \frac{\sum 规费缴纳标准 \times 每万元发承包价计算基数}{每万元发承包价中的人工费含量和机械费含量} \times 100\%$$

③以人工费为计算基础：

$$规费费率(\%) = \frac{\sum 规费缴纳标准 \times 每万元发承包价计算基数}{每万元发承包价中的人工费含量} \times 100\%$$

3）企业管理费费率。

①以直接费为计算基础：

$$企业管理费费率(\%) = \frac{生产工人年平均管理费}{年有效施工天数 \times 人工单价} \times 人工费占直接费比例(\%)$$

②以人工费和机械费合计为计算基础：

$$企业管理费费率(\%)=\frac{生产工人年平均管理费}{年有效施工天数\times(人工单价+每一日机械使用费)}\times100\%$$

③以人工费为计算基础：

$$企业管理费费率(\%)=\frac{生产工人年平均管理费}{年有效施工天数\times人工单价}\times100\%$$

3.利润的参考计算方法

利润计算公式见本节“5.建筑安装工程计价程序”。

4.税金的参考计算方法

(1)税金计算公式：

$$税金=(税前造价+利润)\times税率(\%)$$

(2)税率的计算公式。

①纳税地点在市区的企业：

$$税率(\%)=\frac{1}{1-3\%-(3\%\times7\%)-(3\%\times3\%)}-1$$

②纳税地点在县城、镇的企业：

$$税率(\%)=\frac{1}{1-3\%-(3\%\times5\%)-(3\%\times3\%)}-1$$

③纳税地点不在市区、县城、镇的企业：

$$税率(\%)=\frac{1}{1-3\%-(3\%\times1\%)-(3\%\times3\%)}-1$$

5.建筑安装工程计价程序

根据建设部第107号部令《建筑工程施工发包与承包计价管理办法》的规定，发包与承包价的计算方法分为工料单价法和综合单价法。建筑安装工程计价程序包括以下内容。

(1)工料单价法计价程序。

工料单价法是以分部分项工程量乘以单价后的合计为直接工程费，直接工程费以人工、材料、机械的消耗量及其相应价格确定。直接工程费汇总后另加间接费、利润、税金生成工程发承包价，其计算程序分为以下三种：

1)以直接费为计算基础。以直接费为基础的工料单价法计价程序见表3.1。

表3.1 以直接费为基础的工料单价法计价程序

序号	费用项目	计算方法	备注
1	直接工程费	按预算表	
2	措施费	按规定标准计算	
3	小计	1+2	
4	间接费	3×相应费率	
5	利润	(3+4)×相应利润率	
6	合计	3+4+5	
7	含税造价	6×(1+相应税率)	

2)以人工费和机械费为计算基础。以人工费和机械费为基础的工料单价法计价程序见

表3.2。

表3.2　以人工费和机械费为基础的工料单价法计价程序

序号	费用项目	计算方法	备注
1	直接工程费	按预算表	
2	其中人工费和机械费	按预算表	
3	措施费	按规定标准计算	
4	其中人工费和机械费	按规定标准计算	
5	小计	1+3	
6	人工费和机械费小计	2+4	
7	间接费	6×相应费率	
8	利润	6×相应利润率	
9	合计	5+7+8	
10	含税造价	9×(1+相应税率)	

3)工费为计算基础。以人工费为基础的工料单价法的计价程序见表3.3。

表3.3　以人工费为基础的工料单价法的计价程序

序号	费用项目	计算方法	备注
1	直接工程费	按预算表	
2	直接工程费中人工费	按预算表	
3	措施费	按规定标准计算	
4	措施费中人工费	按规定标准计算	
5	小计	1+3	
6	人工费小计	2+4	
7	间接费	6×相应费率	
8	利润	6×相应利润率	
9	合计	5+7+8	
10	含税造价	9×(1+相应税率)	

(2)综合单价法计价程序。

综合单价法是以分项工程单价作为全费用单价,全费用单价经计算后生成,内容包括:直接工程费;间接费;利润和税金。措施费也可按照此方法生成全费用价格。

各分项工程量乘以综合单价合价汇总后生成工程发承包价。

由于各分部分项工程中的人工、材料、机械含量的比例不同,各分项工程可根据其材料费占人工费、材料费、机械费合计的比例(以字母"C"代表该项比值)在以下三种计算程序中选择一种方法计算其综合单价。

1)当$C>C_0$(C_0为本地区原费用定额测算所选典型工程材料费占人工费、材料费和机械费合计的比例)时,可采用以人工费、材料费、机械费合计为基数计算该分项的间接费和利润,见表3.4。

表 3.4 以直接费为基础的综合单价法计价程序

序号	费用项目	计算方法	备注
1	分项直接工程费	人工费+材料费+机械费	
2	间接费	1×相应费率	
3	利润	(1+2)×相应利润率	
4	合计	1+2+3	
5	含税造价	4×(1+相应税率)	

2)当 $C<C_0$ 时,可采用以人工费和机械费合计为基数计算该分项的间接费和利润,见表3.5。

表 3.5 以人工费和机械费为基础的综合单价计价程序

序号	费用项目	计算方法	备注
1	分项直接工程费	人工费+材料费+机械费	
2	其中人工费和机械费	人工费+机械费	
3	间接费	2×相应费率	
4	利润	2×相应利润率	
5	合计	1+3+4	
6	含税造价	5×(1+相应税率)	

3)若该分项的直接费仅为人工费,无材料费和机械费时,可采用以人工费为基数计算该分项的间接费和利润,见表3.6。

表 3.6 以人工费为基础的综合单价计价程序

序号	费用项目	计算方法	备注
1	分项直接工程费	人工费+材料费+机械费	
2	直接工程费中人工费	人工费	
3	间接费	2×相应费率	
4	利润	2×相应利润率	
5	合计	1+3+4	
6	含税造价	5×(1+相应税率)	

【案例3.1】某实施监理的工程项目,采用以直接费为计算基础的全费用单价计价,混凝土分项工程的全费用单价为446元/m^3,直接费为350元/m^3,间接费费率为12%,利润率为10%,营业税税率为3%,城市维护建设税税率7%,教育费附加费率为3%。施工合同约定:工程无预付款;进度款按月结算;工程量以监理工程师计量的结果为准;工程保留金按工程进度款的3%逐月扣留;监理工程师每月签发进度款的最低限额为25万元。

施工过程中,按照建设单位的要求,设计单位提出了一项工程变更,施工单位认为该变更致使混凝土分项工程量大幅度减少,要求对合同中的单价作相应调整。建设单位则认为应按照原合同单价执行,双方意见发生分歧,要求监理单位从中进行调解。经调解,各方达成下列共识:如果最终减少的该混凝土分项工程量超过原先计划工程量的15%,则该混凝土分项的全部工程量执行新的全费用单价,新的全费用单价的间接费和利润调整系数分别为1.1和1.2,其余数据不变。该混凝土分项工程的计划工程量和经专业监理工程师计量的变更后实际工程量见表3.7。

表3.7 混凝土分项工程计划工程量和实际工程量 (单位:m^3)

月份	1	2	3	4
计划工程量	500	1 200	1 300	1 300
实际工程量	500	1 200	700	800

【问题】

(1)如果建设单位和施工单位未能就工程变更的费用等达成协议,监理单位应如何处理?该项工程款最终结算时应以什么为依据?

(2)监理单位在收到争议调解要求后应如何对产生的争议进行处理?

(3)计算新的全费用单价,将计算方法和计算结果填入表3.8相应的空格中。

表3.8 单价分析表 (单位:元/m^3)

序号	费用项目	全费用单价	
		计算方法	结果
1	直接费		
2	间接费		
3	利润		
4	计税系数		
5	含税造价		

(4)每月的工程款是多少?总监理工程师签发的实际金额应是多少?

【分析】

(1)监理单位应做到:

1)监理单位应提出一个暂定的价格,作为临时支付工程进度款的依据。

2)经监理单位协调。

若建设单位和施工单位达成一致,以达成的协议为依据;若建设单位和施工单位不能达成一致,以法院判决或仲裁机构裁决为依据。

(2)监理单位应该:

1)及时了解争议情况,进行调查和取证。

2)及时与争议双方进行磋商。

3)监理单位提出调解方案后,由总监理工程师进行争议调解。

4)在争议调解过程中,监理单位应要求双方继续履行合同。

5)当调解不能达成一致意见时,总监理工程师应在合同约定的时间内提出处理争议的意见。

(3)单价分析见表3.9。

表3.9　单价分析表　(单元:元/m^3)

序号	费用项目	全费用单价	
		计算方法	结果
1	直接费	350	350
2	间接费	①×12%×1.1=350×12%×1.1	46.2
3	利润	(①+②)×10%×1.2=(400+52.8)×10%×1.2	47.54
4	计税系数	3%×(1+7%+3%)[1-3%×(1+7%+3%)]×100%	3.41%
5	含税造价	(①+②+③)×(1+④)=(350+46.2+47.54)×(1+3.41%)	458.87

(4)一月:完成工程款=500×446=2 230 00 元

本月应付款=223 000×(1-3%)=216 310 元<25 万元

故工程师不签发付款凭证,转入下月结算。

二月:完成工程款=1 200×466=535 200 元

本月应付款=535 200×97%=519 144 元

工程师应签发付款凭证金额=216 310+519 144=735 454 元

三月:完成工程款=700×446=312 200 元

本月应付款=312 200×97%=302 834 元

工程师应签发付款凭证金额=302 834 元

四月:实际累计完成工程量=500+1 200+700+800=3 200 m^3,比计划工程量减少=4 300-3 200=1 100 m^3>4 300×15%=645 m^3,应执行新单价。

本月应付款=3 200×459×97%-(735 454+302 834)=386 448 元

工程师应签发付款凭证金额=386 448 元

3.2　建设工程施工阶段投资控制

1.施工阶段投资控制的措施

(1)组织措施。

1)建立项目监理组织保证体系,在项目监理队伍中确认从投资控制方面进行投资跟踪、现场监督和控制的人员,明确任务及职责。如发布工程变更指令、对已完工程的计量、支付款复核、设计挖潜复查、处理索赔事宜、比较投资计划值和实际值、投资控制的分析与预测、报表的数据处理、资金筹措和编制资金使用计划等。

2)编制本阶段投资控制详细工作流程图。

3)每项任务安排专人检查,规定确切完成日期和提出质量要求。

(2)经济措施。

1)对已完成的实物工程量进行计量或复核,对未完工程量进行预测。

2)对预付工程款、工程进度款、工程结算、备料款和预付款的合理回扣时间进行审核、签证。

3)对施工实施全过程进行投资跟踪、动态控制和分析预测,将投资目标计划值按费用构成、工程构成、实施阶段、计划进度进行分解。

4)定期向监理负责人、建设单位提供投资控制报表、投资支出计划与实际进行分析对比。

5)制定施工阶段详细的费用支出计划,依据投资计划的要求编制并控制其执行,且对付款账单进行复核,编制资金筹措计划和分阶段到位计划。

6)及时办理和审核工程结算。

7)制订行之有效的节约投资激励机制和约束机制。

(3)技术措施。

1)严格控制设计变更,对其进行技术经济分析和审查。

2)寻找通过完善设计、施工工艺、材料和设备管理等多方面节约投资的途径,组织“三查四定”(即查漏项、查错项、查质量隐患、定人员、定措施、定完成时间、定质量验收),改正问题,组织审核降低造价的技术措施。

3)加强设计交底和施工图会审工作,在施工之前将问题解决。

(4)合同措施。

1)参与处理索赔事宜时,以合同为依据。

2)参与合同的修改、补充、管理工作,并分析研究合同条款对投资控制的影响。

3)根据合同内容监督、控制、处理工程建设中的问题。

2. 工程计量与工程款支付

(1)工程计量。

1)工程计量的依据。

①质量合格书。对于承包商已完成的工程,在经过专业工程师检验后,若工程质量达到合同规定的标准后,由专业工程师签署报验申请表(质量合格证书)。只有质量合格的工程才予以计量。

未经监理人员质量验收合格的工程量,或不符合施工合同规定的工程量,监理人员应拒绝该部分的工程款支付申请。

②工程量清单前言和技术规定。工程量清单前言和技术规定的“计量支付”条款规定了清单中每一项工程的计量方法,还有按照规定计量方法确定的单价所包括的工作内容和范围。

③设计图纸。工程师计量的工程数量,不一定是承包商实际施工的数量,计量的几何尺寸要以设计图纸为依据,工程师对承包商超出设计图纸要求而增加的工程量或因自身原因造成返工的工程量,应不予计量。

2)工程计量的方法。工程师一般仅对三个方面的工程项目进行计量,即工程量清单中的全部项目、合同文件中规定的项目、工程变更的项目。常用的计量方法如下:

①均摊法。清单中某些项目的合同价款,按合同工期平均计量。

②凭据法。按照承包商提供的凭据进行计量支付。

③估价法。按照合同文件的规定,根据工程师估算的已完成的工程价值进行支付。

④断面法。主要用于土坑或填筑路堤土方的计算。

⑤图纸法。按照设计图纸所示的尺寸进行计量。

⑥分解计量法。将一个项目根据工序或部位分成若干子项,对完成的各子项进行计量支付。

(2)工程款支付。

1)工程预付款。

①由承包单位填写“工程预付款报审表”,报送项目监理部。

②经项目总监理工程师审核,符合建设工程合同的规定,应及时签发“工程预付款支付证书”。

③监理工程师应按照建设工程施工合同的规定,及时抵扣工程预付款。

2)月支付工程款。

①按月支付工程款时,承包单位应按有关规定及监理签认的工程量,填写“月付款报审表”、“月支付汇总表”报送项目监理部。

②当月若发生设计变更、洽商或索赔时,承包单位应填写“设计变更、洽商费用报审表”或“费用索赔报审表”,并附上相关资料报送项目监理部。

③监理工程师应根据国家或本地区(部)的有关规定及建设工程施工合同的规定进行审核,确认应支付的费用,由总监理工程师审核并签发工程款支付证书,报建设单位签认并支付工程进度款。

3)竣工结算。

①在工程项目竣工,并由建设单位、监理单位签发竣工移交证书后,承包单位应在规定的时间内向项目监理部提交工程竣工结算资料。

②监理工程师应及时审核竣工资料,并与建设单位、承包单位进行协商和协调,提出审核意见。总监理工程师签发工程竣工结算款支付证书,报建设单位审核。

③建设单位收到总监理工程师签发的支付证书后,应及时按照合同约定,与承包单位办理竣工结算的有关事项。

3.项目监理机构处理工程变更的程序

(1)设计单位因原设计存在缺陷而提出工程变更时,应编制设计变更文件。建设单位或承包单位提出的工程变更,应提交总监理工程师,由总监理工程师组织专业监理工程师审查,审查同意后,应由建设单位转交至原设计单位编制设计变更文件。当工程变更涉及安全、环保等内容时,应按照规定提交有关部门审定。

(2)项目监理机构应了解工程实际情况并收集与工程变更有关的资料。

(3)总监理工程师必须根据实际情况、设计变更文件和其他有关资料,按照施工合同的有关条款,在指定专业监理工程师完成下列工作后,对工程变更的费用和工期作出如下评估:

1)确定工程变更项目与原工程项目之间的类似程度和难易程度。

2)确定工程变更项目的工程量。

3)确定工程变更的单价或总价。

(4)总监理工程师应就工程变更费用及工期的评估情况与承包单位和建设单位进行协调。

(5)总监理工程师签发工程变更单。

(6)项目监理机构应根据工程变更单监督承包单位施工。

4. 工程变更价款的确定

(1)《建设工程施工合同(示范文本)》约定的工程变更价款的确定方法

1)合同中已有适用于变更工程的价格,按合同中的价格进行变更。

2)合同中只有类似于变更工程的价格,参照类似价格进行变更。

3)合同中没有适用的或类似于变更工程的价格,应由承包人提出适当的变更价格,经工程师确认后执行。

(2)工程变更价款确定的方法。

1)采用合同中工程量清单的单价和价格的方法。

①直接套用,即从工程量清单上直接拿来使用。

②间接套用,即依据工程清单,通过换算后采用。

③部分套用,即依据工程量清单,取其价格中的某一部分使用。

2)协商单价和价格。

协商单价和价格是基于合同中没有或者有些不合适的情况下采取的一种方法。

【案例 3.2】某工程项目,建设单位与施工单位按照《建设工程施工合同(示范文本)》签订了施工合同。合同工期为 9 个月,合同总价为 840 万元。项目监理机构批准的各项工作均按照最早时间安排且匀速施工,施工单位的部分报价见表 3.10。施工合同中约定:预付款为合同总价的 20%,当工程款支付达到合同价的 50% 时开始扣预付款,3 个月内平均扣回;质量保修金为合同价的 5%,从第 1 个月开始,按每月进度款的 10% 扣留,扣完为止。

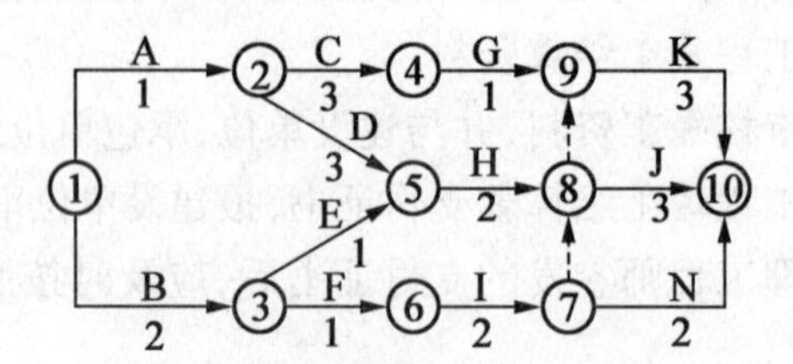

表 3.10　施工单位的部分报价

工作	A	B	C	D	E	F
合同价/万元	30	54	30	84	300	21

工程于 2011 年 3 月 1 日开工,施工中发生了如下事件:

事件 1:建设单位接到政府安全管理部门将于 6 月份进行现场工程安全施工大检查的通知后,要求施工单位结合现场安全状况进行自查,对存在的问题进行整改。施工单位进行了自查整改,并向项目监理机构递交了整改报告,同时要求建设单位支付为迎接检查进行整改所发生的费用。

事件 2:现场浇筑的混凝土楼板出现了多道裂缝,经有资质的检测单位检测分析,认定是商品混凝土的质量问题。对此,施工单位提出,因混凝土厂家是建设单位推荐的,故建设单位负有推荐的责任,应分担检测的费用。

事件 3:K 工作施工中,施工单位以按设计文件建议的施工工艺难以施工为由,向建设单位书面提出了工程变更的请求。

【问题】

(1)开工后 3 个月施工单位应获到的工程款是多少?

(2)工程预付款是多少？预付款从何时开始扣回？开工3个月后，总监理工程师每个月签证的工程款是多少？

(3)分别分析事件1和事件2中施工单位提出的费用要求是否合理？说明理由。

(4)事件3中，施工单位提出的变更程序是否妥当？说明理由。

【分析】

(1)开工后前3个施工单位每月应获得的工程款：

第1个月：$30+54\times\frac{1}{2}=57$ 万元

第2个月：$54\times\frac{1}{2}+30\times\frac{1}{3}+84\times\frac{1}{3}=65$ 万元

第3个月：$30\times\frac{1}{3}+84\times\frac{1}{3}+300+21=359$ 万元

(2)预付款：$840\times20\%=168$ 万元

前3个月施工单位累计应获得的工程款：

$57+65+359=481$(万元)>420(万元)(合同总价的50%)

因此，预付款应从第3个月开始扣回。

开工后前3个月总监理工程师签证的工程款：

第1个月：$57-57\times10\%=51.3$ 万元或 $57\times90\%=51.3$ 万元

第2个月：$65-65\times10\%=58.5$ 万元或 $65\times90\%=58.5$ 万元

前2个月扣留保修金：$57+65\times10\%=12.2$ 万元

应扣保修金总额：$840\times5\%=42.0$ 万元

由于 $359\times10\%=35.9>42.0-12.2=29.8$ 万元

第3个月应签证的工程款：$359-(42.0-12.2)-168/3=273.2$ 万元

(3)事件1中，施工单位提出的费用要求不合理。

理由：因为安全施工自检费用属于建筑安装工程费中的措施费(或该费用已包含在合同价中)。

事件2中，施工单位提出的费用要求不合理。

理由：因为商品混凝土供货单位与建设单位没有合同关系。

(4)事件3中，施工单位提出的变更程序不妥。

理由：提出工程变更应先报项目监理机构。

3.3 建设工程项目结算阶段的监理

1.工程价款的结算

(1)工程价款的主要结算方式。

按现行规定，建筑安装工程价款结算可根据不同情况采用不同形式。具体方式如下：

1)按月结算。

2)竣工后一次性结算。建设项目或单项工程的全部建筑安装工程建设期在12个月以内，或者工程承包合同金额在100万元以下的，可实行工程价款每月月中预付，竣工后一次结算。

3)分段结算。当年开工、当年不能竣工的单项工程或单位工程,按照工程形象进度,将工程项目划分为不同阶段来进行结算,分段结算可按月预支工程款。分段的划分标准,由各部门或省、自治区、直辖市、计划单列市规定。

实行竣工后一次性结算和分段结算的工程,当年结算的工程款应与分年度的工作量一致,年终不另清算。

4)结算双方约定的其他结算方式。

(2)工程价款支付的方法和时间。

1)工程预付款。双方应在合同条款中约定发包人向承包人预付工程款的时间和数额,开工后按照约定时间和比例逐次扣回。支付预付款的时间应不迟于约定的开工日期前7天。若发包人不按约定预付,承包人在约定时间7天后向发包人发出要求支付的通知,发包人收到通知后仍不按要求预付,承包人可在发出通知后7天停止施工,发包人应从约定应付之日起按承包人同期向银行贷款利率向承包人支付应付款的贷款利息,并承担违约责任。

2)工程款(又称进度款)支付。在确认计量结果14天内,发包人应向承包人支付工程款(进度款)。按约定时间发包人应扣回的预付款,与工程款同期结算。由于法律、法规、政策变化和价格调整而引起的对合同价款及其他条款中约定的追加合同价款进行的调整,应与工程款同期调整支付。

若发包人超过约定的支付时间没有支付工程款(进度款),承包人可向发包人发出要求支付的通知,发包人收到承包人通知后仍不能按要求付款的,可与承包人协商,签订延期付款协议,经承包人同意后可延期支付。协议应明确地列出延期支付的时间和从计量结果确认后第15天起计算应付款的贷款利息。若双方又未达成延期付款协议,导致施工无法进行,承包人可停止施工,由发包人承担违约责任。

3)竣工结算。工程竣工验收报告经发包人认可后28天内,承包人向发包人递交竣工结算报告及完整的结算资料,双方按合同约定的合同价款及合同价款调整内容,进行工程竣工结算。在发包人收到承包人递交的竣工结算报告后28天内进行核实,给予确认或者提出修改意见。发包人确认竣工结算报告后通知经办银行向承包人支付竣工结算价款,承包人收到竣工结算价款后14天内将竣工工程交付给发包人。

若发包人收到竣工结算报告及结算资料后28天内无正当理由不支付工程竣工结算价款,承包人可催告发包人支付结算价款。从第29天起支付拖欠工程竣工价款的利息,并承担违约责任。若发包人在收到竣工结算报告及结算资料后56天内仍不支付的,承包人可与发包人协议将该工程折价,也可由承包人申请人民法院将该工程依法拍卖,承包人就该工程折价或者拍卖的价款优先受偿。

工程竣工验收报告经发包人认可后28天内,承包人未能向发包人递交竣工结算报告及完整的结算资料,造成工程竣工结算不能正常进行或耽误工程竣工结算价款,如发包人要求交付工程,则承包人应当交付;如发包人不要求交付工程,则承包人应承担保管责任。

4)保修金的返还。在专用条款中约定工程保修金一般不超过施工合同价款的3%。发包人在质量保修期满后14天内,将剩余保修金和利息返还承包人。

2. 工程价款结算的监理工作

(1)支付依据的审查。

1)对于承包人的履约担保。监理工程师应审查提交保函时间(FIDIC条款规定的中标后

28 天内提交)、担保金额(一般为合同价的 10%)、担保的有效期。

2)对于承包人的保险及保险的完备性。监理工程师应审查:

①以全部重置成本对工程、连同材料及工程配套的设备保险。

②以重置成本的 15% 附加金额,对补偿和修复损失或损害投保。

③承包人应在除工程外的人员伤亡、财产损害等方面投保以保障业主免予承担损失或索赔。

④其他保险的完备性。

3)承包人应提交的进度计划。

4)承包人应提交的现金流通量估算,按季度列出其取得全部支付的详细现金流通量估算。

5)承包人提交的每一包干项目的分项表,并经监理工程师批准。

6)预付款保函(如果合同中有业主支付预付款的规定,则承包人应按合同相应规定提交预付款保函)。

7)所完成工程的质量检验结果。

8)完成工程的实际工程量。

9)本支付期内的工程变更(增添和删除)。

10)承包人的付款申请单和相应的报表(须有承包人代表签字)。

11)监理工程师在施工期间费用控制的标准是否符合合同价格。

(2)支付过程中的监理工作。

1)预付款的支援性质决定了它与工程款不同,只能用于指定工程,由监理工程师控制。

2)在已发生的支付总额超出中标函规定金额的一定比例(按合同规定)之后的下一个临时支付证书开始扣还预付款。

3)监理工程师在收到并确认承包人提供的履约担保或银行保函后,按照合同规定向业主开具承包人应得到的相当于履约保证金一定比例的支付证书。

4)监理工程师在审查并确认承包人的各项保险证明之后按照合同规定,向业主签发承包人应得到的相当于保险费一定比例的支付证书。

5)监理工程师应按照相应规定,及时从任何应付的款项的支付证书中,扣除业主代替承包人办理保险所支付的费用。

6)期中支付。监理工程师应审查当期的检验、计量结果,以及工程的变更、增添或删除。

7)监理工程师认为有必要对工程任何部分形式、质量或数量做出变更,应在估价后经业主同意发出指令进行支付。

8)监理工程师颁发工程移交证书,同时出具支付保留金额 50% 的支付证书。

9)缺陷责任到期后,监理工程师解除缺陷责任证书,并送交业主,同时将一份副本送交承包人,并开具另一半保留金的支付证书。

10)对承包人以各种形式通知的工程变更,尤其是书面形式监理工程师不能随便确认。

11)当监理工程师的服务包括行使权力或履行授权的职责或当业主与任何第三方签订合同条款需要索赔支付时,监理工程师作为一名独立的专业人员、业主的忠实顾问,但不作为仲裁人,在业主与第三方之间公正地证明,决定或行使自己的处理权,监理工程师不得参与可能与合同中规定的与业主的利益相冲突的任何活动。监理工程师的决定应经得起公开、复查或修正。

12)对于经济索赔和道义索赔,监理工程师无权决定,需由业主处理。

13)业主索赔,即通过监理工程师的支付权力,来保障业主合同利益。也是业主赋予监理工程师以支付手续来确认监理工程师的权力。

(3)最终支付的监理工作。最终支付包括竣工支付和最终支付。

1)监理工程师在竣工报告规定的时间内审核、证明,并将结果提交业主,开具支付证明。

2)监理工程师应复核全部的支付项目,防止漏项和重复支付,尤其应注意由承包人的责任引起费用增加的项目。

3)监理工程师应对工程量与费用计算进行复核。

4)监理工程师应对所有有争议的项目进行进一步的核验与取证,并与业主和承包商协商,确定最终处理方案。

5)在接到最终报表及书面结算清单后28天内,监理工程师应向业主签发一份最终支付证书。

(4)意外情况下支付的监理工作。意外情况是指合同中虽有规定,但对其解释可有歧义的情况,即非正常施工条件,又无法归入业主的风险中的情况。监理工程师处理意外情况下支付的原则如下:

1)监理工程师应按合同进行工作。

2)监理工程师应认真研究合同条件。

3)充分行使组织协商的权力。

4)监理工程师行为公正就意味着善于考虑业主和承包人双方的观点,然后基于事实做出决定。

5)监理工程师对争议的最后意见应准备:某一方不接受,会强烈反对;或双方接受程度不同,但都对监理工程师的意见不满。因此,监理工程师必须为自己提出的意见辩护。

4 建筑工程监理进度控制

4.1 工程进度控制

1.工程进度控制的基本要求

(1)进度控制的依据。

1)国家相关的经济法规和规定。

2)施工合同中所确定的工期目标。

3)经监理工程师确认的施工进度控制计划。

4)经监理工程师批准的工程延期。

(2)进度控制的方法。

1)审核、批准监理工程师应及时审核相关的技术文件、报表、报告。根据监理的权限,审核的具体内容如下:

①下达开工令、审批"工程动工报审表"。

②审批施工总进度计划,年、季、月进度计划以及进度修改调整计划。

③批准工程延期。审批复工报审表、工程延期申请表、工程延期审批表。

④审批承包单位报送的有关工程进度的报告。审批"________月完成工程量报审表"、审阅"________月工、料、机动态表"等。

2)检查、分析和报告。监理工程师应及时检查承包单位报送的进度报表和分析资料;跟踪检查实际进度;应经常分析进度偏差的程度、影响面及产生原因,并提出解决方案。应定期或不定期地向建设单位报告工程进度情况并提出防止因建设单位因素而导致工程延误和费用索赔。

3)组织协调。项目监理定期或不定期地召开不同层次的协调会。在建设单位、承包单位及其他相关参建单位的不同层面之间解决相应的进度协调问题。

4)积累资料。监理工程师应及时收集、整理与工程进度方面相关的资料,为公正、合理地处理进度拖延、费用索赔及工期奖等问题,提供证据。

(3)进度控制的手段。

1)下达监理指令。监理工程师应及时发布监理指令,向承包单位指出施工进度存在的偏差、影响程度及其产生原因,并提出进度调整措施的要求和指示。

2)采取组织措施。总监理工程师若发现承包单位或分包单位或其主要管理人员不称职,不进行调整或撤换将对工程进度造成极大影响时,可向建设单位提出调整或撤换承包单位或分包单位或更换其主要管理人员的建议。

3)采取经济制约手段。总监理工程师应依据建设工程施工合同中的约定,当工期提前或延期时,要签发有关文件,向建设单位提出采取相应的经济制约手段的建议,如停止付款、赔偿延期损失、发放提前竣工奖金等。

2. 工程设计阶段的进度控制

(1)工程设计阶段的进度控制目标。

建设工程设计阶段进度控制的最终目标是按质、按量、按时间要求提供施工图设计文件。确定建设工程设计进度控制总目标时,其主要依据有:建设工程总进度目标对设计周期的要求;设计周期定额、类似工程项目的设计进度、工程项目的技术先进程度等。

为了有效地控制设计进度,还需要将建设工程设计进度控制总目标按设计进展阶段和专业进行分解,从而形成设计阶段进度控制目标体系。

1)设计进度控制分阶段目标。建设工程设计主要包括:设计准备、初步设计;技术设计;施工图设计等阶段,为了确保设计进度控制总目标的实现,应明确每一阶段的进度控制目标。

①设计准备。设计准备工作阶段主要包括:规划设计条件的确定;设计基础资料的提供以及委托设计等工作,它们均应有明确的时间目标。设计工作能否顺利进行,以及能否缩短设计周期,与设计准备工作时间目标的实现关系极大。

②初步设计、技术设计。初步设计应根据建设单位所提供的设计基础资料进行编制。初步设计和总概算经批准后,便可作为确定建设项目投资额、编制固定资产投资计划、签订总包合同及贷款合同、实行投资包干、控制建设工程拨款、组织主要设备订货、进行施工准备及编制技术设计(或施工图设计)文件等的主要依据。技术设计应根据初步设计文件进行编制,技术设计和修正总概算经批准后,便成为建设工程拨款和编制施工图设计文件的依据。

为了确保工程建设进度总目标的实现,并保证工程设计质量,应根据建设工程的具体情况,确定出合理的初步设计和技术设计周期。该时间目标中,除了要考虑设计工作本身及进行设计分析和评审所花的时间外,还应考虑设计文件的报批时间。

③施工图设计。施工图设计应根据批准的初步设计文件(或技术设计文件)和主要设备订货情况进行编制,它是工程施工的主要依据。

施工图设计是工程设计的最后一个阶段,其工作进度将直接影响到建设工程的施工进度,进而影响建设工程进度总目标的实现。因此,必须确定合理的施工图设计交付时间,确保建设工程设计进度总目标的实现,从而为工程施工的正常进行创造良好的条件。

2)设计进度控制分专业目标。为了有效地控制建设工程设计进度,还可将各阶段设计进度目标具体化,进行进一步分解。例如:可将初步设计工作时间目标分解为方案设计时间目标和初步设计时间目标;将施工图设计时间目标分解为基础设计时间目标、结构设计时间、装饰设计时间目标及安装图设计时间目标等。这样,设计进度控制目标便构成了一个从总目标到分目标的完整的目标体系。

(2)工程设计阶段的进度控制措施。

1)设计单位及监理单位的进度控制。

①设计单位。为了履行设计合同,按期提交施工图设计文件,设计单位应采取有效措施,以控制建设工程设计进度:

a. 建立计划部门,负责设计单位年度计划的编制和工程项目设计进度计划的编制。

b. 建立健全设计技术经济定额,并按定额要求进行计划的编制与考核。

c. 实行设计工作技术经济责任制,将职工的经济利益与其完成任务的数量和质量挂钩。

d. 编制切实可行的设计总进度计划、阶段性设计进度计划和设计进度作业计划。在编制计划时,加强与业主、监理单位、科研单位及承包商的协作与配合,使设计进度计划积极可靠。

e. 认真实施设计进度计划，力争设计工作能够有节奏、有秩序、合理搭接地进行。在执行计划时，要定期检查计划的执行情况，并及时对设计进度进行调整，使设计工作始终处于可控状态。

f. 坚持按基本建设程序办事，尽量避免进行“边设计、边准备、边施工”的“三边”设计。

g. 不断分析总结设计进度控制工作经验，逐步提高设计进度控制工作水平。

②监理单位。监理单位受业主的委托进行工程设计监理时，应落实项目监理班子中专门负责设计进度控制的人员，按合同要求对设计工作进度进行严格监控。

对于设计进度的监控应实施动态控制。在设计工作开始之前，首先应由监理工程师审查设计单位所编制的进度计划的合理性和可行性。在进度计划实施过程中，监理工程师应定期检查设计工作的实际完成情况，并与计划进度进行比较分析。一旦发现偏差，即应在分析原因的基础上提出纠偏措施，以加快设计工作进度。必要时，还应对原进度计划进行调整或修订。

在设计进度控制中，监理工程师要对设计单位填写的设计图纸进度表（表4.1）进行核查分析，并提出自己的见解。从而将各设计阶段的每一张图纸（包括其相应的设计文件）的进度都纳入监控之中。

表4.1　设计图纸进度表

工程项目名称				项目编号	
家庭单位				设计阶段	
图纸编号		图纸名称		图纸版次	
图纸设计负责人				制表日期	
设计步骤	监理工程师批准的计划完成时间			实际完成时间	
草　图					
制　图					
设计单位自审					
监理工程师审核					
发　出					
偏差原因分析：					
措施及对策：					

2）建筑工程管理方法。建筑工程管理（CM，Construction Management）方法是近年来在国外推行的一种系统工程管理方法，其特点是将工程设计分阶段进行，每阶段设计好之后就进行招标施工，并在全部工程竣工前，可将已完部分工程交付使用。这样，不仅可缩短工程项目的建设工期，还可使部分工程分批投产，以提前获得收益。建筑工程管理方法与传统的项目实施程序的比较如图4.1所示。

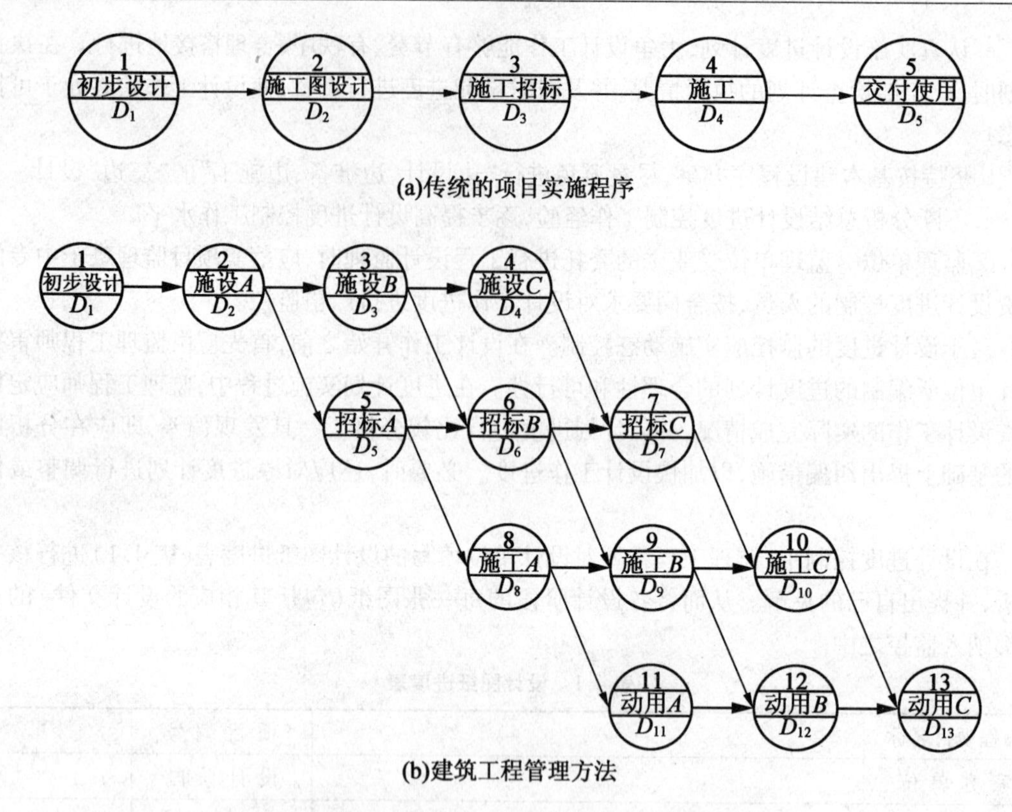

图 4.1　建筑工程管理方法与传统的项目实施程序的比较

CM 的基本指导思想是缩短工程项目的建设周期,它采用快速路径(Fast - Track)的生产组织方式,特别适用于那些实施周期长、工期要求紧迫的大型复杂建设工程。建设工程采用 CM 承发包模式,在进度控制方面的优势主要体现在以下几个方面:

①由于采取分阶段发包,集中管理,实现了有条件的“边设计、边施工”,使设计与施工能够充分地搭接,有利于缩短建设工期。

②监理工程师在建设工程设计早期即可参与项目的实施,并对工程设计提出合理化建议,使设计方案的施工可行性和合理性在设计阶段就能得到考虑和证实,从而可减少施工阶段因修改设计而造成的实际进度拖后。

③为了实现设计与施工以及施工与施工的合理搭接,建筑工程管理方法将项目的进度安排看作是一个完整的系统工程,一般在项目实施早期即编制供货期长的设备采购计划,并提前安排设备招标、提前组织设备采购,以避免因设备供应工作的组织和管理不当而造成的工程延期。

3. 工程施工阶段的进度控制

(1)工程施工阶段的进度控制目标。

保证工程项目按期建成交付使用,是建设工程施工阶段进度控制的最终目的。为了有效地控制施工进度,首先要将施工进度总目标从不同角度进行层层分解,形成施工进度控制目标体系,从而作为实施进度控制的依据。

建设工程施工进度控制目标体系如图 4.2 所示。

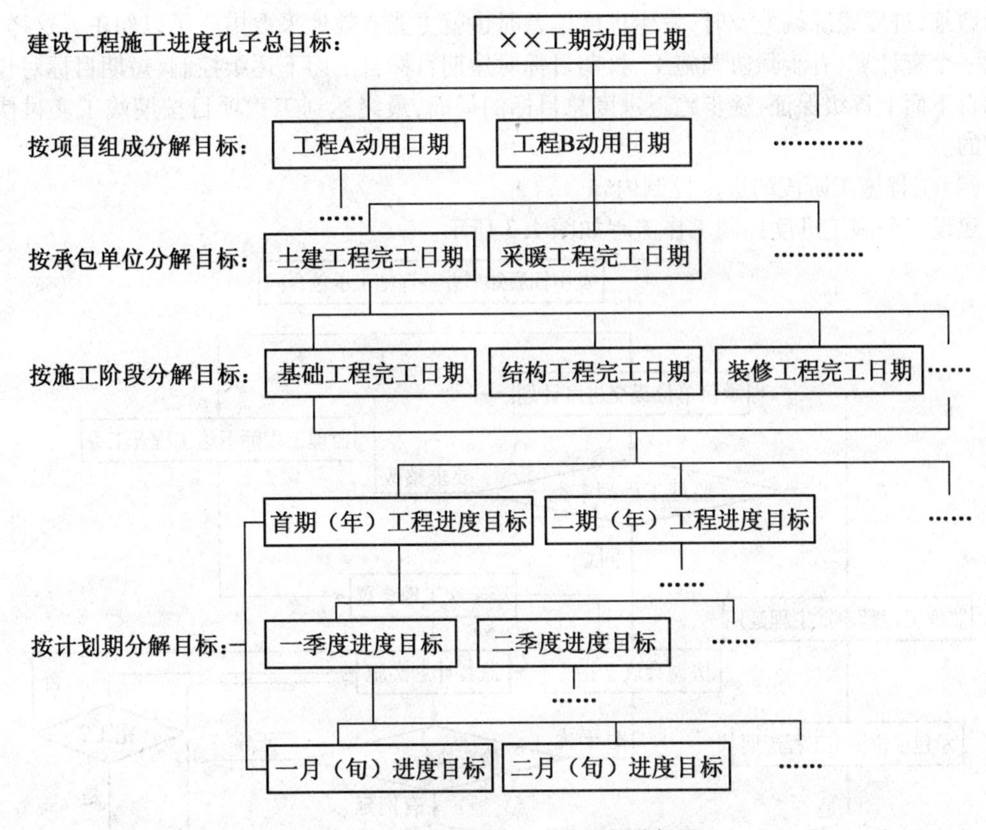

图4.2　建设工程施工进度目标分解图

从图中可以看出,建设工程不但要有项目建成交付使用的确切日期这个总目标,还要有各单位工程交工动用的分目标,以及按承包单位、施工阶段和不同计划期划分的分目标。各目标之间相互联系,共同构成建设工程施工进度控制的目标体系。其中,下级目标受上级目标的制约,下级目标保证上级目标,最终保证施工进度总目标的实现。

1)按项目组成分解,确定各单位工程开工及动用日期。各单位工程的进度目标在工程项目建设总进度计划及建设工程年度计划中均有体现。在施工阶段应进一步明确各单位工程的开工和交工动用日期,以确保施工总进度目标的实现。

2)按承包单位分解,明确分工条件和承包责任。在一个单位工程中有多个承包单位参加施工时,应按承包单位将单位工程的进度目标分解,确定出各分包单位的进度目标,列入分包合同,以便落实分包责任,并根据各专业工程交叉施工方案和前后衔接条件,明确不同承包单位工作面交接的条件和时间。

3)按施工阶段分解,划定进度控制分界点。根据工程项目的特点,应将其施工分成几个阶段,如土建工程可分为基础、结构和内外装修阶段。每一阶段的起止时间都要有明确的标志。特别是不同单位承包的不同施工段之间,更要明确划定时间分界点,以此作为形象进度的控制标志,从而使单位工程动用目标具体化。

4)按计划期分解,组织综合施工。将工程项目的施工进度控制目标按年度、季度、月(或旬)进行分解,并用实物工程量、货币工作量及形象进度表示,这样更有利于监理工程师明确对各承包单位的进度要求。同时,还可据此监督其实施,检查其完成情况。计划期愈短,进度目标愈细，进度跟踪就愈及时，发生进度偏差时也就更能有效地采取措施予以纠正。这样，就形成一个有计划、有步骤协调施工、长期目标对短期目标自上而下逐级控制、短期目标对长期目标自下而上逐级保证、逐步趋近进度总目标的局面，最终达到工程项目按期竣工交付使用的目的。

(2)工程施工阶段的进度控制内容。

建设工程施工进度控制工作流程如图 4.3 所示。

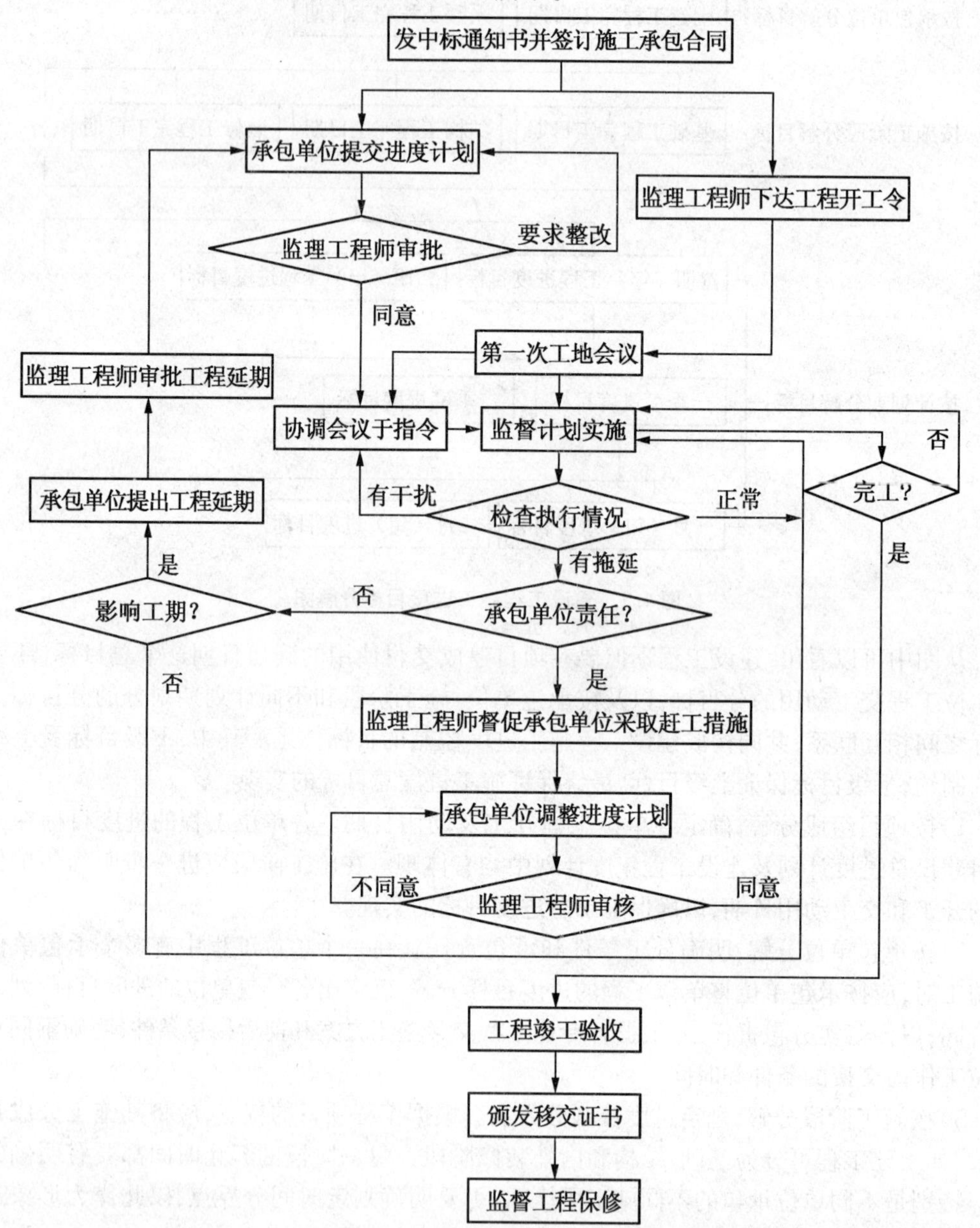

图 4.3　建设工程施工进度控制工作流程图

建设工程施工进度控制工作从审核承包单位提交的施工进度计划开始，直到建设工程保修期满为止，其工作内容如下所示：

1)编制施工进度控制工作细则。施工进度控制工作细则是在建设工程监理规划的指导下,由项目监理班子中进度控制部门的监理工程师负责编制的更具有实施性和操作性的监理业务文件。其主要内容如下所示:

①施工进度控制目标分解图。

②施工进度控制的主要工作内容和深度。

③进度控制人员的职责分工。

④与进度控制有关各项工作的时间安排及工作流程。

⑤进度控制的方法(包括进度检查周期、数据采集方式、进度报表格式、统计分析方法等)。

⑥进度控制的具体措施(包括组织措施、技术措施、经济措施及合同措施等)。

⑦施工进度控制目标实现的风险分析。

⑧尚待解决的有关问题。

2)编制或审核施工进度计划。为了保证建设工程的施工任务能够按期完成,监理工程师必须审核承包单位提交的施工进度计划。对于大型建设工程,由于单位工程较多、施工工期长,且采取分期分批发包又没有一个负责全部工程的总承包单位时,就需要监理工程师编制施工总进度计划;或者当建设工程由若干个承包单位平行承包时,监理工程师也有必要编制施工总进度计划。施工总进度计划应确定分期分批的项目组成;各批工程项目的开工、竣工顺序及时间安排;全场性准备工程,特别是首批准备工程的内容与进度安排等。

当建设工程有总承包单位时,监理工程师只需对总承包单位提交的施工总进度计划进行审核即可。而对于单位工程施工进度计划,监理工程师只负责审核而不需要编制。

施工进度计划审核的内容主要包括以下几点:

①进度安排是否符合工程项目建设总进度计划中总目标和分目标的要求,是否符合施工合同中开工、竣工日期的规定。

②施工总进度计划中的项目是否有遗漏,分期施工是否满足分批动用的需要和配套动用的要求。

③施工顺序的安排是否符合施工工艺的要求。

④劳动力、材料、构配件、设备及施工机具、水、电等生产要素的供应计划是否能够保证施工进度计划的实现,供应是否均衡、需求高峰期是否有足够能力实现计划供应。

⑤总包、分包单位分别编制的各项单位工程施工进度计划之间是否相协调,专业分工与计划衔接是否明确合理。

⑥对于业主负责提供的施工条件(包括资金、施工图纸、施工场地、采供的物资等),在施工进度计划中安排得是否明确、合理,是否有造成因业主违约而导致工程延期和费用索赔的可能存在。

3)按年、季、月编制工程综合计划。在按计划期编制的进度计划中,监理工程师应着重解决各承包单位施工进度计划之间、施工进度计划与资源(包括资金、设备、机具、材料及劳动力)保障计划之间及外部协作条件的延伸性计划之间的综合平衡与相互衔接问题。并根据上期计划的完成情况对本期计划进行必要的调整,从而作为承包单位近期执行的指令性计划。

4)下达工程开工令。监理工程师应根据承包单位和业主双方关于工程开工的准备情况,选择合适的时机发布工程开工令。工程开工令的发布,要尽量及时,因为从发布工程开工令之日算起,加合同工期后即为工程竣工日期。如果开工令发布拖延,就等于推迟了竣工时间,甚至可能引起承包单位的索赔。

为了检查双方的准备情况,监理工程师应参加由业主主持召开的第一次工地会议。业主应按照合同规定,做好征地拆迁工作,及时提供施工用地。同时,还应完成法律及财务方面的手续,以便能及时向承包单位支付工程预付款。承包单位应准备好开工所需的人力、材料及设备,同时还要按合同规定为监理工程师提供各种条件。

5)协助承包单位实施进度计划。监理工程师要随时了解施工进度计划执行过程中所存在的问题,并帮助承包单位予以解决,特别是承包单位无力解决的内外关系协调问题。

6)监督施工进度计划的实施。这是建设工程施工进度控制的经常性工作。监理工程师不仅要及时检查承包单位报送的施工进度报表和分析资料,同时还要进行必要的现场实地检查,核实所报送的已完项目的时间及工程量,杜绝虚报现象。

在对工程实际进度资料进行整理的基础上,监理工程师应将其与计划进度相比较,以判定实际进度是否有偏差。如果出现进度偏差,监理工程师则应进一步分析此偏差对进度控制目标的影响程度及其产生的原因,以便研究对策、提出纠偏措施。必要时还应对后期工程进度计划作适当的调整。

7)组织现场协调会。监理工程师应每月、每周定期组织召开不同层级的现场协调会议,以解决工程施工过程中的相互协调配合问题。在每月召开的高级协调会上通报工程项目建设的重大变更事项,协商其后果处理,解决各个承包单位之间以及业主与承包单位之间的重大协调配合问题;在每周召开的管理层协调会上,通报各自进度状况、存在的问题及下周的安排,解决施工中的相互协调配合问题。这些问题通常包括:各承包单位之间的进度协调问题;工作面交接和阶段成品保护责任问题;场地与公用设施利用中的矛盾问题;某一方面断水、断电、断路、开挖要求对其他方面影响的协调问题,以及资源保障、外协条件配合问题等。

在平行、交叉施工单位多,工序交接频繁且工期紧迫的情况下,现场协调会甚至需要每日召开。在会上通报和检查当天的工程进度,确定薄弱环节,部署当天的赶工任务,以便为次日正常施工创造条件。

对于一些未曾预料的突发变故或问题,监理工程师还可通过发布紧急协调指令,督促有关单位采取应急措施维护施工的正常秩序。

8)签发工程进度款支付凭证。监理工程师应对承包单位申报的已完分项工程量进行核实,在质量监理人员检查验收后,签发工程进度款支付凭证。

9)审批工程延期。造成工程进度拖延的原因有两个方面:一是由于承包单位自身的原因;二是由于承包单位以外的原因。前者所造成的进度拖延,称为工程延误;后者所造成的进度拖延称为工程延期。

①工程延误。当出现工程延误时,监理工程师有权要求承包单位采取有效措施加快施工进度。如果经过一段时间后,实际进度没有明显改进,仍然拖后于计划进度,而且显然影响工程按期竣工时,监理工程师应要求承包单位修改进度计划,并提交给监理工程师重新确认。

②工程延期。如果由于承包单位以外的原因造成工期拖延,承包单位有权提出延长工期的申请。监理工程师应根据合同规定,审批工程延期时间。经监理工程师核实批准的工程延期时间,应纳入合同工期,作为合同工期的一部分。即新的合同工期应等于原定的合同工期

加上监理工程师批准的工程延期时间。

10）向业主提供进度报告。监理工程师应随时整理进度资料，并做好工程记录，定期向业主提交工程进度报告。

11）督促承包单位整理技术资料。监理工程师要根据工程进展情况，督促承包单位及时整理有关技术资料。

12）签署工程竣工报验单、提交质量评估报告。当单位工程达到竣工验收条件后，承包单位在自行预验的基础上提交工程竣工报验单，申请竣工验收。监理工程师在对竣工资料及工程实体进行全面检查、验收合格后，签署工程竣工报验单，并向业主提出质量评估报告。

13）整理工程进度资料。在工程完工以后，监理工程师应将工程进度资料收集起来，进行归类、编目和建档，以便为今后其他类似工程项目的进度控制提供参考。

14）工程移交。监理工程师应督促承包单位办理工程移交手续，并颁发工程移交证书。在工程移交后的保修期内，还要处理验收后质量问题的原因及责任等争议问题，并督促责任单位及时修理。当保修期结束且再无争议时，建设工程进度控制的任务即告完成。

4.2　工程进度计划

1. 进度计划的编制

实现施工阶段进度控制的首要条件是有一个符合客观条件的、合理的施工进度计划。根据这个进度计划确定实施方案，安排设计单位的出图进度，协调人力、物力，评价在施工过程中气候变化、工作失误、资源变化，以及有关方面的人为因素而产生的影响，也是进行投资控制、成本分析的依据。

（1）编制依据。

1）经过规划设计等有关部门和有关市政配套审批、协调的文件。

2）有关的设计文件和图纸。

3）建设工程施工合同中规定的开竣工日期。

4）有关的概算文件、劳动定额等。

5）施工组织设计和主要分项、分部工程的施工方案。

6）工程施工现场的条件。

7）材料、半成品的加工和供应能力。

8）机械设备的性能、数量和运输能力。

9）施工管理人员和施工工人的数量与能力水平等。

（2）编制方法。

在编制进度计划前，应对编制的依据及可能产生影响的因素进行综合研究。具体的编制方法如下：

1）划分施工过程。编制进度计划时，应按照设计图纸、文件和施工顺序把拟建工程的各个施工过程列出，并结合具体的施工方法、施工条件、劳动组织等因素，做适当整理。

2）确定施工顺序。确定施工顺序的注意事项如下：

①各种施工工艺的要求。

②各种施工方法和施工机械的要求。

③施工组织合理的要求。

④确保工程质量的要求。

⑤工程所在地区的气候特点和条件。

⑥确保安全生产的要求。

3）计算工程量。工程量计算应根据施工图纸和工程量计算规则进行。

4）确定劳动力用量和机械台班数量。应根据各分项工程、分部工程的工程量、施工方法和相应的定额，参考施工单位的实际情况，计算各分项工程、分部工程所需的劳动力用量和机械台班数量。

5）确定各分项工程、分部工程所需的施工天数，并安排工程进度。当有特殊要求时，可根据工期要求，调整进度。同时在施工技术和施工组织上采取相应的措施，如情况允许，还可组织立体交叉施工、水平流水施工，增加工作班次，提高混凝土早期强度等。

6）施工进度图表。施工进度图表是施工项目在时间和空间上的组织形式。目前表示施工进度计划的方法有网络图和流水施工水平图（又称横道图）。

7）进度计划的优化。进度计划初稿编制以后，要再次检查各分部（子分部）工程、分项工程的施工时间和施工顺序的安排是否合理，总工期是否满足合同规定的要求，劳动力、材料、施工机械设备需用量是否出现不均衡的现象，主要施工机械设备是否充分利用。经过检查，对不符合要求的部分予以改正和优化。

2. 施工进度计划的检查与调整

施工进度计划由承包单位编制完成后，提交给监理工程师审查，等监理工程师审查确认后即可付诸实施。承包单位在实施施工计划的过程中，应接受监理工程师的监督与检查。而监理工程师应定期向业主报告工程进度状况。

（1）施工进度的检查。

在施工进度计划的实施过程中，会因为各种因素的影响，出现与原定工程进度产生偏差的现象。因此，监理工程师必须定期地对施工进度计划的执行情况进行检查，并分析进度偏差产生的原因，从而为调整施工进度计划提供必要的信息。检查的方法如下：

1）定期收集施工单位的报表（包括进度计划、资金、材料、劳动力、机械设备等）。

2）定期计量或对分项工程、分部（子分部）工程的工程量进行复核。

3）随时收集设计变更资料。

4）定期召开现场协调会；监理工程师可以通过召开周例会或月度生产会，详细了解。

（2）施工进度计划的调整。

施工进度计划的调整方法主要有以下两种：

1）通过压缩关键工作的持续时间来缩短工期。

2）通过组织搭接作业或平行作业来缩短工期。

在实际工作中应根据具体情况选用上述方法进行进度计划的调整。但有时由于工期拖延太多，如果只采用一种方法进行调整，调整的幅度将会受到限制，此时可同时采用这两种方法对同一施工进度计划进行调整，以满足工期目标的要求。

5　建筑工程监理质量控制

5.1　施工阶段地基基础工程质量监理

1. 土方工程

(1)质量要求。

1)土方开挖。

①土方工程施工前应进行挖、填方的平衡计算，综合考虑土方运距最短、运程合理和各个工程项目的合理施工程序等，做好土方平衡调配，减少重复挖运。

②在挖方前，应做好地面排水和降低地下水位工作。

③根据规划的红线或建筑方格网，使用经纬仪及标准钢卷尺按设计总平面图来规定复核建(构)筑物的定位桩。

④挖土前，应预先设置轴线控制桩及水准点桩，定期复测和校验控制桩的位置和水准点标高，以保证施工中不出差错。

⑤按设计总平面图对柱基、基坑和管沟的灰线进行轴线和几何尺寸的复核，并检查放线后的方位是否符合图纸的朝向。

⑥当土方开挖工程挖方较深时，施工单位应采取措施，防止基坑底部土的隆起危害周边环境。

2)土方回填。

①回填土料要求。填方土料应符合设计要求，保证填方的强度和稳定性，如设计无要求，应按以下规定选择：

a. 质地坚硬的碎石和爆破石渣，粒径不大于每层铺厚的2/3，可用于表层下的填料。

b. 砂土应采用质地坚硬、粒径为0.25～0.5 mm的中粗砂，可用于表层下的填料。如采用细、粉砂时，应取得设计单位的同意。

c. 黏性土(粉质黏土、粉土)，土块颗粒不应大于5 cm，碎块草皮和有机质含量不大于8%，回填压实时，应控制土的最佳含水率。

d. 淤泥和淤泥质土一般不能用作填料。但在软土和沼泽地区，经过处理含水量符合压实要求后，可在填方的次要部位使用。碎块草皮和有机质含量大于8%的土，仅用于无压实要求的填方。

②基底处理。

a. 场地回填应先清除基底上垃圾、草皮、树根，排除坑穴中积水、淤泥等杂物，并防止地表滞水流入填方区，浸泡地基，造成基土下陷。

b. 当填方基底为耕植土或松土时，应将基底碾压密实。

c. 当填方位于水田、沟渠、池塘或含水量很大的松散土地时，应根据具体情况对场地进行排水疏通，将淤泥全部挖出采取换土、抛填片石、填砂砾石、翻松、掺石灰等措施进行处理。

d. 当填土场地地面陡于 1/5 时，应先将斜坡挖成阶梯形，阶高 0.2～0.3 m，阶宽大于 1 m，然后分层填土，以利结合和防止滑动。

(2)旁站监理检查。

1)土方开挖。

①检查基底的土质情况，特别是土质与承载力。

②通过施工变形监测，检查基底围护结构是否稳定。

③当基底为砂或软黏土时，应督促施工单位按设计要求，及时铺碎石、卵石，其厚度应不小于 20 cm。对下沉尚未稳定的沉井，其刃脚下还应密垫块石。

④如局部超挖时，不允许施工单位用素土回填，一般应用封底的混凝土加厚填平。

⑤如发现基底土体仍有松土或有水井、古河、古湖、橡皮土或局部硬土(硬物)等情况，应与施工单位、设计单位共同协商，制定处理措施。

2)土方回填。

①填方边坡。

a. 边坡坡度应根据填方高度、土的种类和其重要性在设计中加以规定，如设计无规定时，可参考表 5.1 和表 5.2 的数值。

表 5.1　填土的边坡控制　　(单位：m)

项次	土的种类	填方高度	边坡坡度
1	黏土类土、黄土、类黄土	6	1:1.50
2	粉质黏土	6～7	1:1.50
3	中砂和细砂	10	1:1.50
4	砾石和碎石土	10～12	1:1.50
5	易风化的岩土	12	1:1.50
6	轻微风化、尺寸在 25 cm 内的石料	6 以内 6～12	1:1.33 1:1.50
7	轻微风化、尺寸大于 25 cm 的石料，边坡用最大石块、分排整齐铺砌	12 以内	1:1.50～1:0.75
8	轻微风化、尺寸大于 40 cm 的石料，其边坡分排整齐	5 以内， 5～10，>10	1:0.50 1:0.65 1:1.00

注：1. 当填方高度超过本表规定限值时，其边坡可做成折线形，填方下部的边坡坡度应为 1:1.75～1:2.00。

2. 凡永久性填方，土的种类未列入本表者，其边坡坡度不得大于 $\phi + 45^0/2$，ϕ 为土的自然倾斜角。

表 5.2　压实填土的边坡允许值　　(单位：m)

填料类别	压实系数 λ_c	边坡允许值(高宽比)			
		填料厚度 H			
		$H \leqslant 5$	$5 < H \leqslant 10$	$10 < H \leqslant 15$	$15 < H \leqslant 20$
碎石、卵石	0.94～0.97	1:1.25	1:1.50	1:1.75	1:2.00
沙夹石(其中碎石、卵石全重 30%～50%)		1:1.25	1:1.50	1:1.75	1:2.00
土夹石(其中碎石、卵石全重 30%～50%)	0.94～0.97	1:1.25	1:1.50	1:1.75	1:2.00
粉质黏土、黏粒含量 $\rho_c \geqslant 10\%$ 的粉土		1:1.50	1:1.75	1:2.00	1:2.25

注：当压实填土厚度大于 20 m 时，可设计成台阶进行压实填土的施工。

b. 对使用时间较长的临时性填方边坡坡度，当填方高度在 10 m 以下时，可采用1:1.5；当填方高度超过 10 m 时，可做成折线形，上部采用 1:1.5，下部采用 1:1.75。

②密实度要求。填方的密实度要求和质量指标常用压实系数 λ_c 表示。最大干土密度 ρ_{dmax}是在最优含水量时，通过标准的击实方法确定的。密实度一般由设计根据工程结构性质、使用要求以及土的性质确定。如未作规定，可参考表 5.3 的数值。

表 5.3　压实填土的质量控制

<table>
<tr><th>结构类型</th><th>填土部位</th><th>压实系数 λ_c</th><th>控制含水量/%</th></tr>
<tr><td rowspan="2">砌体承重结构和框架结构</td><td>在地基主要受力层范围内</td><td>≥0.97</td><td rowspan="2">ω_{op} ±2</td></tr>
<tr><td>在地基主要受力层范围以下</td><td>≥0.97</td></tr>
<tr><td rowspan="2">排架结构</td><td>在地基主要受力层范围内</td><td>≥0.97</td><td rowspan="2">ω_{op} ±2</td></tr>
<tr><td>在地基主要受力层范围以下</td><td>≥0.97</td></tr>
</table>

注：1. 压实系数 λ_c 为压实填土的控制干密度 ρ_d 与最大干密度 ρ_{dmax} 的比值，ω_{op} 为最优含水量，用公式表示为：$\lambda_c = \dfrac{\rho_d}{\rho_{dmax}}$

2. 地坪垫层以下及基础底面标高以上的压实填土，压实系数不应小于 0.94。

③压实排水要求。

a. 填土层如有地下水或滞水时，应在四周设置排水沟和集水井，以降低水位。

b. 已填好的土如遭水浸，应将稀泥铲除，再进行下一道工序。

c. 填土区应保持一定横坡，或中间稍高两边稍低，便于排水。当天填土当天压实。

2. 基坑工程

(1) 质量要求。

1) 排桩墙支护工程。排桩墙支护结构包括灌注柱、预制桩、板桩等类型桩构成的支护结构。

①灌注桩、预制桩质量应符合《建筑地基基础工程施工质量验收规范》(GB 50202—2002) 第 5 章的规定。

②板桩包括钢板桩和混凝土板桩。

a. 钢板桩。

ⅰ. 钢板桩的质量标准见表 5.4。

表 5.4　钢板桩质量标准

<table>
<tr><th colspan="2">桩型</th><th>U 型</th><th>Z 型</th><th>箱型</th><th>直线型</th></tr>
<tr><td colspan="2">有效宽度 b/%</td><td>±2</td><td>−1 ~ +3</td><td>±2</td><td>±2</td></tr>
<tr><td colspan="2">端头矩形比/mm</td><td><2</td><td><2</td><td><2</td><td><2</td></tr>
<tr><td rowspan="4">厚度比/mm</td><td><8 mm</td><td>±0.5</td><td>±0.5</td><td>±0.5</td><td>±0.5</td></tr>
<tr><td>8 ~ 12 m</td><td>±0.6</td><td>±0.6</td><td>±0.6</td><td>±0.5</td></tr>
<tr><td>12 ~ 18 m</td><td>±0.8</td><td>±0.8</td><td>±0.8</td><td>±0.5</td></tr>
<tr><td>>18 m</td><td>±1.2</td><td>±1.2</td><td>±1.2</td><td>±0.5</td></tr>
</table>

续表 5.4

桩型			U 型	Z 型	箱型	直线型
平直度 $1(\% \cdot L^{-1})$	垂直向	<10 m	<0.15	<0.15	<0.15	<0.15
		>10 m	<0.12	<0.12	<0.12	<0.12
	平行向	<10 m	<0.15	<0.15	<0.15	<0.15
		>10 m	<0.12	<0.12	<0.12	<0.12
重量/%			±4	±4	±4	±4
长度 L			≤ ±200 mm	≤ ±200 mm	≤ ±4%	≤ ±200 mm
表面缺陷($\% \cdot \sigma$)			<4	<4	<4	<4
锁口/mm			±2	±2	±2	±2

ⅱ. 重复使用的钢板桩检验标准见表 5.5。

表 5.5　重复使用的钢板桩检验标准

序号	检查项目	允许偏差		检查方法
		单位	数值	
1	桩垂直度	%	<1	用钢尺量
2	桩身弯曲度	—	<2%l	用钢尺量，l 为桩长
3	齿槽平直度及光滑度	无电焊渣或毛刺		用 1 m 长的桩段做通过试验
4	桩长度	不小于设计长度		用钢尺量

b. 混凝土板桩应符合表 5.6 的规定。

表 5.6　混凝土板桩制作标准

项	序	检查项目	允许偏差或允许值		检查方法
			单位	数值	用钢尺量
主控项目	1	桩长度	mm	+10 0	用钢尺量，l 为桩长
	2	桩身弯曲度	—	<0.1%l	用钢尺量
一般项目	1	保护层厚度	mm	±5	用钢尺量
	2	模截面相对两面之差	mm	5	用钢尺量
	3	桩尖对桩轴线的位移	mm	10	用钢尺量
	4	桩厚度	mm	+10 0	用钢尺量
	5	凹凸槽尺寸	mm	±3	用钢尺量

2）水泥土桩墙支护工程。

①水泥土墙可采用不同品种的水泥，如普通硅酸盐水泥、矿渣水泥、火山灰水泥等，也可选择不同强度等级的水泥。一般宜选用强度等级为 32.5 级的普硅酸盐水泥。

②搅拌用水按《混凝土拌合用水标准》(JGJ 63—2006)的规定执行。要求搅拌用水不影响水泥土的凝结与硬化。

③由于水泥土是在自然土层中形成的,地下水的侵蚀性对水泥土强度影响十分大,以硫酸盐(如 Na_2SO_4)为甚,它会对水泥产生结晶性侵蚀,甚至使水泥丧失强度。因此在海水可渗入等地区应选用抗硫酸盐水泥,防止硫酸盐对水泥土的结晶性侵蚀,防止水泥土出现开裂、崩解造成丧失强度的现象。

3)锚杆及土钉墙工程。

①水泥宜选用等级为32.5级以上的普通硅酸盐水泥。

②搅拌用水宜选择饮用水或无污染的自然水。

③工程中使用的钢筋、钢绞线、钢管要具有出厂合格证。

④骨料土钉墙一般采用粒径为5~13 mm的粗骨料与中砂。

4)钢或混凝土支撑系统。

①钢管规格、品种、型号应符合设计要求。管段顺直,法兰片与管段应垂直,十字节应互交垂直。

②混凝土支撑用钢板宜选用Q235碳素结构钢。钢筋和混凝土材料要求同普通混凝土。

5)地下连续墙。

①水泥宜采用32.5级以上的普通硅酸盐水泥。使用前必须查清水泥的品种、强度等级、出厂日期。凡超期水泥或受潮、结块水泥不准使用。禁止使用快硬型水泥。

②应选用质地坚硬的卵石或碎石作为粗骨料,其骨料级配宜为5~25 mm,最大粒径不大于40 mm,含泥量不大于2%,无垃圾及杂草。

③选用质地坚硬的中、粗砂作为细骨料,含泥量不大于3%,无垃圾、泥块及杂草。

④搅拌用水要采用饮用自来水或洁净的天然水。

⑤钢筋要有出厂合格证和复试报告。其技术指标必须符合设计及标准规定。

⑥根据施工条件要求,经试验确定后可在混凝土中掺入不同的外掺剂。

⑦电焊条的规格、型号应符合设计要求,并有出厂质量证明书。

6)沉井与沉箱。

①水泥宜采用32.5级以上的普通硅酸盐水泥。使用前必须查明其品种、标号及出厂日期。凡过期水泥、受潮或结块的水泥不允许使用。

②应选用质地坚硬的碎石或卵石作为粗骨料。石子级配粒径以5~40 mm组合为宜,最大粒径不宜大于50 mm,含泥量不大于2%。

③选用质地坚硬的中、粗砂作为细骨料,含泥量不大于3%,不得含有垃圾、泥块、草根等。

④搅拌用水宜采用一般饮用水或洁净的天然水。

⑤钢材有出厂合格证和复试报告,符合钢材技术指标的规定。

⑥外加剂根据不同要求,通过试验确定后应用。

7)降水与排水。降水与排水是配合基坑开挖的安全措施,施工前应有降水与排水设计。当在基坑外降水时,应有降水范围的估算,对重要建筑物或公共设施在降水过程中应监测。对不同的土质应用不同的降水形式,常用的降水类型见表5.7。

表5.7 降水类型及适用条件

降水类型＼适用条件	渗透系数/(cm·s^{-1})	可能降低的水位深度/m
轻型井点 多级轻型井点	10^{-5} ~ 10^{-2}	3~6 6~12
喷射井点	10^{-6} ~ 10^{-3}	8~20
电渗井点	$<10^{-6}$	宜配合其他形式降水使用
深井井管	$\geqslant 10^{-5}$	>10

(2)旁站监理检查。

1)排桩墙支护工程。

①钢筋混凝土灌注桩排桩墙支护工程。

a.用于排桩墙的灌注桩应根据土质情况制订排桩施工间隔距离,防止后续施工桩机具破坏已完成的桩身混凝土。

b.在成孔机械的选择上,应采用有导向装置的机具,以减少钻头晃动造成的扩径而影响邻桩钻进施工。

c.施工前应先进行试成孔,以确定不同土层孔径和转速的关系参数,按试成孔获得的参数钻进,防止扩孔(以上测试打桩单位自检完成,不需另外检测)。

d.当采用水泥土搅拌桩作隔水帷幕时,应先施工水泥土搅拌桩。

e.混凝土灌注桩质量检查要点同“桩基础——混凝土灌注桩”。

②钢板桩排桩墙支护工程。

a.钢板桩检验分为材质检验和外观检验。对焊接钢板桩,要进行焊接部位的检验。对用于基坑临时支护结构的钢板桩,主要进行外观检验,矫正不符合要求的钢板桩,以减少打桩过程中的困难。

b.钢板桩为多次周转使用的材料,在使用过程中会发生板桩的变形、损伤,偏差超过规定数值,使用前应进行矫正与修补。

c.为了保证沉桩轴线位置的正确和桩的竖直,应控制桩的打入精度,防止板桩的屈曲变形和提高桩的贯入能力,需要设置具有一定刚度且坚固的导架,称为“施工围檩”。

导架的位置不能与钢板桩相碰。导架不能随着钢板桩的打设而下沉或变形。导梁的高度要适宜,要便于控制钢板桩的施工高度以提高工效,要用经纬仪和水平仪控制导梁的位置和标高。

d.打设钢板桩时,应先用吊车将钢板桩吊至插桩点处进行插桩,插桩时锁口要对准,每插入一块即套上桩帽轻轻加以锤击。在打桩过程中,为保证钢板桩的垂直度,要用两台经纬仪在两个方向上加以控制。在打桩进行方向的钢板桩锁口处设置卡板,防止锁口中心线平移而导致板桩位移。同时在围檩上预先算出每块板块的位置,以便随时检查校正。

钢板桩分几次打入,第一次由20 m高打至15 m,第二次打至10 m,第三次打至导梁高度,待导架拆除后第四次才打至设计标高。打桩时,第一、二块钢板桩的打入位置和方向要确保精度,以起到样板导向的作用,一般每打入1 m测量一次。

e.在进行基坑回填土时,要拔除钢板桩,以备修整后重复使用。拔除前要研究钢板桩的拔除顺序、拔除时间及桩孔处理方法。根据所用机械,从克服板桩阻力着手,拔桩方法包括静力拔桩、振动拔桩和冲击拔桩三种。

③混凝土板桩排墙支护工程。

a. 矩形截面两侧有阴、阳榫的钢筋混凝土桩,第一根桩应打到桩能不依靠桩架自己站立不倾倒为止,桩尖必须垂直入土,接着打第二、第三根。打桩顺序应依次逐块进行,并使桩尖斜面指向打桩前进方向,确保板桩榫间缝不大于25 mm。在打入板桩时,还要注意使楔口互相咬合,使其更好地结合成一个整体,以减少桩顶位移,使板桩充分发挥其挡土、挡水作用。

b. 打桩前拉好轴线内外二条控制线,控制线的间距为桩宽度加100 mm,应将板桩位置偏差控制在100 mm之内。

c. 在控制线范围内挖一条深0.5~0.8 m的沟槽,打桩时用一台经纬仪在轴线顶端控制其垂直度,使桩垂直度控制在1%以内。

2)水泥土桩墙支护工程。深层搅拌水泥土桩墙,可采用水泥作为固化剂,通过特制的深层搅拌机,在地基深处将软土和水泥强制搅拌形成水泥土,利用水泥和软土之间所产生的一系列物理-化学反应,使软土硬化成整体性的并具有一定强度的挡土、防渗墙。

①水泥土墙。

a. 由于水泥土墙是由水泥土桩密排(格栅型)布置的,桩的密度很大,施工中会出现较大涌土现象,一般会涌出高于原地面1/15~1/8的桩长。这为桩顶标高控制及后期混凝土面板施工带来了麻烦。因此,在水泥土墙施工前应先在成桩施工范围内挖具有一定深度的样槽,样槽宽度可比水泥土墙宽 b 增加300~500 mm,深度应根据土的密度等确定,一般取桩长的1/10。

b. 机架垂直度是决定成桩垂直度的关键,因此必须将机架垂直度偏差控制在1%以内。

c. 在施工前应进行工艺试桩。通过试桩,熟悉施工区的土质状况,确定钻进深度、灰浆配合比、喷浆下沉及提升速度、喷浆速率、喷浆压力及钻进状况等施工参数。

d. 成桩施工。

ⅰ. 一般预搅下沉的速度应控制在0.8 m/min内,喷浆提升速度不宜大于0.5m/min,重复搅拌升降可控制在0.5~0.8 m/min。

ⅱ. 严格控制喷浆速率与喷浆提升(或下沉)速度之间的关系,确保水泥浆沿全桩长均匀分布,并保证在提升开始的同时注浆,在提升至桩顶时,该桩全部浆液应喷注完毕。喷浆和搅拌提升速度的误差不得超过±0.1 m/min。对于水泥掺入量比较大或桩顶需加大掺量的桩的施工,可采用二次喷浆、三次搅拌工艺。

ⅲ. 施工中若发生注浆意外中断或提升过快现象,应立即暂停施工,重新下钻至停浆面或在浆桩段以下0.5 m的位置,重新注浆提升,以保证桩身完整,防止断桩。

ⅳ. 在连续水泥土墙中相邻桩施工的时间间隔一般不应超过24 h。因故间隔时间超过24 h,可采取补桩或在后面的施工桩中增加水泥掺量(可增加20%~30%)等措施。前后排桩施工应错位成踏步式,当发生间隔时,前后施工桩体成错位搭接形式,有利于墙体的稳定及止水效果。

ⅴ. 经常性、制度性地检查搅拌叶磨损情况,当磨损过大使钻头直径偏差超过3%时,应及时更换或修补钻头。

对于叶片注浆时的搅拌头,应经常检查注浆孔是否阻塞;对于中心注浆管的搅拌头应检查球阀工况，使其能够正常喷浆。

e. 一般每台班应做一组试块(3 块)，试模尺寸为 70.7 mm×70.7 mm×70.7 mm，试块水泥土可在第二次提升后的搅拌叶边提取，按规定的条件进行养护。

f. 成桩记录必须在施工过程中完成，不得事后补记或事前先记，成桩记录反映的是真实的施工状况。成桩记录的主要内容包括水泥浆配合比、供浆状况、搅拌机下沉及提升时间、注浆时间、停浆时间等。

②加筋水泥土搅拌桩。

a. 测量放线分为三个层次进行，先放出工程轴线；再根据工程轴线放出加筋水泥土搅拌桩墙的轴线，请有关方确认工程轴线与加筋水泥土轴线的间隔距离；最后根据已确认的加筋水泥土搅拌桩墙轴线，放出加筋水泥土搅拌桩墙施工沟槽的位置。应考虑施工垂直度偏差值和确保内衬结构施工达到规范标准。

b. 对加筋水泥搅拌桩墙位置要求非常严格，施工沟漕开挖后应放好定位型钢，每一根插入型钢时对其进行对比调整。

c. 水泥土搅拌应先进行工艺试桩，确定搅拌机钻孔下沉、提升速度，严格控制喷浆速度与下沉、提升速度相匹配，做到原状土充分破碎、水泥浆与原状土拌合均匀。

d. 如发生输浆管堵塞，在恢复喷浆时应立即将搅拌钻具上提或下沉 1.0 m 后再继续注浆，重新注浆时应停止下沉或提升 10～20 s 喷浆，以保证接桩强度和均匀性。

e. 严格按照跳孔复搅工序施工。

f. 插入型钢应均匀地涂刷减摩剂。

g. 水泥土搅拌结束后，型钢起吊，用经纬仪调整型钢的垂直度，达到垂直度要求后下插型钢，利用水准仪控制型钢的顶标高，保证型钢插入的深度，型钢的对接接头应放在土方开挖标高以下。

3)锚杆及土钉墙工程。

①施工前应熟悉地质资料、设计图纸及周围环境，降水系统应确保工作正常，必需的施工设备如挖掘机、钻机、压浆泵、搅拌机等应能正常运行。

②一般情况下，应遵循分段开挖、分段支护的原则，不宜按一次挖完再行支护的方式施工。

③施工中应对锚杆或土钉位置、钻孔直径、深度及角度，锚杆或土钉插入长度、注浆配比、压力及注浆量、喷锚墙面厚度及强度、锚杆或土钉应力等进行检查。

④每段支护体施工完后，应检查坡顶或坡面位移、坡顶沉降及周围环境变化，如有异常应采取措施，恢复正常后方可继续施工。

4)钢或混凝土支撑系统。

①施工前应熟悉支撑系统的图纸及各种计算工况，掌握开挖及支撑设置的方式、预顶力及周围环境保护的要求。

②施工过程中应严格控制开挖和支撑的程序及时间，对支撑的位置(包括立柱及立柱桩的位置)、每层开挖深度、预加顶力(如需要时)、钢围檩与围护体或支撑与围檩的密贴度做周密检查。

③全部支撑安装结束后，仍应维持整个系统的正常运转直至支撑全部拆除。

④作为永久性结构的支撑系统应符合现行《混凝土结构工程施工质量验收规范》(GB

50204—2002)的要求。

5)地下连续墙。

①施工前宜先试成槽,以检验泥浆的配比、成槽机的选型并可复核地质资料。

②作为永久结构的地下连续墙,其抗渗质量标准可按现行国家标准《地下防水工程施工质量验收规范》(GB 50208—2011)执行。

③地下墙槽段间的连接接头形式,应根据地下墙的使用要求选择,且应考虑施工单位的经验。无论选择何种形式,在浇注混凝土前,接头处必须刷洗干净,不留任何泥砂或污物。

④地下墙与地下室结构顶板、楼板、底板及梁之间连接可预埋钢筋或接驳器(锥螺纹或直螺纹),对接驳器也应按原材料检验要求,抽样复验。数量每500套为一个检验,每批应抽查3件,复验内容为外观、尺寸、抗拉试验等。

⑤施工前应检验进场的钢材、电焊条。已完工的导墙应检查其净空尺寸、墙面平整度与垂直度。检查泥浆用的仪器、泥浆循环系统应完好。地下连续墙应用商品混凝土。

⑥施工中应检查成槽的垂直度、槽底的淤积物厚度、泥浆比重、钢筋笼尺寸、浇注导管位置、混凝土上升速度、浇注面标高、地下墙连接面的清洗程度、商品混凝土的坍落度、锁口管或接头箱的拔出时间及速度等。

⑦成槽结束后应对成槽的宽度、深度及倾斜度进行检验,重要结构每段槽段都应检查,一般结构可抽查总槽段数的20%,每槽段应抽查1个段面。

⑧永久性结构的地下墙,在钢筋笼沉放后,应做二次清孔,沉渣厚度要符合要求。

⑨每50 m^3 地下墙应做1组试件,每幅槽段不得少于1组,在强度满足设计要求后方可开挖土方。

⑩作为永久性结构的地下连续墙,土方开挖后应逐段检查,钢筋混凝土底板应符合现行国家标准《混凝土结构工程施工质量验收规范》(GB 50204—2002)的规定。

6)沉井与沉箱。

①沉井是下沉结构,必须掌握确凿的地质资料,钻孔可按下述要求进行:

a. 面积在200 m^2 以下(包括200 m^2)的沉井(箱),应有一个钻孔(可布置在中心位置)。

b. 面积在200 m^2 以上的沉井(箱),在四角(圆形为相互垂直的两直径端点)应各布置一个钻孔。

c. 特大沉井(箱)可根据具体情况增加钻孔。

d. 钻孔底标高应深于沉井的终沉标高。

e. 每座沉井(箱)应有一个钻孔提供土的各项物理力学指标、地下水位和地下水含量资料。

②沉井(箱)的施工应由具有专业施工经验的单位承担。

③沉井制作时,承垫木或砂垫层的采用,与沉井的结构情况、地质条件、制作高度等有关。无论采用何种型式,均应有沉井制作时的稳定计算及措施。

④多次制作和下沉的沉井(箱),在每次制作接高时,应对下卧作稳定复核计划,并确定确保沉井接高的稳定措施。

⑤沉井采用排水封底,应确保在终沉时,井内不发生管涌、涌土及沉井止沉稳定。如不能保证时,应采用水下封底。

⑥沉井施工除应符合《建筑地基基础工程施工质量验收规范》(GB 50202—2002)的规定

外,尚应符合现行国家标准《混凝土结构工程施工质量验收规范》(GB 50204—2002)及《地下防水工程施工质量验收规范》(GB 50208—2011)的规定。

⑦沉井(箱)在施工前应对钢筋、电焊条及焊接成形的钢筋半成品进行检验。拆模后应检查浇注质量(外观及强度),符合要求后方可下沉。浮运沉井尚需做起浮可能性检查。下沉过程中应对下沉偏差做过程质量检验。下沉后的接高应对地基强度、沉井的稳定做检查。封底结束后,应对底板的结构(有无裂缝)及渗漏做检查。有关渗漏验收标准应符合现行国家标准《地下防水工程质量验收规范》(GB 50208—2011)的规定。

⑨沉井(箱)竣工后的验收应包括沉井(箱)的平面位置、终端标高、结构完整性、渗水等进行综合检查。

7)降水与排水。

①轻型井点。

a. 井管布置在位置上应考虑挖土机和运土车辆出入方便。

b. 井管距离基坑壁一般取 0.7 ~ 1 m,以防局部漏气。

c. 集水总管标高尽量接近地下水位线,并沿抽水水流方向 0.25% ~ 0.5% 的坡度上仰。

d. 井点管在转角部位宜适当加密。

②喷射井点。

a. 打设前应逐根冲洗喷射井管,刚开泵时压力要小一些,正常后逐渐开足,防止喷射器损坏。

b. 井点全面抽水二天后,应更换清水,以后视水质浑浊程度定期更换。

c. 工作水压能满足降水要求即可,以减轻喷嘴的磨损程度。

③电渗井点。

a. 电渗井点的阳极露出地面 20 ~ 40 cm,入土深度应比井点管深 50 cm,以保证水位能降至所要求的深度。

b. 为避免大量电流从土表面通过,而降低电渗效果,通电前应清除阴阳极间地面上无关的导电物,保持地面干燥,有条件可涂一层沥青,绝缘效果会更好。

c. 在电渗降水时,电解作用产生的气体会附在电极附近,使土体电阻加大,消耗电能,为减轻该现象应采用间接通电法,通电 24 h 后断电 2 ~ 3 h 后再通电。

④管井井点。

a. 滤水管井埋设采用泥浆护壁套管钻孔法。

b. 管井下沉前应进行清孔,以保持滤网畅通,然后将滤水管井居中插入,用圆木堵住管口,地下 0.5 m 以内用黏土填充夯实。

c. 管井井点埋设孔应比管井的外径大 200 mm 以上,以便在管井外侧与土壁之间能用 3 ~ 15 mm砾石填充作过滤层。

⑤排水施工。

a. 排水沟的位置,应控制在基础轮廓线以外不小于 0.3 m 处(沟边缘距离坡脚)。

b. 集水井深一般低于排水沟 1 m 左右,监理人员与施工单位相关人员应根据排水沟的来水量和水泵排水量综合决定集水井容量的大小。并应保证泵停抽 10 ~ 15 min 后基坑坑底不被地下水淹没。

c. 集水井底应铺上一层粗砂,厚度宜为 10 ~ 15 cm。也可分两层铺设,上层为 10 cm 砾石层,下层为 10 cm 粗砂层。

d. 监理人员可建议施工单位用木板桩将集水井四面围起,板桩深入挖掘底部 0.5 ~0.75 m。

e. 当发现集水井井壁容易坍塌时,监理员应要求施工人员用挡土板或砖干砌围护,井底铺 30 cm 厚的碎石、卵石作反滤层。

⑥其他。

a. 降水系统施工完成后,应进行试运转。如发现井管失效,应采取措施使其恢复正常,如无法恢复则应报废,另行设置新的井管。

b. 在降水系统运转过程中应随时检查观测孔中的水位。

c. 基坑内明排水应设置排水沟及集水井,排水沟纵坡宜控制在 0.1% ~0.2% 以内。

3. 地基工程

(1)质量要求。

1)灰土地基。

①土料由就地挖取的黏性土及塑性指数大于 4 的粉土组成,土内不得含有松软杂质和耕植土,土料经过筛后,其颗粒不应大于 15 mm。

②石灰采用三级以上新鲜的块灰,含氧化钙、氧化镁越高越好。使用前 1 ~2 d 消解并过筛,过筛后颗粒不得大于 5 mm,且不应夹有未熟化的生石灰块粒及其他杂质,也不得含有过多水分。

2)砂和砂石地基。

①砂采用颗粒级配良好、质地坚硬的中砂或粗砂,当用细砂、粉砂时,应掺加粒径为 20 ~50 mm 的卵石(或碎石),卵石或碎石应大小均匀。砂中有机质含量不超过 5%,含泥量小于 5%。兼作排水垫层时,含泥量不得超过 3%。

②砂石选用自然级配的砂砾石(或卵石、碎石)混合物,粒径在 50 mm 以下,含量应在 50% 以内,含泥量小于 5%。其中不得含有植物残体、垃圾等杂物。

3)粉煤灰地基。粉煤灰是火力发电后产生的工业废料,具有良好的物理力学特性,用它作为处理软弱土层的换填材料,已在许多地区得到认可并广泛的使用。

一般电厂三级以上粉煤灰,里面含有 SiO_2、Al_2O_3、Fe_2O_3,总量尽量选用高的,粒径选用在 0.001 ~2.0 mm 之间的,烧失量应低于 12%,且含 SO_3 小于 0.4%,以免对类似地下金属管道等装置产生一定的腐蚀性。粉煤灰中严禁混入植物、生活垃圾及其他有机杂质。粉煤灰进场时的含水量应控制在 ±2% 范围内。

4)强夯地基。强夯法是指使用起重机械(起重机或起重机配三角架、龙门架)将大吨位(一般 8 ~30 t)的夯锤起吊 6 ~30 m 高度后,使其自由落下,给地基土层强大的冲击能量的夯击,土中的冲击波和巨大的冲击应力,迫使土层孔隙压缩,土体局部液化。在夯击点周围形成的裂隙,成为良好的排水通道,孔隙水和气体向外逸出,土料重新排列使土结构变得更加牢固,从而提高地基承载力,降低其压缩性。强夯法是一种有效的地基加固方法,也是我国目前最常用和最经济的深层地基处理方法之一。

5)振冲地基。振冲地基填料可选用坚硬不受侵蚀影响的碎石、卵石、角砾、圆砾、矿渣或砾砂、粗砂、中砂等作为填料。粗骨料粒径宜为 20 ~50 mm,最大粒径不宜大于 80 mm,含泥量不宜大于 5%,不得含有杂质、土块和已风化的石子。

6)高压喷射注浆地基。

①高压喷射注浆地基应采用强度等级为32.5级的新鲜无结块的普通硅酸盐水泥。一般泥浆水灰比例在1:1~1.5:1之间,稠度越大,流动越缓慢,喷嘴容易堵塞,影响施工进度;稠度过小,地基的强度会减小。为消除离析,再掺入水泥用量3%的陶土和0.09%的碱。浆液宜在旋喷前1 h以内配制,使用时滤去硬块、砂石等,以免堵塞管路和喷嘴。

②高压喷射注浆地基1 m桩长喷射桩水泥用量见表5.8。

表5.8　1 m桩长喷射桩水泥用量表　(单位:mm)

桩径	桩长	强度等级为32.5普硅水泥单位用量	喷射施工方法		
			单管	二重管	三管
ϕ600	1	kg/m	200~250	200~250	—
ϕ800	1	kg/m	300~350	300~350	—
ϕ900	1	kg/m	350~400(新)	350~400(新)	—
ϕ1 000	1	kg/m	400~450(新)	400~450(新)	700~800
ϕ1 200	1	kg/m	—	500~600(新)	800~900
ϕ1 400	1	kg/m	—	700~800(新)	900~1 000

注:"新"系采用高压水泥浆泵,压力为36~40 MPa,流量为80~110 L/min的新单管法和二重管法。

7)砂桩地基。

①土料应采用中、粗砂,粒径宜为0.3~3 mm,含泥量不大于5%。用其他有良好渗水性的材料代替也适用,但必须经检验并符合要求后方可使用。

②在饱和土层中施工,采用含水量饱和的砂;在非饱和并能形成直立桩孔壁的土层中施工,用捣实法施工时,采用含水量7%~9%的砂。

(2)旁站监理检查。

1)灰土地基。

①施工前应检查原材料的准备情况,如灰土的土料、石灰以及配合比、灰土拌匀程度。

②施工过程中应对分层铺设厚度、上下两层的搭接长度、夯实时的加水量、夯压遍数等进行检查。

③每层施工结束后应检查灰土地基的压实系数λ_c。灰土应逐层使用贯入仪检验,以使控制(设计要求)压实系数所对应的贯入度为合格,或用环刀取样检测灰土的干密度,再除以试验的最大干密度求得。施工结束后,应检验灰土地基的承载力。

2)砂和砂石地基

①施工前应检查原材料的准备情况,如砂、石等原材料质量及砂、石搅合均匀程度。

②分段施工时,接头处应做成斜坡,每层错开0.5~1 m的距离,并充分捣实。在铺砂及砂石时,根据地基底面深度不同,预先挖成阶梯形式或斜坡形式。按照先深后浅的顺序进行施工。

③砂石地基应分层铺垫、分层夯实。每铺好一层垫层,经密度检验合格后工程方可向下进行。

④在施工过程中必须检查分层厚度,以及分段施工时搭接部分的压实情况、加水量、压实遍数、压实系数。

⑤施工结束后,应检验砂石地基的承载力。

3)粉煤灰地基。

①施工前应检查粉煤灰材料是否符合规定的要求,并对基槽清底状况、地质条件进行检验。

②施工过程中应检查地基的铺筑厚度、碾压遍数、施工含水量控制、搭接区碾压程度、压实系数等。

③施工结束后,应对地基的压实系数进行检查,并对地基做载荷试验。载荷试验(平板载荷试验或十字板剪切试验)数量每单位工程不少于三点;3 000 m^2 以上工程,每 300 m^2 至少一点。

4)强夯地基。

①施工前应检查夯锤重量和尺寸、落锤控制手段、排水设施及施工处的土质。

②施工中应检查落距、夯击遍数、夯点位置、夯击范围。

③施工结束后,检查被夯地基的强度并进行承载力检验。每一独立基础至少有一个检查点,基槽每 20 延米有一点,整片地基 50 ~ 100 m^2 取一点检查。强夯后的土体强度随间歇时间的增加而增加,检验强夯效果的测试工作,宜在强夯后 1 ~ 4 周内进行,而不宜在强夯结束后立即进行测试,否则测试结果偏低。

5)振冲地基。

①施工前应对振冲器的性能,电流表、电压表的准确度及填料的性能进行检验。

②施工中应检查密实电流、供水压力、供水量、填料量、孔底留振时间、振冲点位置、振冲器施工参数等(施工参数由振冲试验或设计确定)是否符合规定要求。

③施工结束后,应在关键地段做地基强度或地基承载力检查。

6)高压喷射注浆地基。

①施工前应检查水泥的种类和等级、外掺剂等的质量,桩位,压力表,流量表的精度和灵敏度,高压喷射设备的性能等。

②施工中应检查压力、水泥浆量、提升速度、旋转速度等施工参数及施工程序是否正确。

③施工结束后,应检验桩体强度、平均直径、桩身中心位置、桩体质量及承载力等。桩体质量及承载力检验应在施工结束后 28 d 进行。

7)砂桩地基。

①施工前应对砂和砂石料的含泥量及有机质等其他杂质含量、样桩的位置等进行检查。

②砂桩成孔宜采用振动沉管施工,其振动力宜为 30 ~ 70 kV,不要太大,以免过分扰动软土。拔管速度应控制在 1 ~ 11.5 m/min 范围内,拔管过程中要不断以振动棒捣实管中砂子,使其密实。

③砂桩施工应从外围向中间进行。灌砂量应按桩孔的体积和砂在中密状态时的干密度进行计算(一般取 2 倍桩管入土体积),其实际灌砂量(不包括水重)不得少于计算的 95%。如发现含砂量不足或砂桩中断等情况,可在原位进行复打灌砂。

④施工中应检查每根砂桩、砂石桩的桩位、灌砂、砂石量、标高、垂直度等。

⑤施工结束后应检查被加固地基的强度(挤密效果)和承载力。桩身及桩与桩之间土的挤密质量、可用标准贯入、静力触探或动力触探等方法来检测,以不小于设计要求的数值为最佳。桩间土质量的检测位置应在等边三角形或正方形的中心。

⑥施工后应间隔一定时间方可进行质量检验。对饱和黏性土,应待超孔隙水压基本消散后进行,间隔时间为 1 ~2 周,对其他土质可在施工后 2 ~3 d 进行质量检验。

4. 桩基础工程

(1)质量要求。

1)混凝土预制桩。

①预制桩钢筋骨架要求。钢筋骨架的要求见表 5.9。操作班组必须全数自检主控项目 1 ~4项,确保主控项目不超过允许偏差。若有偏差时不准修正偏差(即主筋距桩顶的距离不准比设计的小)。

表 5.9　预制桩钢筋骨架质量检验标准　（单位:mm)

项	序	检查项目	允许偏差或允许值	检查方法
主控项目	1	主筋距柱顶距离	±5	用钢尺量
	2	多节桩锚固钢筋位置	5	用钢尺量
	3	多节桩预埋铁件	±3	用钢尺量
	4	主筋保护层厚度	±5	用钢尺量
一般项目	1	主筋间距	±5	用钢尺量
	2	桩尖中心线	10	用钢尺量
	3	箍筋间距	±20	用钢尺量
	4	桩顶钢筋网片	±10	用钢尺量
	5	多节桩锚固钢筋长度	±10	用钢尺量

②混凝土配合比检验与试件制作。现场拌制混凝土时,应检查砂、石、加水量的重量,如使用袋装水泥应检查袋装水泥质量,袋装水泥每袋净含量 50 kg,实际重量不得少于标志质量的 98%;随机抽取 20 袋袋装水泥,其总质量不得少于 1 000 kg。在拌制混凝土加水量能正确控制的情况下,至少在起拌时采用坍落度仪测定一次坍落度,与设计坍落度比较是否符合要求,并将数据记入坍落度检查记录表中。每拌制 100 盘容量不超过 100 m^3 的同配合比混凝土,取样不得少于一次;每拌制的同一配比混凝土不足 100 盘时,取样不得少于一次;每次取样应至少留置一组标准养护试件,同条件养护试件的留置组数应按上述规定和实际需要确定,检查每次浇筑试件的试验报告。

2)钢桩。

①钢管桩。钢管桩的管材,一般采用普通碳素钢,其抗拉强度为 402 MPa,屈服强度为 235.2 MPa。也可按设计要求选用其他钢材。钢材按加工工艺分为螺旋缝钢管和直缝钢管两种,由于螺旋缝钢管刚度大,工程上使用较多。

为便于运输和受桩架高度限制,钢管桩一 般由一根上节桩、一根下节桩和若干根中节桩组合而成,每节的长度为 13 m 或 15 m。

钢管桩的直径范围为 ϕ406.4 ~ ϕ2 032.0,壁厚为 6 ~25 mm 不等。国内常用的类型有直径 ϕ406.4、ϕ609.6 和 ϕ914.4 等几种,壁厚有 10 mm、11 mm、12.7 mm、13 mm 等几种。一般上、中、下节桩常采用同一壁厚。有时,为了使桩顶能够承受巨大的锤击应力,防止径向失稳,也可适当地增大上节柱的壁厚,或在桩管外圈加焊一条宽 200 ~300 mm、厚 6 ~12 mm

的扁钢加强箍。为减少桩管下沉所产生的摩阻力，防止贯入硬土层时端部因变形而破损，在钢管桩的下端也可设置加强箍，对于 ϕ406.4 ~ ϕ914.4 钢管，高度可设为 200 ~ 300 mm，厚度为 6 ~ 12 mm。

为减轻软土地基负摩擦力对桩的承载力产生不利影响，一般在钢管桩上部的外表面，涂一层特殊沥青、聚乙烯等复合材料以形成滑动层，滑动层厚 6 ~ 10 mm，可降低负摩擦力 4/5 ~ 9/10。

②H 型钢桩。H 型钢桩采用的是钢厂生产的热轧 H 型钢打(沉)入土中成桩。H 型钢桩与钢管桩相比，具有较强穿透能力、施工挤土量小、切割及接长较方便、取材容易、价格较低(约 20% ~ 30%)等优点。但其承载能力、抗锤击性能比其他材料差一些，运输和堆放中易于造成弯折，要采取一定的防弯折技术措施。

H 型钢桩也可自行制作，不适用于永久性基础工程，即便要用，桩长也不宜超过 20 m。

③成品钢桩质量要求。成品钢桩质量检验标准见表 5.10。

表 5.10 成品钢桩质量检验标准

项	序	检查项目	允许偏差或允许值		检查方法
			单位	数值	
主控项目	1	钢桩外径或断面尺寸：桩端 桩身	—	±0.5%D ±1D	用钢尺量，D 为外径或边长
	2	矢高	—	<1/1 000 l	用钢尺量，l 为桩长
一般项目	1	长度	%	≤3	试验室测定
	2	端部平整度	%	≤5	焙烧法
	3	H 钢桩的方正度：$h>300$ $h<300$	mm mm	$T+T'\leqslant 8$ $T+T'\leqslant 6$	用钢尺量，h、T、T' 见图示
	4	端部平面与桩中心线的倾斜值	mm	≤2	用水平尺量

3)混凝土灌注桩。

①混凝土原材料质量要求。

a. 应采用质地坚硬的卵石、碎石作为粗骨料，其粒径宜为 15 ~ 25 mm。卵石不宜大于 50 mm，碎石不宜大于 40 mm。含泥量不大于 2%，无垃圾及其他杂物。

b. 应选用质地坚硬的中砂作为细骨料，含泥量不大于 5%，无垃圾、草根、泥块等杂物。

c. 水泥宜采用等级为 32.5 级或 42.5 级的普通硅酸盐水泥或硅酸盐水泥，使用前必须查明其品种、强度等级、出厂日期以及出厂质量证明，到现场后分再批取样检验，复检合格后方准使用。严禁用快硬水泥浇注水下混凝土。

d. 搅拌水一般采用饮用水或洁净的自然水。

②灌注桩钢筋及钢筋笼质量要求。供混凝土灌注桩使用的钢筋应有出厂合格证,钢筋到达现场后,应分批随机抽样检查,抽检合格后方准使用。

混凝土灌注桩钢筋笼质量标准见表5.11。

表5.11 混凝土灌注桩钢筋笼质量检验标准 (单位:mm)

项	序	检查项目	允许偏差或允许值	检查方法
主控项目	1	主筋间距	±10	用钢尺量
	2	长度	±100	用钢尺量
一般项目	1	钢筋材质检验	设计要求	抽样送检
	2	箍筋间距	±20	用钢尺量
	3	直径	±10	用钢尺量

4)静力压桩。接桩材质质量要求如下:

①电焊条品牌、规格、型号符合设计要求,产品有出厂合格证。

②硫磺胶泥具有产品出厂合格证书,或随机取样送有关部门检验。

(2)旁站监理检查。

1)混凝土预制桩。

①质量预控。桩在现场预制时,应对原材料、钢筋骨架、混凝土强度进行检查;采用工厂生产的成品桩时,桩进场后应对外观及尺寸进行检查。检验标准参照表5.9。

②吊桩定位。打桩前,按设计要求开始桩定位放线,确定桩位。在每根桩中心钉一小桩,并涂油漆标志。桩的吊立定位,一般利用桩架附设的起重钩借桩机上卷扬机使吊桩就位,或配一台履带式起重机吊桩就位,并用桩架上的夹具或落下桩锤借桩帽来固定位置。

③打(沉)桩监理要点。

a. 桩端(指桩的全截面)位于一般土层时,以控制桩端设计标高为主,贯入度可作参考。

b. 桩端位于坚硬、硬塑的黏性土(像中密以上粉土、砂土、碎石类土、风化岩)时,以贯入度控制为主,控制桩端标高可作参考。

c. 当贯入度已达到,而桩端标高未达到时,应继续锤击3阵,按每阵10击的贯入度不大于设计规定的数值加以确认。

d. 振动法沉桩是用振动箱代替桩锤,其质量控制是以最后3次振动(加压),每次10 min或5 min,测出每分钟的平均贯入度,以不大于设计规定的数值为合格,而摩擦桩以沉至设计要求的深度为合格。

④其他。

a. 对长桩或总锤击数超过500次的锤击桩,要符合桩体强度及28 d龄期的两项条件才能对其开始锤击。

b. 施工中应对桩体垂直度、沉桩情况、桩顶完整状况、接桩质量等进行检查,对电焊接桩等重要工程应做10%的焊缝探伤检查。

c. 施工结束后,对承载力及桩体质量做最后检验。

2)钢桩。

①质量预控。

a. 施工前应检查进入现场的成品钢桩质量，其质量应符合表5.11的规定。

b. 钢桩要按规格、材质分类放置。对于钢管桩，ϕ900直径堆置三层；ϕ600可堆放四层；ϕ400堆放五层。钢管桩的两端要用木楔塞住，防止滚动。对于H型钢桩最多可堆放六层。桩的支点设置要合理，防止支点设置不妥当而使钢管桩变形。

②钢桩、沉桩监理要点。

a. 混凝土预制桩沉桩过程的建立要点全部适用于钢桩施工。

b. 锤击沉桩时，应控制以下两个方面：

ⅰ. 钢管桩沉桩有困难时，可采用管内取土法沉桩。

ⅱ. 沉H型钢桩时，如持力层较硬，则H型钢桩不宜送桩。施工现场地表如果有大块石、混凝土块等回填物，在插桩前要用触探法了解障碍物的位置，清除障碍物后再插入H型钢桩，并应确保沉桩顺利和桩垂直度正确。

ⅲ. H型钢桩断面刚度较小，锤重不宜超过4.5 t级（柴油锤），且在锤击过程中，桩架前应有横向约束装置，以防止横向失稳。

③钢桩焊接监理要点。

a. 桩端部的浮锈、油污等脏物必须清除，保持钢柱干燥。割除经锤击后的变形部分。

b. 上、下节桩焊接时要保证其垂直，用两台经纬仪呈90°方向，对口的间隙留2~3 mm。

c. 焊接应对称进行，应用多层焊，钢管桩各层焊缝接头要互相错开，焊渣应每层清除。

d. 焊丝（自动焊）或焊条应烘干。

e. 气温低于0 ℃或雨雪天，不能确保焊接质量时，不得施焊。

f. 每个接头焊毕，应冷却1 min后方可锤击。

④其他。

a. 施工中应检查钢桩的垂直度、沉入过程、电焊连接质量、电焊后的停歇时间、桩顶锤击后的完整状况。电焊质量除常规检查外，还应做10%的焊缝探伤检查。

b. 施工结束后应做承载力检验。

3）混凝土灌注桩。

a. 施工前应对水泥、砂、石子（如现场搅拌）、钢材等原材料进行检查，确保其使用符合要求，对施工组织设计中制定的施工顺序、监测手段（包括仪器、方法）也应进行检查。

b. 施工中应对成孔、清渣、放置钢筋笼、灌注混凝土等进行全过程检查，人工挖孔桩尚应复验孔底持力层土（岩）性。嵌岩桩必须有桩端持力层的岩性报告。

c. 施工结束后，应检查混凝土强度，以及建议桩体质量及承载力。

4）静力压桩。

①质量预控。施工前应对成品桩（锚杆静压成品桩一般均由工厂制造，运至现场堆放）的外观及强度进行检验。压桩用压力表、锚杆规格及质量也应进行检查。接桩用焊条或半成品硫磺胶泥应有产品合格证书，没有合格证的要送有关部门检验，检验合格后方可投入使用。

②施工监理要点。

a. 压桩前对已放线定位的桩位按施工图进行复核，并检查定位桩一旦受外力影响，第二套控制桩是否安全可行，是否能够立即投入使用。控制桩群，应控制在20 mm偏差内；单排桩控制在10 mm偏差内。压桩过程应对每根桩位复核，并做好定位放线复核记录，防止因压桩而引起桩位的位移。

b. 当桩顶设计标高低于施工场地标高而导致送桩后无法对桩位进行检查时，对压入桩可在每根桩桩顶沉至场地标高时，在送桩前对每根桩顶的轴线位置进行验收，在允许偏差范围内，方可送桩到位。待全部桩压入后，承台或底板开挖到设计标高后，再对桩的轴线位置做最终验收。

c. 接桩的节点要求。

ⅰ. 焊接接桩钢材应采用低碳钢。接桩处发现间歇时应用铁片填实焊牢，对称焊接，焊缝应连续饱满，并注意焊接变形。待焊温冷却时间大于 1 min 后方可施压。

ⅱ. 硫磺胶泥接桩的质量要求：

ⅰ）选用半成品硫磺胶泥。

ⅱ）浇注硫磺胶泥的温度宜控制在 140 ~ 150 ℃范围内。

ⅲ）浇注时间不得超过 2 min。

ⅳ）上下节桩连接的中心偏差不得大于 10 mm，节点弯曲矢高不得大于 1/1 000l（l 为二节桩长）。

ⅴ）硫磺胶泥灌注后需停歇的时间应大于 7 min。

ⅵ）硫磺胶泥半成品应每 100 kg 做一组试件（一组 3 件）。

d. 压桩过程中应检查压力、桩垂直度、接桩间歇时间、桩的连接质量及压入深度等方面。重要工程应对电焊接桩的接头做 10% 的探伤检查。对承受反力的结构应加强观测。施工结束后，应对桩的承载力及桩体质量进行检验。

5. 地下建筑防水工程

（1）质量要求。

1）防水混凝土。防水混凝土使用材料应符合下列规定：

①水泥的选择应符合下列规定：

a. 宜采用普通硅酸盐水泥或硅酸盐水泥，采用其他品种水泥时应经试验确定。

b. 在受侵蚀性介质作用时，应按介质的性质选用相应的水泥品种。

c. 不得使用过期或受潮结块的水泥，并不得将不同品种或强度等级的水泥混合使用。

②砂、石的选择应符合下列规定：

a. 砂宜选用中粗砂，含泥量不应大于 3.0%，泥块含量不宜大于 1.0%。

b. 不宜使用海砂；在没有使用河砂的条件时，应对海砂进行处理后才能使用，且控制氯离子含量不得大于 0.06%。

c. 碎石或卵石的粒径宜为 5 ~ 40 mm，含泥量不应大于 1.0%，泥块含量不应大于 0.5%。

d. 对长期处于潮湿环境的重要结构混凝土用砂、石，应进行碱活性检验。

③矿物掺合料的选择应符合下列规定：

a. 粉煤灰的级别不应低于二级，烧失量不应大于 5%。

b. 硅粉的比表面积不应小于 15 000 m^2/kg，SiO_2 含量不应小于 85%。

c. 粒化高炉矿渣粉的品质要求应符合现行国家标准《用于水泥和混凝土中的粒化高炉矿渣粉》（GB/T 18046—2008）的有关规定。

④混凝土拌合用水应符合现行行业标准《混凝土用水标准》（JGJ 63—2006）的有关规定。

⑤外加剂的选择应符合下列规定：

a.外加剂的品种和用量应经试验确定,所用外加剂应符合现行国家标准《混凝土外加剂应用技术规范》(GB 50119—2003)的质量规定。

b.掺加引气剂或引气型减水剂的混凝土,其含气量宜控制在3%~5%。

c.考虑外加剂对硬化混凝土收缩性能的影响。

d.严禁使用对人体产生危害、对环境产生污染的外加剂。

2)水泥砂浆防水层。水泥砂浆防水层所用的材料应符合下列规定:

①水泥砂浆防水层应采用聚合物水泥防水砂浆、掺外加剂或掺合料的防水砂浆。

②水泥应使用普通硅酸盐水泥、硅酸盐水泥或特种水泥,不得使用过期或受潮结块的水泥。

③砂宜采用中砂,含泥量不应大于1%,硫化物和硫酸盐含量不得大于1%。

④用于拌制水泥砂浆的水应采用不含有害物质的洁净水。

⑤聚合物乳液的外观为均匀液体,无杂质、无沉淀、不分层。

⑥外加剂的技术性能应符合国家或行业有关标准的质量要求。

3)卷材防水层。

①卷材防水层应采用高聚物改性沥青防水卷材和合成高分子防水卷材。所选用的基层处理剂、胶黏剂、密封材料等均应与铺贴的卷材相匹配。

②防水卷材的质量要求应符合有关规定的要求,并按规定抽样复检,提出试验报告。

4)涂料防水层。

①涂料防水层材料分为有机防水涂料和无机防水涂料。有机防水涂料主要用于结构主体的迎水面,而无机防水涂料用于结构主体的迎水面或背水面。

②有机防水涂料应采用反应型、水乳型、聚合物水泥等涂料;无机防水涂料应采用掺外加剂、掺合料的水泥基防水涂料或水泥基渗透结晶型防水涂料。

③用于涂料防水层的涂料性能应符合下列规定:

a.具有良好的耐水性、耐久性、耐腐蚀性及耐菌性。

b.无毒、难燃、低污染。

c.无机防水涂料具有良好的湿干黏结性和抗刺穿性;有机防水涂料具有较好的延伸性及较大适应基层变形能力。

5)塑料板防水层。塑料防水板可选用乙烯—醋酸乙烯共聚物(EVA)、乙烯—共聚物沥青(ECB)、高密度聚乙烯(HDPE)、低密度聚乙烯(LDPE)类或其他性能相近的材料,厚度一般为1.0~1.5 mm。

塑料防水板应符合下列规定:

①幅宽宜为2~4 m。

②厚度宜为1~2 mm。

③耐刺穿性好。

④耐久性、耐水性、耐腐蚀性、耐菌性好。

6)金属板防水层。

①金属板防水层所采用的金属材料和保护材料应符合设计的要求。金属板及其焊接材料的规格、外观质量和主要物理性能,应符合国家现行标准的规定。

②制作金属板防水层一般选用厚度为3~8 mm的Q235或16Mn钢板。所有材料应有出

厂合格证、质量检验报告和现场抽样试验报告，其他性能指标应符合国标《碳素结构钢》(GB/T 700—2006)和《低合金高强度结构钢》(GB/T 1591—2008)的要求。

③金属板防水层所用的连接材料，如焊条、焊剂、螺栓、型钢、铁件等，均应有产品出厂合格证和质量检验报告，并符合设计要求及国家标准的规定。

④对于严重锈蚀、有麻点或划痕严重等的金属板，均不得做成金属板防水层，以避免降低金属防水层的抗渗性。

7)细部构造。防水混凝土结构的变形缝、施工缝、后浇带等细部构造应采用止水带、遇水膨胀橡胶腻子止水条等高分子防水材料和接缝密封材料进行密封。

(2)旁站监理检查。

1)防水混凝土。

①防水混凝土应按下列规定进行配比：

a. 试配要求的抗渗水压值应比设计值提高 0.2 MPa。

b. 混凝土胶凝材料总量不宜小于 320 kg/m^3，其中水泥用量不宜少于 260 kg/m^3；粉煤灰掺量宜为胶凝材料总量的 20% ~30%，硅粉的掺量宜为胶凝材料总量的 2% ~5%。

c. 水胶比不得大于 0.50，有侵蚀性介质时水胶比不宜大于 0.45。

d. 砂率宜为 35% ~40%，泵送时可增加到 45%。

e. 灰砂比宜为 1:1.5 ~1:2.5。

f. 混凝土拌合物的氯离子含量不应超过胶凝材料总量的 0.1%；混凝土中各类材料的总碱量即 Na_2O 当量不得大于 3 kg/m^3。

②混凝土拌制和浇筑过程控制应按下列规定进行：

a. 拌制混凝土所用材料的品种、规格和用量，每工作班检查不应少于两次。每盘混凝土各组成材料计量结果的允许偏差应符合表 5.12 的规定。

表 5.12　混凝土组成材料计量结果的允许偏差

材料名称	每盘计量	累计计量	材料名称	每盘计量	累计计量
水泥、掺合料	±2%	±1%	水、外加剂	±2%	±1%
粗、细骨料	±3%	±2%	—	—	—

注：累计计量仅适用于微机控制计量的搅拌站。

b. 混凝土在浇筑地点的坍落度，每工作班至少检查两次。混凝土的坍落度试验应符合现行国家标准《普通混凝土拌合物性能试验方法》(GB/T 50080—2002)的有关规定。混凝土坍落度的允许偏差应符合 5.13 的规定。

表 5.13　混凝土坍落度允许偏差　　(单位：mm)

要求坍落度	允许偏差	要求坍落度	允许偏差
≤40	±10	≥100	±20
50 ~90	±15	—	—

③防水混凝土抗渗性能应采用标准条件下养护混凝土抗渗试件的试验结果评定，试件应在混凝土浇筑地点随机取样后制作，并应符合下列规定：

a. 连续浇筑混凝土每 500 m^3 应留置一组 6 个抗渗试件，且每项工程不得少于两组；采用预拌混凝土的抗渗试件，留置组数应视结构的规模和要求而定。

b. 抗渗性能试验应符合现行国家标准《普通混凝土长期性能和耐久性能试验方法》(GB/T 50082—2009)的有关规定。

④防水混凝土必须采用机械振捣,振捣时间一般为 10 ~ 30 s,以开始泛浆、不冒泡为准,应避免漏振、欠振和超振。

⑤防水混凝土要连续浇注,少留施工缝。

a. 水平施工缝浇灌混凝土前,应先清理表面的浮浆和杂物,然后铺净浆,再铺 1:1 水泥砂浆或涂刷混凝土界面处理剂,及时浇灌混凝土。

b. 垂直施工缝浇灌前,应清洁其表面,之后进行基面凿毛(每平方米大于 300 点)并涂刷水泥净浆或混凝土界面处理剂,并及时浇灌混凝土。

c. 选用遇水膨胀止水条应具有缓胀性能,不论是涂缓膨胀剂还是制成缓膨胀型的,其 7 d 的膨胀率应不大于最终膨胀率的 60%。

d. 遇水膨胀止水条应牢固地安装在缝表面或预留槽里。止水条设置位置一般位于墙板中间 B/2 处,至少应设在离外墙面大于 70 mm 处。

e. 采用中埋式止水带时,应确保位置正确固定牢靠。钢板止水带宜进行镀锌处理。

⑥防水混凝土的养护。

a. 防水混凝土终凝后应立即进行养护,养护时间不少于 14 d,保持混凝土表面湿润,顶板、底板要进行蓄水养护,侧墙应淋水养护,并在墙上遮盖湿土工布,夏冬谨防太阳直晒。

b. 冬季施工时混凝土温度宜不低于 5 ℃。如温度达不到要求,则应采用外加剂或用蓄热法、暖棚法等保温方法。

c. 大体积混凝土应采取相应的措施,防止干缩、温差等产生裂缝。

⑦防水混凝土的施工质量检验数量,应按混凝土外露面积每 100 m^2 抽查 1 处,每处 10 m^2,且不得少于 3 处;细部构造应全数检查。

2)水泥砂浆防水层。

①普通水泥砂浆防水层的配合比应按参照表 5.14。掺外加剂、掺合料、聚合物水泥砂浆的配合比应符合所掺材料的规定。

表 5.14 普通水泥砂浆防水层的配合比

名称	配合比(质量比)		水灰比	适用范围
	水泥	砂		
水泥浆	1	—	0.55 ~ 0.60	水泥砂浆防水层的第一层
水泥浆	1	—	0.37 ~ 0.40	水泥砂浆防水层的第三、五层
水泥砂浆	1	1.5 ~ 2.0	0.40 ~ 0.50	水泥砂浆防水层的第二、四层

②水泥砂浆防水层的基层质量要求:

a. 基层表面应平整、坚实、清洁,并应充分湿润,无明水。

b. 基层表面的孔洞、缝隙应采用与防水层相同的水泥砂浆填塞并抹平。

c. 施工前应将埋设件、穿墙管预留凹槽内嵌填密封材料后,再进行水泥砂浆防水层施工。

③水泥砂浆防水层施工要求:

a. 水泥砂浆的配制、应按所掺材料的技术要求准确计量。

b. 分层铺抹或喷涂,铺抹时应压实、抹平,最后一层表面应提浆压光。

c. 防水层各层应紧密黏合，每层宜连续施工；必须留设施工缝时，应采用阶梯坡形槎，但与阴阳角的距离不得小于 200 mm。

d. 水泥砂浆终凝后应及时进行养护，养护温度不宜低于 5 ℃，并应保持砂浆表面湿润，养护时间不得少于 14 d。聚合物水泥防水砂浆未达到硬化状态时，不得浇水养护或直接受雨水冲刷，硬化后应采用干湿交替的养护方法。潮湿环境中，可在自然条件下养护。

④水泥砂浆防水层的接槎的要求：

a. 水泥砂浆防水层宜连续施工，如必须留槎时，应采用阶梯坡形槎，依照顺序搭接紧密。留槎位置须离开阴阳角 200 mm 以上。

b. 水泥砂浆防水层的阴阳角要做成弧形或钝角，圆弧半径一般为阳角 10 mm、阴角 50 mm。

⑤水泥砂浆防水层的养护标准如下：

a. 水泥砂浆防水层施工时气温不应低于 5 ℃，终凝后应及时养护，养护温度也不宜低于 5 ℃，并保持温润，养护时间不得少于 14 d。

b. 聚合物水泥砂浆没有硬化时，不得浇水养护或直接受雨水冲刷，硬化后应采用干湿交替的方法养护。在潮湿环境中，可自然养护。

c. 对于使用特种水泥、外加剂、掺合料的防水砂浆，其养护应按产品有关规定执行。

⑥水泥砂浆防水层的施工质量检验数量，每 100 m^2 应抽查 1 处，每处 10 m^2，且不得少于 3 处。

3）卷材防水层。

①铺贴防水卷材前，清扫应干净、干燥，并应涂刷基层处理剂；当基面潮湿时，应涂刷湿固化型胶黏剂或潮湿界面隔离剂。

②冷黏法铺贴卷材应符合以下规定：

a. 胶粘剂涂刷应均匀，不得露底，不堆积。

b. 根据胶黏剂的性能，应控制胶结剂涂刷与卷材铺贴的间隔时间。

c. 铺贴时不得用力拉伸卷材，排除卷材下面的空气，辊压黏结牢固。

d. 铺贴卷材应平整、顺直，搭接尺寸准确，不得有扭曲、皱折。

e. 卷材接缝部位应采用专用粘结剂或胶结带满粘，接缝口应用密封材料封严，其宽度不应小于 10 mm。

③热熔法铺贴卷材应符合以下几点规定：

a. 火焰加热器加热卷材应均匀，不得加热不足或烧穿卷材。

b. 卷材表面热熔后应立即滚铺，排除卷材下面的空气，并黏结牢固。

c. 铺贴卷材应平整、顺直，搭接尺寸准确，不得有扭曲、皱折。

d. 卷材接缝部位应溢出热熔的改性沥青胶料，并黏结牢固，封闭严密。

④两幅卷材长、短边搭接宽度均不应小于 100 mm。采用多层卷材时，上下两层和相邻两幅卷材的接缝应错开 1/3 幅宽，且两层卷材不得相互垂直铺贴。

⑤卷材防水层在完工并经验收合格后应及时做保护层。保护层应符合下列规定：

a. 顶板的细石混凝土保护层与防水层之间宜设置隔离层。细石混凝土保护层厚度：机械回填时不宜小于 70 mm，人工回填时不宜小于 50 mm。

b. 底板的细石混凝土保护层厚度不应小于 50 mm。

c. 侧墙宜采用软质保护材料或铺抹 20 mm 厚 1:2.5 水泥砂浆。

⑥卷材防水层的施工质量检验数量，每 100 m^2 抽查 1 处，每处 10 m^2，且不得少于 3 处。

4）涂料防水层。

①有机防水涂料基面应干燥。当基面较潮湿时，应涂刷湿固化型胶黏剂或潮湿界面隔离剂；无机防水涂料施工前，基面应充分润湿，但不得有明水。

②多组分涂料应按配合比准确计量，搅拌均匀，并应根据有效时间确定每次配制的用量。

③涂料应分层涂刷或喷涂，涂层应均匀，涂刷应待前遍涂层干燥成膜后进行；每遍涂刷时应交替改变涂层的涂刷方向，同层涂膜的先后搭压宽度宜为 30 ~ 50 mm。

④涂料防水层的甩槎处接缝宽度不应小于 100 mm，接涂前应将其甩槎表面处理干净。

⑤采用有机防水涂料时，基层阴阳角处应做成圆弧；在转角处、变形缝、施工缝、穿墙管等部位应增加胎体增强材料和增涂防水涂料，宽度不应小于 50 mm。

⑥胎体增强材料的搭接宽度不应小于 100 mm，上下两层和相邻两幅胎体的接缝应错开 1/3 幅宽，且上下两层胎体不得相互垂直铺贴。

⑦防水涂料的保护层应符合以下几条规定：

a. 顶板的细石混凝土保护层与防水层之间宜设置隔离层。细石混凝土保护层厚度：机械回填时不宜小于 70 mm，人工回填时不宜小于 50 mm。

b. 底板的细石混凝土保护层厚度不应小于 50 mm。

c. 侧墙宜采用软质保护材料或铺抹 20 mm 厚 1:2.5 水泥砂浆。

⑧涂料防水层的施工质量检验数量，应按涂层面积每 100 m^2 抽查 1 处，每处 10 m^2，且不得少于 3 处。

5）塑料板防水层

①塑料板防水层的铺设应符合以下几点规定：

a. 防水板应在初期支护基本稳定并经验收合格后进行铺设。

b. 铺设防水板的基层宜平整、无尖锐物。基层平整度 D/L 不应大于 1/6。

注意：☆D 为初期支护基面相邻两凸面间凹进去的深度；

☆L 为初期支护基面相邻两凸面间的距离。

c. 铺设塑料防水板前应先铺缓冲层，缓冲层应用暗钉圈固定在基面上，如图 5.1 所示；缓冲层搭接宽度不应小于 50 mm；铺设塑料防水板时，应边铺边用压焊机将塑料防水板与暗钉圈焊接。

d. 两幅塑料防水板的搭接宽度不应小于 100 mm，下部塑料防水板应压住上部塑料防水板。接缝焊接时，塑料防水板的搭接层数不得超过 3 层。

e. 防水板的铺设应超前内衬混凝土的施工，其距离宜为 5 ~ 20 m 之间，并设临时挡板防止机械损伤和电火花灼伤防水板。

f. 内衬混凝土施工时应符合下列几点规定：

ⅰ. 振捣棒不得直接接触防水板。

ⅱ. 浇筑拱顶时应防止防水板绷紧。

g. 塑料防水板的搭接缝应采用双焊缝，每条焊缝的有效宽度不应小于 10 mm。

h. 塑料防水板铺设时宜设置分区预埋注浆系统。

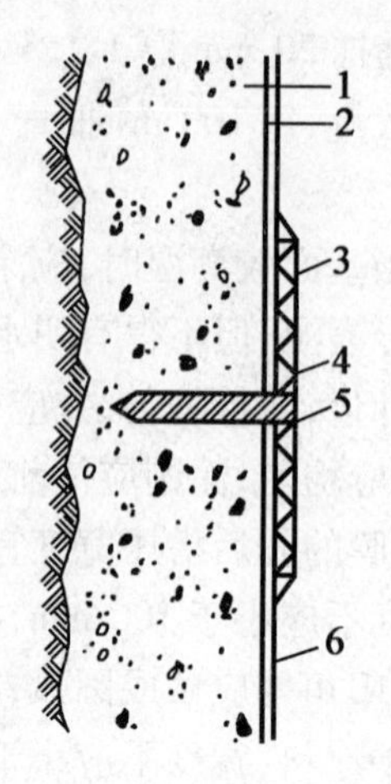

图 5.1　暗钉圈固定缓冲层

1—初期支护;2—缓冲层;3—热塑性圆垫圈;
4—金属垫圈;5—射钉;6—防水板

i. 分段设置塑料防水板防水层时,两端应采取封闭措施。

②铺设质量检查及处理铺设后应采用放大镜观察,当两层经焊接在一起的防水板呈透明状,无气泡,即熔为一体,表明焊接严密。要确保无纺布和防水板的搭接宽度,并着重检测焊缝质量。

③塑料板防水层的施工质量检验数量,应按铺设面积每 100 m^2 抽查 1 处,每处 10 m^2,但不少于 3 处。焊缝的检验应按焊缝数量抽查 5%,每条焊缝为 1 处,但不少于 3 处。

6)金属板防水层。

①先装法施工应符合下列规定:

a. 先焊成整体箱套,厚度在 4 mm 以下的钢板接缝可采用拼接焊,4 mm 及其以上的钢板采用对接焊,垂直接缝应互相错开。箱套内侧用临时支撑加固,以防吊装及浇筑混凝土时变形。

b. 在结构底板钢筋及四壁外模板安装完毕后,将箱套整体吊入基坑内预设的混凝土墩或型钢支架上准确就位,箱套作为内模板使用。

c. 钢板锚筋应与防水结构的钢筋焊牢,或在钢板上焊有一定数量的锚固件,以使其与混凝土连接牢固。

d. 箱套在安装前,应采用超声波、X 射线或汽泡法、煤油渗漏法、真空法等检查焊缝的严密性,如发现渗漏,应立即进行修整或补焊。

e. 为便于浇筑混凝土,在箱套底板上可开适当孔洞,待混凝土达到 70% 强度后,用比孔稍大的钢板将孔洞补焊严密。

②后装法施工应符合下列规定:

a. 根据钢板尺寸及结构造型,在防水结构内壁和底板上预埋带锚爪的钢板或型钢埋件,与结构钢筋或安装的钢固定架焊牢,并保证位置正确。

b. 浇筑结构混凝土,并待混凝土强度达到设计强度要求时,紧贴内壁在埋设件上焊钢板防水层内套,要求焊缝饱满,无气孔、夹渣、咬肉、变形等疵病。

c. 焊缝经检查合格后,将钢板防水层与结构混凝土间的空隙用水泥浆灌满。钢板表面涂刷防腐底漆及面漆保护,或按设计要求铺设预制罩面板、铺砌耐火砖等。

③金属板的拼接及金属板与建筑结构的锚固件连接应采用焊接。金属板的拼接焊缝应进行外观检查和无损检验。

④当金属板表面有锈蚀、麻点或划痕等缺陷时,其深度不得大于该板材厚度的负偏差值。

⑤金属板防水层的施工质量检验数量,应按铺设面积每 10 m^2 抽查 1 处,每处 1 m^2,且不得少于 3 处。焊缝检验应按不同长度的焊缝各抽查 5%,但均不得少于 1 条。长度小于 500 mm的焊缝,每条检查 1 处;长度 500 ~ 2 000 mm 的焊缝,每条检查 2 处;长度大于 2 000 mm的焊缝,每条检查 3 处。

7) 细部构造。

①变形缝的防水施工应符合下列规定:

a. 止水带宽度和材质的物理性能均应符合设计要求,且无裂缝和气泡;接头应采用热接,不得叠接,接缝应平整、牢固,不得有裂口和脱胶现象。

b. 中埋式止水带中心线应与变形缝中心线重合,止水带不得穿孔或用铁钉固定。

c. 变形缝设置中埋式止水带时,混凝土浇筑前应校正止水带位置,表面清理干净,止水带损坏处应修补;顶、底板止水带的下侧混凝土应振捣密实,边墙止水带内外侧混凝土应均匀,保持止水带位置正确、平直,无卷曲现象。

d. 变形缝处增设的卷材或涂料防水层,应按设计要求施工。

②施工缝的防水施工应符合下列规定:

a. 水平施工缝浇筑混凝土前,应将其表面的浮浆和杂物清除,铺水泥砂浆或涂刷混凝土界面处理剂并及时浇筑混凝土。

b. 垂直施工缝浇筑混凝土前,应将其表面清理干净,涂刷混凝土界面处理剂并及时浇筑混凝土。

c. 施工缝采用遇水膨胀橡胶腻子止水条时,应将止水条牢固地安装在缝表面预留槽内。

d. 施工缝采用中埋止水带时,应确保止水带位置准确、固定牢靠。

③后浇带的防水施工应符合下列规定:

a. 后浇带应在其两侧混凝土龄期达到 42 d 后再施工。

b. 后浇带的接缝处理应符合上述②的规定。

c. 后浇带应采用补偿收缩混凝土,其强度等级不得低于两侧混凝土。

d. 后浇带混凝土养护时间不得少于 28 d。

④穿墙管道的防水施工应符合下列规定:

a. 穿墙管止水环与主管或翼环与套管应连续满焊,并做好防腐处理。

b. 穿墙管处防水层施工前,应将套管内表面清理干净。

c. 套管内的管道安装完毕后,应在两管间嵌入内衬填料,端部用密封材料填缝。柔性穿墙时,穿墙内侧应用法兰压紧。

d. 穿墙管外侧防水层应铺设严密,不留接槎;增铺附加层时,应按设计要求施工。

⑤埋设件的防水施工应符合下列规定:

a. 埋设件端部或预留孔(槽)底部的混凝土厚度不得小于 250 mm;当厚度小于 250 mm 时,必须局部加厚或采取其他防水措施。

b. 预留地坑、孔洞、沟槽内的防水层,应与孔(槽)外的结构防水层保持连续。

c. 固定模板用的螺栓必须穿过混凝土结构时,螺栓或套管应满焊止水环或翼环;采用工具式螺栓或螺栓加堵头做法,拆模后应采取加强防水措施将留下的凹槽封堵密实。

⑥密封材料的防水施工应符合下列规定:

a. 检查黏结基层的干燥程度以及接缝的尺寸,接缝内部的杂物应清除干净。

b. 热灌法施工应自下向上进行并尽量减少接头,接头应采用斜槎;密封材料熬制及浇灌温度,应按照有关材料要求严格控制。

c. 冷嵌法施工应分次将密封材料嵌填在缝内,压嵌密实并与缝壁黏结牢固,防止裹入空气。接头应采用斜槎。

d. 接缝处的密封材料底部应嵌填背衬材料,外露密封材料上应设置保护层,其宽度不得小于 100 mm。

⑦质量检查。防水混凝土结构细部构造的施工质量检验应按全数检查。

5.2　施工阶段混凝土工程质量监理

1. 模板分项工程

(1)质量要求。

1)模板及其支架应根据工程结构形式、荷载大小、地基土类别、施工设备和材料供应等条件进行设计。模板及其支架应具有足够的承载能力、刚度和稳定性,能可靠地承受浇筑混凝土的重量、侧压力以及施工荷载。

2)在浇筑混凝土之前,应对模板工程进行验收。

模板安装和浇筑混凝土时,应对模板及其支架进行观察和维护。发生异常情况时,应按施工技术方案及时进行处理。

3)模板及其支架拆除的顺序及安全措施应按施工技术方案执行。

(2)旁站监理检查。

1)模板安装。

①安装现浇结构的上层模板及其支架时,下层楼板应具有承受上层荷载的承载能力,或加设支架;上、下层支架的立柱应对准,并铺设垫板。

②在涂刷模板隔离剂时,不得沾污钢筋和混凝土接槎处。

③模板安装应满足下列要求:

a. 模板的接缝不应漏浆。在浇筑混凝土前,木模板应浇水湿润,但模板内不应有积水。

b. 模板与混凝土的接触面应清理干净并涂刷隔离剂,但不得采用影响结构性能或妨碍装饰工程施工的隔离剂。

c. 浇筑混凝土前,模板内的杂物应清理干净。

d. 对清水混凝土工程及装饰混凝土工程,应使用能达到设计效果的模板。

④用作模板的地坪、胎模等应平整光洁,不得产生影响构件质量的下沉、裂缝、起砂或起鼓。

⑤对跨度不小于 4 m 的现浇钢筋混凝土梁、板,其模板应按设计要求起拱;当设计无具体要求时,起拱高度宜为跨度的 1/1 000 ~ 3/1 000。

⑥固定在模板上的预埋件、预留孔和预留洞均不得遗漏,且应安装牢固,其允许偏差应符

合表5.15的规定。

表5.15 预埋件和预留孔洞的允许偏差 (单位:mm)

项目		允许偏差
预埋钢板中心线位置		3
预埋管、预留孔中心线位置		3
插筋	中心线位置	5
	外露长度	+10,0
预埋螺栓	中心线位置	2
	外露长度	+10,0
预留洞	中心线位置	10
	尺寸	+10,0

注:检查中心线位置时,应沿纵、横两个方向量测,并取其中的较大值。

⑦现浇结构模板安装的允许偏差及检验方法应符合表5.16的规定。

表5.16 现浇结构模板安装的允许偏差及检验方法 (单位:mm)

项目		允许偏差	检验方法
轴线位置		5	钢尺检查
底模上表面标高		±5	水准仪或拉线、钢尺检查
截面内部尺寸	基础	±10	钢尺检查
	柱、墙、梁	+4,-5	钢尺检查
层高垂直度	不大于5 m	6	经纬仪或吊线、钢尺检查
	大于5 m	8	经纬仪或吊线、钢尺检查
相邻两板表面高低差		2	钢尺检查
表面平整度		5	2 m靠尺和塞尺检查

注:检查轴线位置时,应沿纵、横两个方向量测,并取其中的较大值。

⑧预制构件模板安装的允许偏差及检验方法应符合表5.17的规定。

表5.17 预制构件模板安装的允许偏差及检验方法 (单位:mm)

项目		允许偏差	检验方法
长度	板、梁	±5	钢尺量两角边,取其中较大值
	两腹梁、桁架	±10	
	柱	0,-10	
	墙板	0,-5	
宽度	板、墙板	0,-5	钢尺量一端及中部,取其中较大值
	梁、薄腹梁、桁架、柱	+2,-5	
高(厚)度	板	+2,-3	钢尺量一端及中部,取其中较大值
	墙板	0,-5	
	梁、薄腹梁、桁架、柱	+2,-5	

续表 5.17

项目		允许偏差	检验方法
侧向弯曲	板、梁、柱	l/1 000 且≤15	拉线、钢尺量最大弯曲处
	墙板、薄腹梁、桁架	l/1 500 且≤15	
板的表面平整度		3	2 m 靠尺和塞尺检查
相邻两板表面高低差		1	钢尺检查
对角线差	板	7	钢尺量两个对角线
	墙板	5	
翘曲	板、墙板	l/1 500	调平尺在两端测量
设计起拱	薄腹梁、桁架、梁	±3	拉线、钢尺量跨中

注：l 为构件长度(mm)。

2)模板拆除。

①底模及其支架拆除时的混凝土强度应符合设计要求；当设计无具体要求时，混凝土强度应符合表 5.18 的规定。

表 5.18　底模及其支架拆除时的混凝土强度要求　（单位：m）

构件类型	构建跨度	达到设计的混凝土立方体抗压强度标准值的百分率/%
板	≤2	≥50
	>2，≤8	≥75
	>8	≥100
梁、拱、壳	≤8	≥75
	>8	≥100
悬臂构件	—	≥100

②对后张法预应力混凝土结构构件，侧模宜在预应力张拉前拆除；底模支架的拆除应按施工技术方案执行，当无具体要求时，不应在结构构件建立预应力前拆除。

③后浇带模板的拆除和支顶应按施工技术方案执行。

④侧模拆除时的混凝土强度应能保证其表面及棱角不受损伤。

⑤模板拆除时，不应对楼层形成冲击荷载。拆除模板和支架分散堆放并及时清运。

2. 钢筋分项工程

(1)质量要求。

1)当钢筋的品种、级别或规格需作变更时，应办理设计变更文件。

2)在浇筑混凝土之前，应进行钢筋隐蔽工程验收，其内容如下所示：

①纵向受力钢筋的品种、规格、数量、位置等。

②钢筋的连接方式、接头位置、接头数量、接头面积百分率等。

③箍筋、横向钢筋的品种、规格、数量、间距等。

④预埋件的规格、数量、位置等。

(2)旁站监理检查。

1)钢筋加工。

①受力钢筋的弯钩和弯折应符合下列规定：

a. HPB235 级钢筋末端应作 180°弯钩，其弯弧内直径不应小于钢筋直径的 2.5 倍，弯钩的弯后平直部分长度不应小于钢筋直径的 3 倍。

b. 当设计要求钢筋末端需作 135°弯钩时，HRB335 级、HRB400 级钢筋的弯弧内直径不应小于钢筋直径的 4 倍，弯钩的弯后平直部分长度应符合设计要求。

c. 钢筋作不大于 90°的弯折时，弯折处的弯弧内直径不应小于钢筋直径的 5 倍。

②除焊接封闭环式箍筋外，箍筋的末端应作弯钩，弯钩形式应符合设计要求；当设计无具体要求时，应符合下列规定：

a. 箍筋弯钩的弯弧内直径除应满足规范《混凝土结构工程施工质量验收规范》(GB 50204—2002)第 5.3.1 条的规定外，尚应不小于受力钢筋直径。

b. 箍筋弯钩的弯折角度：对一般结构，不应小于 90°；对有抗震等要求的结构，应为 135°。

c. 箍筋弯后平直部分长度：对一般结构，不宜小于箍筋直径的 5 倍；对有抗震等要求的结构，不应小于箍筋直径的 10 倍。

③钢筋调直宜采用机械方法，也可采用冷拉方法。当采用冷拉方法调直钢筋时，HPB235 级钢筋的冷拉率不宜大于 4%，HRB335 级、HRB400 级和 RRB400 级钢筋的冷拉率不宜大于 1%。

④钢筋加工的形状、尺寸应符合设计要求，其偏差应符合表 5.19 的规定。

表 5.19　钢筋加土的允许偏差　（单位：mm）

项目	允许偏差
受力钢筋顺长度方向全长的净尺寸	±10
弯起钢筋的弯折位置	±20
箍筋内净尺寸	±5

2）钢筋连接。

①纵向受力钢筋的连接方式应符合设计要求。

②在施工现场，应按国家现行标准《钢筋机械连接通用技术规程》(JGJ 107—2010)、《钢筋焊接及验收规程》(JGJ 18—2012)的规定抽取钢筋机械连接接头、焊接接头试件作力学性能检验，其质量应符合有关规程的规定。

③钢筋的接头宜设置在受力较小处。同一纵向受力钢筋不宜设置两个或两个以上接头。接头末端至钢筋弯起点的距离不应小于钢筋直径的 10 倍。

④在施工现场，应按国家现行标准《钢筋机械连接通用技术规程》(JGJ 107—2010)、《钢筋焊接及验收规程》(JGJ 18—2012)的规定对钢筋机械连接接头、焊接接头的外观进行检查，其质量应符合有关规程的规定。

⑤当受力钢筋采用机械连接接头或焊接接头时，设置在同一构件内的接头应相互错开。

纵向受力钢筋机械连接接头及焊接接头连接区段的长度为 35 倍 d（d 为纵向受力钢筋的较大直径）且不小于 500 mm，凡接头中点位于该连接区段长度内的接头均属于同一连接区段。同一连接区段内，纵向受力钢筋机械连接及焊接的接头面积百分率为该区段内有接头的纵向受力钢筋截面面积与全部纵向受力钢筋截面面积的比值。

同一连接区段内，纵向受力钢筋的接头面积百分率应符合设计要求；当设计无具体要求

时,应符合下列规定:

a. 在受拉区不宜大于 50%。

b. 接头不宜设置在有抗震设防要求的框架梁端、柱端的箍筋加密区;当无法避开时,对等强度高质量机械连接接头,不应大于 50%。

c. 直接承受动力荷载的结构构件中,不宜采用焊接接头;当采用机械连接接头时,不应大于 50%。

⑥同一构件中相邻纵向受力钢筋的绑扎搭接接头宜相互错开。绑扎搭接接头中钢筋的横向净距不应小于钢筋直径,且不应小于 25 mm。

钢筋绑扎搭接接头连接区段的长度为 $1.3l_1$(l_1 为搭接长度),凡搭接接头中点位于该连接区段长度内的搭接接头均属于同一连接区段。同一连接区段内,纵向钢筋搭接接头面积百分率为该区段内有搭接接头的纵向受力钢筋截面面积与全部纵向受力钢筋截面面积的比值,如图 5.2 所示。

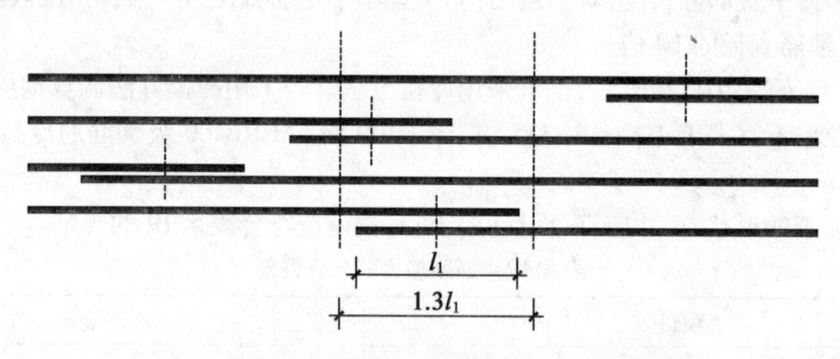

图 5.2　钢筋绑扎搭接接头连接区段及接头面积百分率

注:图中所示搭接接头同一连接区段内的搭接钢筋为两根,
当各钢筋直径相同时,接头面积百分率为 50%。

同一连接区段内,纵向受拉钢筋搭接接头面积百分率应符合设计要求;当设计无具体要求时,应符合下列规定:

a. 对梁类、板类及墙类构件,不宜大于 25%。

b. 对柱类构件,不宜大于 50%。

c. 当工程中确有必要增大接头面积百分率时;对梁类构件,不应大于 50%;对其他构件,可根据实际情况放宽。纵向受力钢筋绑扎搭接接头的最小搭接长度应符合《混凝土结构工程施工质量验收规范》(GB 50204—2002)附录 B 的规定。

⑦在梁、柱类构件的纵向受力钢筋搭接长度范围内,应按设计要求配置箍筋。当设计无具体要求时,应符合下列规定:

a. 箍筋直径不应小于搭接钢筋较大直径的 0.25 倍。

b. 受拉搭接区段的箍筋间距不应大于搭接钢筋较小直径的 5 倍,且不应大于 100 mm。

c. 受压搭接区段的箍筋间距不应大于搭接钢筋较小直径的 10 倍,且不应大于 200 mm。

d. 当柱中纵向受力钢筋直径大于 25 mm 时,应在搭接接头两个端面外 100 mm 范围内各设置两个箍筋,其间距宜为 50 mm。

3)钢筋安装。

①钢筋安装时,受力钢筋的品种、级别、规格和数量必须符合设计要求。

②钢筋安装位置的允许偏差和检验方法应符合表5.20的规定。

表5.20　钢筋安装位置的允许偏差和检验方法　　(单位:mm)

项目			允许偏差	检验方法
绑扎钢筋网	长、宽		±10	钢尺检查
	网眼尺寸		±20	钢尺量连续三档,取最大值
绑扎钢筋骨架	长		±10	钢尺检查
	宽、高		±5	钢尺检查
受力钢筋	间距		±10	钢尺量两端、中间各一点,取最大值
	排距		±5	
	保护层厚度	基础	±10	钢尺检查
		柱、梁	±5	钢尺检查
		板、墙、壳	±3	钢尺检查
绑扎箍筋、横向钢筋间距			±20	钢尺量连续三档,取最大值
钢筋弯起点位置			20	钢尺检查
预埋件	中心线位置		5	钢尺检查
	水平高差		+3.0	钢尺和塞尺检查

注:1.检查预埋件中心线位置时,应沿纵、横两个方向量测,并取其中的较大值。

2.表中梁类、板类构件上部纵向受力钢筋保护层厚度的合格点率应达到900及以上,且不得有超过表中数值1.5倍的尺寸偏差。

3.预应力分项工程

(1)质量要求。

1)后张法预应力工程的施工应由具有相应资质等级的预应力专业施工单位承担。

2)预应力筋张拉机具设备及仪表,应定期维护和校验。张拉设备应配套标定,并配套使用。张拉设备的标定期限不应超过半年。当在使用过程中出现反常现象时或在千斤顶检修后,应重新标定。

注意:☆张拉设备标定时,千斤顶活塞的运行方向应与实际张拉工作状态一致。

☆压力表的精度不应低于1.5级,标定张拉设备用的试验机或测力计精度不应低于±2%。

3)在浇筑混凝土之前,应进行预应力隐蔽工程验收,其内容如下所示:

①预应力筋的品种、规格、数量、位置等。

②预应力筋锚具和连接器的品种、规格、数量、位置等。

③预留孔道的规格、数量、位置、形状及灌浆孔、排气及泌水管等。

④锚固区局部加强构造等。

(2)旁站监理检查。

1)制作与安装。

①预应力筋安装时,其品种、级别、规格、数量必须符合设计要求。

②先张法预应力施工时应选用非油质类模板隔离剂,并应避免沾污预应力筋。

③施工过程中应避免电火花损伤预应力筋;受损伤的预应力筋应予以更换。

④预应力筋下料应符合下列要求：

a. 预应力筋应采用砂轮锯或切断机切断，不得采用电弧切割。

b. 当钢丝束两端采用镦头锚具时，同一束中各根钢丝长度的极差不应大于钢丝长度的1/5 000，且不应大于5 mm。当成组张拉长度不大于10 m的钢丝时，同组钢丝长度的极差不得大于2 mm。

⑤预应力筋端部锚具的制作质量应符合下列要求：

a. 挤压锚具制作时压力表油压应符合操作说明书的规定，挤压后预应力筋外端应露出挤压套筒1~5 mm。

b. 钢绞线压花锚成形时，表面应清洁、无油污，梨形头尺寸和直线段长度应符合设计要求。

c. 钢丝镦头的强度不得低于钢丝强度标准值的98%。

⑥后张法有黏结预应力筋预留孔道的规格、数量、位置和形状除应符合设计要求外，尚应符合下列规定：

a. 预留孔道的定位应牢固，浇筑混凝土时不应出现移位和变形。

b. 孔道应平顺，端部的预埋锚垫板应垂直于孔道中心线。

c. 成孔用管道应密封良好，接头应严密且不得漏浆。

d. 灌浆孔的间距：预埋金属螺旋管不宜大于30 m；抽芯成形孔道不宜大于12 m。

e. 在曲线孔道的曲线波峰部位设置排气及泌水管，必要时在最低点设置排水孔。

f. 灌浆孔及泌水管的孔径应能保证浆液畅通。

g. 预应力筋束形控制点的竖向位置偏差应符合表5.21的规定。

表5.21　预应力筋束形控制点的竖向位置允许偏差　（单位：mm）

截面高(厚)度	$h \leqslant 300$	$300 < h \leqslant 1\,500$	$h > 1\,500$
允许偏差	±5	±10	±15

注：束形控制点的竖向位置偏差合格点率应达到90%及以上，且不得有超过表中数值1.5倍的尺寸偏差。

⑧无黏结预应力筋的铺设除应符合规范《混凝土结构工程施工质量验收规范》(GB50204—2002)第6.3.7条的规定外，尚应符合下列要求：

a. 无黏结预应力筋的定位应牢固，浇筑混凝土时不应出现移位和变形。

b. 端部的预埋锚垫板应垂直于预应力筋。

c. 内埋式固定端垫板不应重叠，锚具与垫板应贴紧。

d. 无黏结预应力筋成束布置时应能保证混凝土密实并能裹住预应力筋。

e. 无黏结预应力筋的护套应完整，局部破损处应采用防水胶带缠绕紧密。

⑨浇筑混凝土前穿入孔道的后张法有黏结预应力筋，宜采取防止锈蚀的措施。

2)张拉和放张。

①预应力筋张拉或放张时，混凝土强度应符合设计要求；当设计无具体要求时，不应低于设计的混凝土立方体抗压强度标准值的75%。

②预应力筋的张拉力、张拉或放张顺序及张拉工艺应符合设计及施工技术方案的要求，并应符合下列规定：

a. 当施工需要超张拉时，最大张拉应力不应大于国家现行标准《混凝土结构设计规范》

(GB 50010—2010)的规定。

b. 张拉工艺应能保证同一束中各根预应力筋的应力均匀一致。

c. 后张法施工中,当预应力筋是逐根或逐束张拉时,应保证各阶段不出现对结构不利的应力状态;同时宜考虑后批张拉预应力筋所产生的结构构件的弹性压缩对先批张拉预应力筋的影响,确定张拉力。

d. 先张法预应力筋放张时,缓慢放松锚固装置,使各根预应力筋同时缓慢放松。

e. 当采用应力控制方法张拉时,应校核预应力筋的伸长值。实际伸长值与设计计算理论伸长值的相对允许偏差为±6%。

③预应力筋张拉锚固后实际建立的预应力值与工程设计规定检验值的相对允许偏差为±5%。

④张拉过程中应避免预应力筋断裂或滑脱;当发生断裂或滑脱时,必须符合下列规定:

a. 对后张法预应力结构构件,断裂或滑脱的数量严禁超过同一截面预应力筋总根数的3%,且每束钢丝不得超过一根;对多跨双向连续板,其同一截面应按每跨计算。

b. 对先张法预应力构件,在浇筑混凝土前发生断裂或滑脱的预应力筋必须更换。

⑤锚固阶段张拉端预应力筋的内缩量应符合设计要求;当设计无具体要求时,应符合表5.22的规定。

表5.22　张拉端预应力筋的内缩量限值　(单位:mm)

<table>
<tr><th colspan="2">锚具类别</th><th>内缩量限值</th></tr>
<tr><td rowspan="2">支撑式锚具(墩头锚具等)</td><td>螺帽缝隙</td><td>1</td></tr>
<tr><td>每片后加垫板的缝隙</td><td>1</td></tr>
<tr><td colspan="2">锥塞式锚具</td><td>5</td></tr>
<tr><td rowspan="2">夹片式锚具</td><td>有顶压</td><td>5</td></tr>
<tr><td>无顶压</td><td>6~8</td></tr>
</table>

⑥先张法预应力筋张拉后与设计位置的偏差不得大于5 mm,且不得大于构件截面短边边长的4%。

3)灌浆及封锚。

①后张法有黏结预应力筋张拉后尽早进行孔道灌浆,孔道内水泥浆应饱满、密实。

②锚具的封闭保护应符合设计要求;当设计无具体要求时,应符合下列规定:

a. 应采取防止锚具腐蚀和遭受机械损伤的有效措施。

b. 凸出式锚固端锚具的保护层厚度不应小于50。

c. 外露预应力筋的保护层厚度:处于正常环境时,不应小于20 mm。处于易受腐蚀的环境时,不应小于50 mm。

③后张法预应力筋锚固后的外露部分宜采用机械方法切割,其外露长度不宜小于预应力筋直径的1.5倍,且不宜小于30 mm。

④灌浆用水泥浆的水灰比不应大于0.45,搅拌后3 h泌水率不宜大于2%,且不应大于3%。泌水应能在24 h内全部重新被水泥浆吸收。

⑤灌浆用水泥浆的抗压强度不应小于30 N/mm^2。

注意:☆一组试件由6个试件组成,试件应标准养护28 d。

☆抗压强度为一组试件的平均值，当一组试件中抗压强度最大值或最小值与平均值相差超过20%时，应取中间4个试件强度的平均值。

4. 混凝土分项工程

(1)质量要求。

1)结构构件的混凝土强度应按现行国家标准《混凝土强度检验评定标准》(GB/T 50107—2010)的规定分批检验评定。

对采用蒸汽法养护的混凝土结构构件，其混凝土试件应先随同结构构件同条件蒸汽养护，再转入标准条件养护共28 d。

当混凝土中掺用矿物掺合料时，确定混凝土强度时的龄期可按现行国家标准《粉煤灰混凝土应用技术规范》(GBJ 146—1990)等的规定取值。

2)检验评定混凝土强度用的混凝土试件的尺寸及强度的尺寸换算系数应按表5.23取用；其标准成型方法、标准养护条件及强度试验方法应符合普通混凝土力学性能试验方法标准的规定。

表5.23 混凝土试件尺寸及强度的尺寸换算系数 (单位：mm)

骨粒最大粒	试件尺寸	强度的尺寸换算关系
≤31.5	100×100×100	0.95
≤40	150×150×150	1.00
≤63	200×200×200	1.05

注：对强度等级为$C_{60及}$以上的混凝土试件，其强度的尺寸换算系数可通过试验确定。

3)结构构件拆模、出池、出厂、吊装、张拉、放张及施工期间临时负荷时的混凝土强度，应根据同条件养护的标准尺寸试件的混凝土强度确定。

4)当混凝土试件强度评定不合格时，可采用非破损或局部破损的检测方法，按国家现行有关标准的规定对结构构件中的混凝土强度进行推定，并作为处理的依据。

5)混凝土的冬期施工应符合国家现行标准《建筑工程冬期施工规程》(JGJ/T 104—2011)和施工技术方案的规定。

(2)旁站监理检查。

1)混凝土配合比设计。

①混凝土应按国家现行标准《普通混凝土配合比设计规程》(JGJ 55—2011)的有关规定，根据混凝土强度等级、耐久性和工作性等要求进行配合比设计。

对有特殊要求的混凝土，其配合比设计上应符合国家现行有关标准的专门规定。

②首次使用的混凝土配合比应进行开盘鉴定，其工作性应满足设计配合比的要求。开始生产时应至少留置一组标准养护试件，作为验证配合比的依据。

③混凝土拌制前，测定砂、石含水率，根据测试结果调整材料用量，提出施工配合比。

2)混凝土施工。

①结构混凝土的强度等级必须符合设计要求。用于检查结构构件混凝土强度的试件，应在混凝土的浇筑地点随机抽取。取样与试件留置应符合下列规定：

a. 每拌制100盘且不超过100 m^3的同配合比的混凝土，取样不得少于一次。

b. 每工作班拌制的同一配合比的混凝土不足100盘时，取样不得少于一次。

c. 当一次连续浇筑超过 1 000 m^3 时，同一配合比的混凝土每 200 m^3 取样不得少于一次。

d. 每一楼层、同一配合比的混凝土，取样不得少于一次。

e. 每次取样应至少留置一组标准养护试件，同条件养护试件的留置组数应根据实际需要确定。

②对有抗渗要求的混凝土结构，其混凝土试件应在浇筑地点随机取样。同一工程、同一配合比的混凝土，取样不应少于一次，留置组数可根据实际需要确定。

③混凝土原材料每盘称量的允许偏差应符合表 5.24 的规定。

表 5.24　混凝土原材料每盘称量的允许偏差

材料名称	允许偏差	材料名称	允许偏差
水泥、掺合料	±2%	水、外加剂	±2%
粗、细骨料	±3%	—	—

注：1. 各种衡器应定期校验，每次使用前应进行零点校核，保持计量准确。

2. 当遇雨天或含水率有显著变化时，应增加含水率检测次数，并及时调整水和骨料的用量。

④混凝土运输、浇筑及间歇的全部时间不应超过混凝土的初凝时间。同一施工段的混凝土应连续浇筑，并应在底层混凝土初凝之前将上一层混凝土浇筑完毕。

当底层混凝土初凝后浇筑上一层混凝土时，应按施工技术方案中对施工缝的要求进行处理。

⑤施工缝的位置应在混凝土浇筑前按设计要求和施工技术方案确定。施工缝的处理应按施工技术方案执行。

⑥后浇带的留置位置应按设计要求和施工技术方案确定。后浇带混凝土浇筑应按施工技术方案进行。

⑦混凝土浇筑完毕后，应按施工技术方案及时采取有效的养护措施，并应符合下列规定：

a. 应在浇筑完毕后的 12 h 以内对混凝土加以覆盖并保湿养护。

b. 混凝土浇水养护的时间：采用硅酸盐水泥、普通硅酸盐水泥或矿渣硅酸盐水泥拌制的混凝土，不少于 7 d；掺用缓凝型外加剂或有抗渗要求的混凝土，不少于 14 d。

c. 浇水次数应能保持混凝土处于湿润状态；混凝土养护用水应与拌制用水相同。

d. 采用塑料布覆盖养护的混凝土，其敞露的全部表面应覆盖严密，并应保持塑料布内有凝结水。

e. 混凝土强度达到 1.2 N/mm^2 前，不得在其上踩踏或安装模板及支架。

注意：☆当日平均气温低于 5 ℃时，不得浇水。

☆当采用其他品种水泥时，混凝土的养护时间应根据所采用水泥的技术性能确定。

☆混凝土表面不便浇水或使用塑料布时，宜涂刷养护剂。

☆对大体积混凝土的养护，应根据气候条件按施工技术方案采取控温措施。

5. 装配式结构分项工程

(1) 质量要求。

1) 预制构件应进行结构性能检验。结构性能检验不合格的预制构件不得用于混凝土结构。

2) 叠合结构中预制构件的叠合面应符合设计要求。

3)装配式结构外观质量、尺寸偏差的验收及对缺陷的处理应按规范《混凝土结构工程施工质量验收规范》(GB 50204—2002)第8章的相应规定执行。

(2)旁站监理检查。

预制构件应按标准图或设计要求的试验参数及检验指标进行结构性能检验。

1)检验内容。钢筋混凝土构件和允许出现裂缝的预应力混凝土构件进行承载力、挠度和裂缝宽度检验;不允许出现裂缝的预应力混凝土构件进行承载力、挠度和抗裂检验;预应力混凝土构件中的非预应力杆件按钢筋混凝土构件的要求进行检验。对设计成熟、生产数量较少的大型构件,当采取加强材料和制作质量检验的措施时,可仅作挠度、抗裂或裂缝宽度检验;当采取上述措施并有可靠的实践经验时,可不作结构性能检验。

2)检验数量。对成批生产的构件,应按同一工艺正常生产的不超过1 000件且不超过3个月的同类型产品为一批。当连续检验10批且每批的结构性能检验结果均符合规范(GB 50204—2002)规定的要求时,对同一工艺正常生产的构件,可改为不超过2 000件且不超过3个月的同类型产品为一批。在每批中应随机抽取一个构件作为试件进行检验。

5.3　施工阶段砌体工程质量监理

1. 砖砌体工程

(1)质量要求

1)用于清水墙、柱表面的砖,应边角整齐,色泽均匀。

2)有冻胀环境和条件的地区,地面以下或防潮层以下的砌体,不宜采用多孔砖。

3)砌筑烧结普通砖、烧结多孔砖、蒸压灰砂砖、蒸压粉煤灰砖砌体时,砖应提前1~2 d适度湿润,严禁采用干砖或处于吸水饱和状态的砖砌筑,块体湿润程度宜符合下列规定:

①烧结类块体的相对含水率60%~70%。

②混凝土多孔砖及混凝土实心砖不需要浇水湿润,但在气候干燥炎热的情况下,宜在砌筑前对其喷水湿润。其他非烧结类块体的相对含水率40%~50%。

4)砌砖工程当采用铺浆法砌筑时,铺浆长度不得超过750 mm;施工期间气温超过30 ℃时,铺浆长度不得超过500 mm。

5)240 mm厚承重墙的每层墙的最上一皮砖,砖砌体的阶台水平面上及挑出层,应整砖丁砌。

6)弧拱式及平拱式过梁的灰缝应砌成楔形缝,拱底灰缝宽度不宜小于5 mm;拱顶灰缝宽度不应大于15 mm,拱体的纵向及横向灰缝应填实砂浆;平拱式过梁拱脚下面应伸入墙内不小于20 mm;砖砌平拱过梁底应有1%的起拱。

7)砖过梁底部的模板及其支架拆除时,灰缝砂浆强度不应低于设计强度的75%。

8)多孔砖的孔洞应垂直于受压面砌筑。半盲孔多孔砖的封底面应朝上砌筑。

9)竖向灰缝不得出现透明缝、瞎缝和假缝。

10)砖砌体施工临时间断处补砌时,必须将接槎处表面清理干净,浇水湿润,并填实砂浆,保持灰缝平直。

11)夹心复合墙的砌筑应符合下列规定:

①墙体砌筑时,应采取措施防止空腔内掉落砂浆和杂物。

②拉结件设置应符合设计要求,拉结件在叶墙上的搁置长度不应小于叶墙厚度的2/3,并不应小于60 mm。

③保温材料品种及性能应符合设计要求。保温材料的浇注压力不应对砌体强度、变形及外观质量产生不良影响。

(2)旁站监理检查。

1)砌体工作段划分。

①相邻工作段的分段位置,宜设在伸缩缝、沉降缝、防震缝构造柱或门窗洞口处。

②相邻工作段的高度差,不得超过一个楼层的高度,且不得大于4 m。

③砌体临时间断处的高度差,不得超过一步脚手架的高度。

④砌体施工时,楼面堆载不得超过楼板允许荷载值。

⑤尚未安装楼板或屋面的墙和柱,当可能遇到大风时,其允许自由高度不得超过有关规定。如超过规定,必须采取临时支撑等有效措施以保证墙或柱在施工中的稳定性。

⑥雨天施工应防止雨水冲刷砂浆(或基槽灌水),砂浆的稠度应适当减小,每日砌筑高度不宜超过1.2 m,收工时应遮盖砌体表面。

⑦设有钢筋混凝土抗风柱的房屋,应在柱顶与屋架以及屋架间的支撑均已连接固定后,方可砌筑山墙。

2)留槎、拉结筋

①砖砌体的转角处和交接处应同时砌筑,严禁无可靠措施的内外墙分砌施工。在抗震设防烈度为8度及8度以上地区,对不能同时砌筑而又必须留置的临时间断处应砌成斜槎,普通砖砌体斜槎水平投影长度不应小于高度的2/3,多孔砖砌体的斜槎长度比不应小于1/2。斜槎高度不得超过一步脚手架的高度。接槎时必须将接槎处的表面清理干净,浇水湿润,填实砂浆并保持灰缝平直。

②非抗震设防及抗震设防烈度为6度、7度地区的临时间断处,当不能留斜槎时,除转角处外,可留直槎,但直槎必须做成凸槎。留直槎处应加设拉结钢筋,拉结钢筋的数量为每120 mm墙厚放置1 ϕ6拉结钢筋(120 mm厚墙放置2 ϕ6拉结钢筋),间距沿墙高不应超过500 mm,且竖向间距偏差不应超过100 mm;埋入长度从留槎处算起每边均不应小于500 mm,对抗震设防烈度6度、7度的地区,不应小于1 000 mm;末端应有90°弯钩,如图5.3所示。

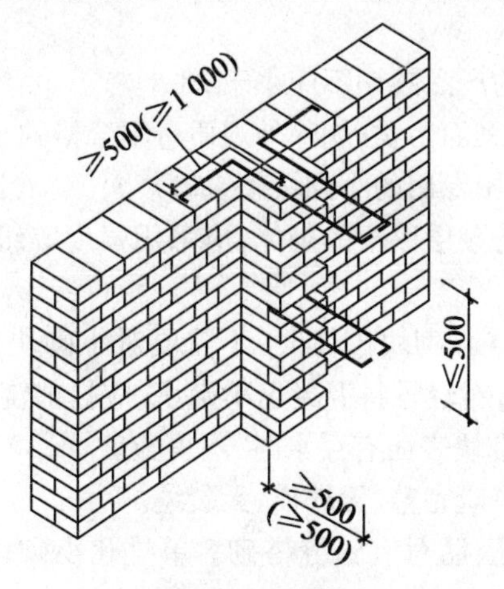

图5.3　留直槎

③多层砌体结构中,后砌的非承重砌体隔墙,应沿墙高每隔500 mm配置2根ϕ6的钢筋与承重墙或柱拉结,每边伸入墙内不应小于500 mm。抗震设防烈度为8度和9度区,长度大于5 m的后砌隔墙的墙顶,尚应与楼板或梁拉结。隔墙砌至梁板底时,应留一定空隙,间隔一周后再补砌挤紧。

3)灰缝。

①砖砌体的灰缝应横平竖直,厚薄均匀。水平灰缝厚度和竖向灰缝宽度宜为10 mm,但不应小于8 mm,也不应大于12 mm。砌筑方法宜采用"三一"砌砖法,即"一铲灰、一块砖、一揉挤"的操作方法。竖向灰缝宜采用挤浆法或加浆法,使其砂浆饱满,严禁用水冲浆灌缝。如采用铺浆法砌筑,铺浆长度不得超过750 mm。施工期间气温超过30 ℃时,铺浆长度不得超过500 mm。

水平灰缝的砂浆饱满度不得低于80%;竖向灰缝不得出现瞎缝、透明缝和假缝。

②清水墙面不应有上下两皮砖搭接长度小于25 mm的通缝,不得有三分头砖,不得在上部随意变活乱缝。

③空斗墙的水平灰缝厚度和竖向灰缝宽度一般为10 mm,但不应小于7 mm,也不应大于13 mm。

④筒拱拱体灰缝应全部用砂浆填满,拱底灰缝宽度宜为5~8 mm,筒拱的纵向缝应与拱的横断面垂直。筒拱的纵向两端不宜砌入墙内。

⑤为保持清水墙面立缝垂直一致,当砌至一步架子高时,水平间距每隔2 m,在丁砖竖缝位置弹两道垂直立线。

⑥清水墙勾缝应采用加浆勾缝,勾缝砂浆宜采用细砂拌制的1:1.5水泥砂浆。勾缝时深度为4~5 mm,多雨地区或多孔砖可采用稍浅的凹缝或平缝。

⑦弧拱式及平拱式过梁的灰缝应砌成楔形缝,拱底灰缝宽度不宜小于5 mm,拱顶灰缝宽度不应大于15 mm,拱体的纵向及横向灰缝应填实砂浆;平拱式过梁拱脚下面应伸入墙内不小于20 mm,砖砌平拱过梁底应有1%起拱。

⑧砌体的伸缩缝、沉降缝、防震缝中,不得夹有砂浆、碎砖和杂物等。

4)构造柱。构造柱施工应按"配筋砌体工程"的有关要求进行控制。

2.混凝土小型空心砌块砌体工程

(1)质量要求。

1)施工时所用的小砌块的产品龄期不应小于28 d。

2)砌筑小砌块时,应清除表面污物,剔除外观质量不合格的小砌块。

3)砌筑小砌块砌体,宜选用专用的小砌块砌筑砂浆。

4)底层室内地面以下或防潮层以下的砌体,应采用强度等级不低于C20(或Cb20)的混凝土灌实小砌块的孔洞。

5)砌筑普通混凝土小型空心砌块砌体时,不需要对小砌块浇水湿润,如遇天气干燥炎热,宜在砌筑前对其喷水湿润;对轻骨料混凝土小砌块,应提前浇水湿润,块体的相对含水率宜为40%~50%。雨天及小砌块表面有浮水时,不得施工。

6)承重墙体使用的小砌块应完整、无缺损、无裂缝。

7)小砌块墙体应对孔对孔、肋对有错缝搭砌。单排孔小砌块的搭接长度应为块体长度的1/2;多排孔小砌块的搭接长度可适当调整,但不宜小于砌块长度的1/3,且不应小于

90 mm。墙体的个别部位不能满足上述要求时，应在灰缝中设置拉结钢筋或钢筋网片，但竖向通缝仍不得超过两皮小砌块。

8）小砌块应将生产时的底面朝上反砌于墙上。

9）小砌块墙体宜逐块坐（铺）浆砌筑。

10）在散热器、厨房、卫生间等设备的卡具安装处砌筑的小砌块，宜在施工前用强度等级不低于 C20（或 Cb20）的混凝土将其孔洞灌实。

11）每步架墙（柱）砌筑完后，应随即刮平墙体灰缝。

12）芯柱处水上砌块墙体砌筑应符合下列规定：

①每一楼层芯柱处第一皮砌体应采用开口水上砌块。

②砌筑时应随砌随清除小砌块孔内的毛边，并将灰缝中挤出的砂浆刮净。

13）芯柱混凝土宜选用专用小砌块灌孔混凝土。浇筑芯柱混凝土应符合下列规定：

①每次连续浇筑的高度宜为半个楼层，但不应大于 1.8 m。

②浇筑芯柱混凝土时，砌筑砂浆强度应大于 1 MPa。

③清除孔内掉落的砂浆等杂物，并用水冲淋孔壁。

④浇筑芯柱混凝土前，应先注入适量与芯柱混凝土相同的去石砂浆。

⑤每浇筑 400 ~ 500 mm 高度捣实一次，或边浇筑边捣实。

（2）旁站监理检查。

1）组砌与灰缝。

①普通小砌块砌筑时，可为自然含水率；当天气干燥炎热时，可提前洒水湿润。轻骨料小砌块，因吸水率大，应提前一天用水湿润。当小砌块表面有浮水时，为避免游砖，不宜进行砌筑。

②小砌块砌筑前应预先绘制砌块排列图，并应确定皮数。不够主规格尺寸的部位，应采用辅助规格小砌块。

③小砌块砌筑墙体时应对孔错缝搭砌；当不能对孔砌筑时，搭接长度不得小于 90 mm；当个别部位不能满足时，应在水平灰缝中设置拉结钢筋网片，网片两端距竖缝长度均不得小于 300 mm。竖向通缝（搭接长度小于 90 mm）不得超过两皮。

④小砌块砌筑应将底面（壁、肋稍厚一面）朝上反砌于墙上。

⑤小砌块砌体的水平灰缝应平直，按净面积计算水平灰缝砂浆饱满度不得小于 90%；竖向灰缝砂浆饱满度不得小于 80%，竖缝凹槽部位应用砂浆填实；不得出现瞎缝、透明缝。

⑥小砌块砌体的水平灰缝厚度和竖向灰缝宽度宜为 10 mm，但不应小于 8 mm，也不应大于 12 mm。铺灰长度不宜超过两块主规格块体的长度。

⑦需要移动砌体中的小砌块或砌体被撞后，应重新铺砌。

⑧厕所和有防水要求的楼面，墙底部应浇筑高度不小于 120 mm 的混凝土坎。

⑨小砌块清水墙勾缝应采用加浆勾缝，当设计无具体要求时宜采用平缝形式。

⑩雨天砌筑应有防雨措施，砌筑完毕应对砌体进行遮盖。

2）留槎、拉结筋。

①墙体转角处和纵横墙交接处应同时砌筑。临时间断处应砌成斜槎，斜槎水平投影长度不应小于高度的 2/3。

②砌块墙与后砌隔墙交接处，应沿墙高每 400 mm 在水平灰缝内设置不少于 2 ϕ4、横筋

间距不大于200 mm的焊接钢筋网片,如图5.4所示。

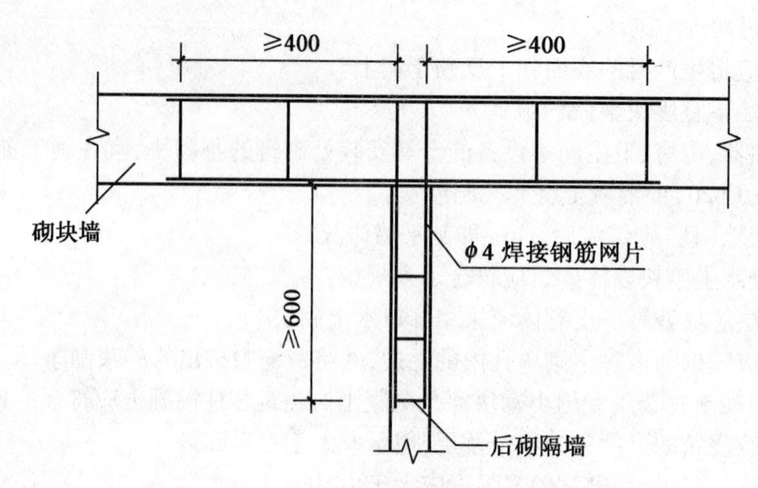

图5.4　砌砖墙与后砌砖墙交接处钢筋网片

3)预留洞、预埋件。除按砖砌体工程控制外,当墙上设置脚手眼时,可用辅助规格砌块侧砌,利用其孔洞作脚手眼(注意脚手眼下部砌块的承载能力);补眼时可用不低于小砌块强度的混凝土填实。

4)混凝土芯柱。

①砌筑芯柱(构造柱)部位的墙体,应采用不封底的通孔小砌块,砌筑时要保证上下孔通畅且不错孔,确保混凝土浇筑时不侧向流窜。

②在芯柱部位,每层楼的第一皮块体,应采用开口小砌块或U形小砌块砌出操作孔,操作孔侧面宜预留连通孔;砌筑开口小砌块或U形小砌块时,应随时刮去灰缝内凸出的砂浆,直至一个楼层高度。

③浇灌芯柱的混凝土,宜选用专用的小砌块灌孔混凝土,当采用普通混凝土时,其坍落度不应小于90 mm。

④浇灌芯柱混凝土,应遵守下列规定:

a.清除孔洞内的砂浆等杂物,并用水冲洗。

b.砌筑砂浆强度大于1 MPa时,方可浇灌芯柱混凝土。

c.在浇灌芯柱混凝土前应先注入适量与芯柱混凝土相同的去石水泥砂浆,再浇灌混凝土。

3.石砌体工程

(1)质量要求。

1)石砌体采用的石材应质地坚实,无裂纹和无明显风化剥落;用于清水墙、柱表面的石材,尚应色泽均匀;用于清水墙、柱表面的石材,尚应色泽均匀;石材的放射性应经检验,其安全性应符合现行国家标准《建筑材料放射性核素限量》(GB 6566—2010)的有关规定。

2)石材表面的泥垢、水锈等杂质,砌筑前应清除干净。

3)砌筑毛石基础的第一皮石块应座浆,并将大面向下;砌筑料石基础的第一皮石块应用丁砌层座浆砌筑。

4)毛石砌体的第一皮及转角处、交接处和洞口处,应用较大的平毛石砌筑。每个楼层

(包括基础)砌体的最上一皮,宜选用较大的毛石砌筑。

5)毛石砌筑时,对石块间存在的较大的缝隙,应先向缝内填灌砂浆并捣实,然后用小石块嵌填,不得先填小石块后填灌砂浆,石块间不得出现无砂浆相互接触现象。

6)砌筑毛石挡土墙应按分层高度砌筑,并应符合下列规定:

①每砌3~4皮为一个分层高度,每个分层高度应将顶层石块砌平。

②两个分层高度间分层处的错缝不得小于80 mm。

7)料石挡土墙,当中间部分用毛石砌时,丁砌料石伸入毛石部分的长度不应小于200 mm。

8)毛石、毛料石、粗料石、细料石砌体灰缝厚度应均匀,灰缝厚度应符合下列规定:

①毛石砌体外露面的灰缝厚度不宜大于40 mm。

②毛料石和粗料石的灰缝厚度不宜大于20 mm。

③细料石的的灰缝厚度不宜大于5 mm。

9)挡土墙的泄水孔当设计无规定时,施工应符合下列规定:

①泄水孔应均匀设置,在每米高度上间隔2 m左右设置一个泄水孔。

②泄水孔与土体间铺设长宽各为300 mm、厚200 mm的卵石或碎石作疏水层。

10)挡土墙内侧回填土必须分层夯填,分层松土厚宜为300 mm。墙顶土面应有适当坡度使流水流向挡土墙外侧面。

11)在毛石和实心砖的组合墙中,毛石砌体与砖砌体应同时砌筑,并每隔4~6皮砖用2~3皮丁砖与毛石砌体拉结砌合;两种砌体间的空隙应填实砂浆。

12)毛石墙和砖墙相接的转角处和交接处应同时砌筑。转角处、交接处应自纵墙(或横墙)每隔4~6皮砖高度引出不小于120 mm与横墙(或纵墙)相接。

(2)旁站监理检查。

1)毛石砌体砌筑。

①毛石砌体应采用铺浆法砌筑。砂浆必须饱满,叠砌面的黏灰面积(即砂浆饱满度)应大于80%。

②毛石砌体宜分皮卧砌,各皮石块间应利用毛石自然形状经敲打修整使其能与先砌毛石基本吻合、搭砌紧密;毛石应上下错缝,内外搭砌,不得采用外面侧立毛石中间填心的砌筑方法;中间不得有铲口石(尖石倾斜向外的石块)、斧刃石(尖石向下的石块)和过桥石(仅在两端搭砌的石块),如图5.5所示。

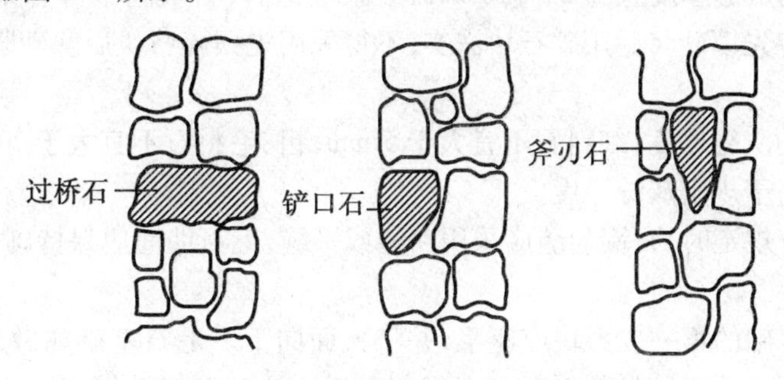

图5.5 铲口石、斧刃石、过桥石

③毛石砌体的灰缝厚度宜为20~30 m,石块间不得相互接触。石块间较大的空隙应先

填塞砂浆后用碎石块嵌实，不得采用先摆碎石块后塞砂浆或干填碎石块的方法。

2）料石砌体砌筑。

①料石砌体应采用铺浆法砌筑，料石应放置平稳，砂浆必须饱满。砂浆铺设厚度应略高于规定灰缝厚度，其高出厚度：细料石宜为3～5 mm；粗料石、毛料石宜为6～8 mm。

②料石砌体的灰缝厚度：细料石砌体不宜大于5 mm；粗料石和毛料石砌体不宜大于20 mm。

③料石砌体的水平灰缝和竖向灰缝的砂浆饱满度均应大于80%。

④料石砌体上下皮料石的竖向灰缝应相互错开，错开长度应不小于料石宽度的1/2。

3）砌筑质量控制。

①接槎。

a. 石砌体的转角处和交接处应同时砌筑。对不能同时砌筑而必须留置的临时间断处，应砌成踏步槎。

b. 在毛石和实心砖的组合墙中，毛石砌体与砖砌体应同时砌筑，并每隔4～6皮砖用2～3皮丁砖与毛石砌体拉结砌合。两种砌体间的空隙应用砂浆填满。

c. 毛石墙和砖墙相接的转角处和交接处应同时砌筑。转角处应自纵墙（或横墙）每隔4～6皮砖高度引出不小于120 mm与横墙（或纵墙）相接；交接处应自纵墙每隔4～6皮砖高度引出不小于120 mm与横墙相接。

d. 在料石和毛石或砖的组合墙中，料石砌体和毛石砌体或砖砌体应同时砌筑，并每隔2～3皮料石层用丁砌层与毛石砌体或砖砌体拉结砌合。丁砌料石的长度宜与组合墙厚度相同。

②错缝。

a. 毛石砌体宜分皮卧砌，各皮石块间应利用自然形状经敲打修整，使其能与先砌石块基本吻合，搭砌紧密；并应上下错缝、内外搭砌，不得采用外面侧立石块中间填心的砌筑方法；中间不得有铲口石、斧刃石和过桥石。

b. 料石砌体应上下错缝搭砌。砌体厚度等于或大于两块料石宽度时，如同皮内全部采用顺砌，每砌两皮后，应砌一皮丁砌层；如同皮内采用丁顺组砌，丁砌石应交错设置，其中心间距不应大于2 m。

③灰缝。

a. 毛石砌体的灰缝厚度宜为20～30 mm，砂浆应饱满，石块间不得有相互接触现象。石块间较大的空隙应先填砂浆后用碎石块嵌实，不得采用先摆碎石块后塞砂浆或干填碎石块的方法。

b. 料石砌体的灰缝厚度：细料石不宜大于5 mm；粗、毛料石不宜大于20 mm。砌筑时，砂浆铺设厚度应略高于规定灰缝厚度。

c. 当设计未作规定时，石墙勾缝应采用凸缝或平缝，毛石墙尚应保持砌合的自然缝。

④基础砌筑。

a. 砌筑毛石基础的第一皮石块应座浆，并将大面向下。毛石基础如做成阶梯形，上级阶梯的石块应至少压砌下级阶梯的1/2，相邻阶梯的毛石应相互错缝搭砌。

b. 砌筑料石基础的第一皮应用丁砌层座浆砌筑。阶梯形料石基础，上级阶梯的料石应至少压砌下级阶梯的1/3。

⑤拉结石设置。毛石墙必须设置拉结石。拉结石应均匀分布,相互错开,毛石基础同皮内每隔2 m左右设置一块;毛石墙一般每0.7 m^2 墙面至少应设置一块,且同皮内的中心间距不应大于2 m。

⑥每日砌筑高度。毛石砌体每日砌筑高度不应超过1.2 m。

4.配筋砌体工程

(1)质量要求。

1)构造柱浇灌混凝土前,必须将砌体留槎部位和模板浇水湿润,将模板内的落地灰、砖渣和其他杂物清理干净,并在结合面处注入适量与构造柱混凝土相同的去石水泥砂浆。振捣时,应避免触碰墙体,严禁通过墙体传震。

2)施工配筋小砌块砌体剪力墙,应采用专用的小砌块砌筑砂浆,专用小砌块灌孔混凝土浇筑芯柱。

3)设置在砌体水平灰缝中钢筋,应居中置于灰缝内,水平灰缝厚度应大于钢筋直径的4 mm以上。钢筋的锚固长度不宜小于50d(d为钢筋直径),且其水平或垂直弯折段的长度不宜小于20d和150 mm;钢筋的搭接长度不应小于55d。

(2)旁站监理检查。

1)面层和砖组合砌体。组合砖砌体应按下列顺序施工:

①砌筑砖砌体,同时根据箍筋或拉结钢筋的竖向间距,在水平灰缝中铺置箍筋或拉结钢筋。

②将纵向受力钢筋与箍筋绑牢,在组合砖墙中,将纵向受力钢筋与拉结钢筋绑牢,将水平分布钢筋与纵向受力钢筋绑牢。

③在面层部分的外围分段支设模板,每段支模高度宜不超过500 mm,浇水润湿模板及砖砌体面,分层浇灌混凝土或砂浆,并用捣棒捣实。

④待面层混凝土或砂浆的强度达到其设计强度的30%以上,方可拆除模板。如有缺陷应及时修整。

2)构造柱和砖组合砌体。

①构造柱和砖组合墙的施工顺序应为先砌墙后浇混凝土构造柱。构造柱施工程序为:绑扎钢筋→砌砖墙→支模板→浇混凝土→拆模。

②构造柱的模板可用木模板或组合钢模板。在每层砖墙及其马牙槎砌好后,应立即支设模板,模板必须与所在墙的两侧严密贴紧,支撑牢靠,防止模板缝漏浆。

③构造柱的底部(圈梁面上)应留出2皮砖高的孔洞,以便清除模板内的杂物,清除后封闭。

④构造柱浇灌混凝土之前,必须将马牙槎部位和模板浇水湿润,将模板内的落地灰、砖渣等杂物清理干净,并在结合面处注入适量与构造柱混凝土相同的去石水泥砂浆。

⑤构造柱的混凝土坍落度宜为50~70 mm,石子粒径不宜大于20 mm。混凝土应随拌随用,拌合好的混凝土应在1.5 h内浇灌完毕。

⑥构造柱的混凝土浇灌可分段进行,每段高度不宜大于2.0 m。在施工条件较好并能确保混凝土浇灌密实时,亦可每层一次浇灌。

⑦捣实构造柱混凝土时,宜用插入式混凝土振动器,应分层振捣,振动棒随振随拔,每次振捣层的厚度不应超过振捣棒长度的1.25倍。振捣棒应避免直接碰触砖墙,严禁通过砖墙

传振。钢筋的混凝土保护层厚度宜为 20 ~ 30 mm。

⑧构造柱与砖墙连接的马牙槎内的混凝土必须密实饱满。

⑨构造柱从基础到顶层必须垂直,对准轴线。在逐层安装模板之前,必须根据构造柱轴线随时校正竖向钢筋的位置和垂直度。

3)网状配筋砖砌体。

①钢筋网应按设计规定制作成型。

②砖砌体部分与常规方法砌筑。在配置钢筋网的水平灰缝中,应先铺一半厚的砂浆层,放入钢筋网后再铺一半厚的砂浆层,使钢筋网居于砂浆层厚度中间。钢筋网四周应有砂浆保护层。

③配置钢筋网的水平灰缝厚度:当用方格网时,水平灰缝厚度为 2 倍钢筋直径加 4 mm;当用连弯网时,水平灰缝厚度为钢筋直径加 4 mm。确保钢筋上下各有 2 mm 厚的砂浆保护层。

④网状配筋砖砌体外表面宜采用 1:1 水泥砂浆勾缝或进行抹灰。

4)配筋砌块砌体。

①配筋砌块砌体施工之前,应按照设计要求,将所配置钢筋加工成型,堆置于配筋部位的近旁。

②砌块的砌筑应与钢筋设置互相配合。

③砌块的砌筑应采用专用的小砌块砌筑砂浆和专用的小砌块灌孔混凝土。

④钢筋设置的注意事项如下:

a. 钢筋的接头。钢筋直径大于 22 mm 时宜采用机械连接接头,其他直径的钢筋可采用搭接接头,并应符合下列要求:

ⅰ. 钢筋的接头位置宜设置在受力较小处。

ⅱ. 受拉钢筋的搭接接头长度不应小于 $1.1L_a$(L_a 为钢筋锚固长度),受压钢筋的搭接接头长度不应小于 $0.7L_a$,但不应小于 300 mm。

ⅲ. 当相邻接头钢筋的间距不大于 75 mm 时,其搭接长度应为 $1.2L_a$。当钢筋间的接头错开 $20d$(d 为钢筋直径)时,搭接长度可不增加。

b. 水平受力钢筋(网片)的锚固和搭接长度。

ⅰ. 在凹槽砌块混凝土带中,钢筋的锚固长度不宜小于 $30d$,且其水平或垂直弯折段的长度不宜小于 $15d$ 和 200 mm;钢筋的搭接长度不宜小于 $35d$。

ⅱ. 在砌体水平灰缝中,钢筋的锚固长度不宜小于 $50d$,且其水平或垂直弯折段的长度不宜小于 $20d$ 和 150mm;钢筋的搭接长度不宜小于 $55d$。

ⅲ. 在隔皮或错缝搭接的灰缝中为 $50d + 2h$(d 为灰缝受力钢筋直径,h 为水平灰缝的间距)。

c. 钢筋的最小保护层厚度。

ⅰ. 灰缝中钢筋外露砂浆保护层不宜小于 15 mm。

ⅱ. 位于砌块孔槽中的钢筋保护层,在室内正常环境下不宜小于 20 mm;在室外或潮湿环境中不宜小于 30 mm。

ⅲ. 对安全等级为一级或设计使用年限大于 50 年的配筋砌体,钢筋保护层厚度应比上述规定至少增加 5 mm。

d. 钢筋的弯钩。

钢筋骨架中的受力光面钢筋,应在钢筋末端作弯钩,在焊接骨架、焊接网,以及受压构件中,可不作弯钩;绑扎骨架中的受力变形钢筋,在钢筋的末端可不作弯钩。弯钩应为180°弯钩。

e. 钢筋的间距。

ⅰ. 两平行钢筋间的净距不应小于25 mm。

ⅱ. 柱和壁柱中的竖向钢筋的净距不宜小于40 mm(包括接头处钢筋间的净距)。

5. 填充墙砌体工程

(1)质量要求。

1)砌筑填充墙时,轻骨料混凝土小型空心砌块和蒸压加气混凝土砌块的产品龄期不应小于28 d,蒸压加气混凝土砌块的含水率宜小于30%。

2)烧结空心砖、蒸压加气混凝土砌块、轻骨料混凝土小型空心砌块等的运输、装卸过程中,严禁抛掷和倾倒;进场后应按品种、规格堆放整齐,堆置高度不宜超过2 m。蒸压加气混凝土砌块在运输与堆放中应防止雨淋。

3)吸水率较小的轻骨料混凝土小型空心砌块及采用薄灰砌筑法施工的蒸压加气混凝土砌块,砌筑前不应对其浇(喷)水浸润;在气候干燥炎热的情况下,对吸水率较小的轻骨料混凝土小型空心砌块宜在砌筑前喷水湿润。

4)采用普通砌筑砂浆砌筑填充墙时,烧结空心砖、吸水率较大的轻骨料混凝土小型空心砌块应提前1~2 d浇(喷)水湿润。蒸压加气混凝土砌块采用蒸压加气混凝土砌块砌筑砂浆或普通砌筑砂浆砌筑时,应在砌筑当天对砌块砌筑面喷水湿润。块体湿润程度宜符合下列规定:

①烧结空心砖的相对含水率60%~70%。

②吸水率较大的轻骨料混凝土小型砌块、蒸压加气混凝土砌块的相对含水率40%~50%。

5)在厨房、卫生间、浴室等处采用轻骨料混凝土小型空心砌块、蒸压加气混凝土砌块砌筑墙体时,墙底部宜现浇混凝土坎台等,其高度宜为150 mm。

6)填充墙拉结筋处的下皮小砌块宜采用半盲孔小砌块或用混凝土灌实孔洞的小砌块;薄灰砌筑法施工的蒸压加气混凝土砌块砌体,拉结筋应放置在砌块上表面设置的沟槽内。

7)蒸压加气混凝土砌块、轻骨料混凝土小型空心砌块不应与其他块体混砌,不同强度等级的同类砌块也不得混砌。

注意:窗台处和因安装门窗需要,在门窗洞口处两侧填充墙上、中、下部可采用其他块体局部嵌砌;对与框架柱、梁不脱开方法的填充墙,填塞填充墙顶部与梁之间缝隙可采用其他块体。

8)填充墙砌体砌筑,应待承重主体结构检验批验收合格后进行。填充墙与承重主体结构间的空(缝)隙部位施工,应在填充墙砌筑14 d后进行。

(2)旁站监理检查。

1)组砌与灰缝。

①砌块、空心砖应提前2 d浇水湿润;加气砌块砌筑时,应向砌筑面适量洒水;当采用黏结剂砌筑时不得浇水湿润。用砂浆砌筑时的含水率:轻骨料小砌块宜为5%~8%,空心砖宜

为10% ~15%,加气砌块宜小于15%,对于粉煤灰加气混凝土制品宜小于20%。

②轻骨料小砌块、加气砌块砌筑时应按砌块排列图进行。

③轻骨料小砌块、加气砌块和薄壁空心砖(如三孔砖)砌筑时,墙底部应砌筑烧结普通砖、多孔砖、普通小砖块(采用混凝土灌孔更好)或烧筑混凝土,其高度不宜小于150 mm。厕浴间和有防水要求的房间,所有墙底部150 mm高度内均应浇筑混凝土坎台。

④填充墙砌筑时应错缝搭砌。单排孔小砌块应对孔错缝砌筑,当不能对孔时,搭接长度不应小于90 mm、加气砌块搭接长度不小于砌块长度的1/3;当不能满足时,应在水平灰缝中设置钢筋加强。

⑤小砌块、空心砖砌体的水平、竖向灰缝厚度应为8 ~12 mm;加气砌块的水平灰缝厚度宜为15 mm,竖向灰缝宽度宜为20 mm。

⑥轻骨料小砌块和加气砌块砌体,由于干缩值大(是烧结黏土砖的数倍),不应与其他块材混砌。但对于因构造需要的墙底部、顶部、门窗固定部位等,可局部适量镶嵌其他块材。不同砌体交接处可采用构造柱连接。

⑦填充墙的水平灰缝砂浆饱满度均应不小于80%;小砌块、加气砌块砌体的竖向灰缝也不应小于80%,其他砖砌体的竖向灰缝应填满砂浆,并不得有透明缝、瞎缝、假缝。

⑧填充墙砌至梁、板底部时,应留有一定空隙,至少间隔7 d后再砌筑、挤紧;或用坍落度较小的混凝土或水泥砂浆填嵌密实。在封砌施工洞口及外墙井架洞口时,尤其应严格控制,千万不能一次到顶。

⑨小砌块、加气砌块砌筑时应防止雨淋。

2)拉结筋、抗震拉结措施。钢筋混凝土结构中砌筑填充墙时,应沿框架柱(剪力墙)全高每隔500 mm(砌块模数不能满足时可为600 mm)设2 ϕ6 拉结筋,拉结筋伸入墙内的长度应符合设计要求;当设计无具体要求时:非抗震设防及抗震设防烈度为6度、7度时,不应小于墙长的1/5且不小于700 mm;8度、9度时宜沿墙全长贯通。

抗震设防地区还应采取如下抗震拉结措施:

①墙长大于5 m时,墙顶与梁宜有拉结。

②墙长超过层高2倍时,宜设置钢筋混凝土构造柱。

③墙高超过4 m时,墙体半高处宜设置与柱连接且沿墙全长贯通的钢筋混凝土水平系梁。

单层钢筋混凝土柱厂房等其他砌体围护墙应按设计要求。

3)预留孔洞、预埋件。同"砖砌体工程"。

5.4 施工阶段钢结构工程质量监理

1. 质量要求

(1)钢材。

1)钢材、钢铸件的品种、规格、性能等应符合现行国家产品标准和设计要求。进口钢材产品的质量应符合设计和合同规定标准的要求。

检查数量:全数检查。

检验方法:检查质量合格证明文件、中文标志及检验报告等。

2)对属于下列情况之一的钢材,应进行抽样复验,其复验结果应符合现行国家产品标准和设计要求。

①国外进口钢材。

②钢材混批。

③板厚等于或大于 40 mm,且设计有 Z 向性能要求的厚板。

④建筑结构安全等级为一级,大跨度钢结构中主要受力构件所采用的钢材。

⑤设计有复验要求的钢材。

⑥对质量有疑义的钢材。

检查数量:全数检查。

检验方法:检查复验报告。

3)钢板厚度及允许偏差应符合其产品标准的要求。

检查数量:每一品种、规格的钢板抽查 5 处。

检验方法:用游标卡尺量测。

4)型钢的规格尺寸及允许偏差符合其产品标准的要求。

检查数量:每一品种、规格的型钢抽查 5 处。

检验方法:用钢尺和游标卡尺量测。

5)钢材的表面外观质量除应符合国家现行有关标准的规定外,尚应符合下列规定:

①当钢材的表面有锈蚀、麻点或划痕等缺陷时,其深度不得大于该钢材厚度负允许偏差值的 1/2。

②钢材表面的锈蚀等级应符合现行国家标准《涂覆涂料前钢材表面处理 表面清洁度的目视评定 第 1 部分:未涂覆过的钢材表面和全面清除原有涂层后的钢材表面的锈蚀等级和处理等级》(GB 8923.1—2011)规定的 C 级及 C 级以上。

③钢材端边或断口处不应有分层、夹渣等缺陷。

检查数量:全数检查。

检验方法:观察检查。

(2)焊接材料。

1)焊接材料的品种、规格、性能等应符合现行国家产品标准和设计要求。

检查数量:全数检查。

检验方法:检查焊接材料的质量合格证明文件、中文标志及检验报告等。

2)重要钢结构采用的焊接材料应进行抽样复验,复验结果应符合现行国家产品标准和设计要求。

检查数量:全数检查。

检验方法:检查复验报告。

3)焊钉及焊接瓷环的规格、尺寸及偏差应符合现行国家标准《电弧螺柱焊用圆柱头焊钉》(GB/T 10433—2002)中的规定。

检查数量:按量抽查 1%,且不应少于 10 套。

检验方法:用钢尺和游标卡尺量测。

4)焊条外观不应有药皮脱落、焊芯生锈等缺陷;焊剂不应受潮结块。

检查数量:按量抽查1%,且不应少于10包。

检验方法:观察检查。

(3)连接用紧固标准件。

1)钢结构连接用高强度大六角头螺栓连接副、扭剪型高强度螺栓连接副、钢网架用高强度螺栓、普通螺栓、铆钉、自攻钉、拉铆钉、射钉、锚栓(机械型和化学试剂型)、地脚锚栓等紧固标准件及螺母、垫圈等标准配件,其品种、规格、性能等应符合现行国家产品标准和设计要求。高强度大六角头螺栓连接副和扭剪型高强度螺栓连接副出厂时应分别随箱带有扭矩系数和紧固轴力(预拉力)的检验报告。

检查数量:全数检查。

检验方法:检查产品的质量合格证明文件、中文标志及检验报告等。

2)高强度大六角头螺栓连接副应按规定检验其扭矩系数,其检验结果应符合规范《钢结构工程施工质量验收规范》(GB 50205—2001)附录B的规定。

检查数量:见《钢结构工程施工质量验收规范》(GB 50205—2001)附录B。

检验方法:检查复验报告。

3)扭剪型高强度螺栓连接副应按规定检验预拉力,其检验结果应符合《钢结构工程施工质量验收规范》(GB 50205—2001)附录B的规定。

检查数量:见《钢结构工程施工质量验收规范》(GB 50205—2001)附录B。

检验方法:检查复验报告。

4)高强度螺栓连接副,应按包装箱配套供货,包装箱上应标明批号、规格、数量及生产日期。螺栓、螺母、垫圈外观表面应涂油保护,不应出现生锈和沾染赃物,螺纹不应损伤。

检查数量:按包装箱数抽查5%,且不应少于3箱。

检验方法:观察检查。

5)对建筑结构安全等级为一级,跨度40 m及以上的螺栓球节点钢网架结构,其连接高强度螺栓应进行表面硬度试验,对8.8级的高强度螺栓其硬度应为HRC21～29;10.9级高强度螺栓其硬度应为HRC32～36,且不得有裂纹或损伤。

检查数量:按规格抽查8只。

检验方法:硬度计、10倍放大镜或磁粉探伤。

(4)焊接球。

1)焊接球及制造焊接球所采用的原材料,其品种、规格、性能等应符合现行国家产品标准和设计要求。

检查数量:全数检查。

检验方法:检查产品的质量合格证明文件、中文标志及检验报告等。

2)焊接球焊缝应进行无损检验,其质量应符合设计要求,当设计无要求时应符合规范《钢结构工程施工质量验收规范》(GB 50205—2001)中规定的二级质量标准。

检查数量:每一规格按数量抽查5%,且不应少于3个。

检验方法:超声波探伤或检查检验报告。

3)焊接球直径、圆度、壁厚减薄量等尺寸及允许偏差应符合规范GB 50205—2001的规定。

检查数量:每一规格按数量抽查5%,且不应少于3个。

检验方法:用卡尺和测厚仪检查。

4)焊接球表面应无明显波纹及局部凹凸不平不大于1.5 mm。

检查数量:每一规格按数量抽查5%,且不应少于3个。

检验方法:用弧形套模、卡尺和观察检查。

(5)螺栓球。

1)螺栓球及制造螺栓球节点所采用的原材料,其品种、规格、性能等应符合现行国家产品标准和设计要求。

检查数量:全数检查。

检验方法:检查产品的质量合格证明文件、中文标志及检验报告等。

2)螺栓球不得有过烧、裂纹及褶皱。

检查数量:每种规格抽查5%,且不应少于5只。

检验方法:用10倍放大镜观察和表面探伤。

3)螺栓球螺纹尺寸应符合现行国家标准《普通螺纹 基本尺寸》(GB/T 196—2003)中粗牙螺纹的规定,螺纹公差必须符合现行国家标准《普通螺纹 公差》(GB/T 197—2003)中6H级精度的规定。

检查数量:每种规格抽查5%,且不应少于5只。

检验方法:用标准螺纹规。

4)螺栓球直径、圆度、相邻两螺栓孔中心线夹角等尺寸及允许偏差应符合本规范的规定。

检查数量:每一规格按数量抽查5%,且不应少于3个。

检验方法:用卡尺和分度头仪检查。

(6)封板、锥头和套筒。

1)封板、锥头和套筒及制造封板、锥头和套筒所采用的原材料,其品种、规格、性能等应符合现行国家产品标准和设计要求。

检查数量:全数检查。

检验方法:检查产品的质量合格证明文件、中文标志及检验报告等。

2)封板、锥头、套筒外观不得有裂纹、过烧及氧化皮。

检查数量:每种抽查5%,且不应少于10只。

检验方法:用放大镜观察检查和表面探伤。

(7)金属压型板。

1)金属压型板及制造金属压型板所采用的原材料,其品种、规格、性能等应符合现行国家产品标准和设计要求。

检查数量:全数检查。

检验方法:检查产品的质量合格证明文件、中文标志及检验报告等。

2)压型金属泛水板、包角板和零配件的品种、规格,以及防水密封材料的性能应符合现行国家产品标准和设计要求。

检查数量:全数检查。

检验方法:检查产品的质量合格证明文件、中文标志及检验报告等。

3)压型金属板的规格尺寸及允许偏差、表面质量、涂层质量等应符合设计要求和本规范的规定。

检查数量:每种规格抽查5%,且不应少于3件。

检验方法:观察和用10倍放大镜检查及尺量。

(8)涂装材料。

1)钢结构防腐涂料、稀释剂和固化剂等材料的品种、规格、性能等应符合现行国家产品标准和设计要求。

检查数量:全数检查。

检验方法:检查产品的质量合格证明证书、中文标志及检验报告等。

2)钢结构防火涂料的品种和技术性能应符合设计要求,并应经过具有资质的检测机构检测符合国家现行有关标准的规定。

检查数量:全数检查。

检验方法:检查产品的质量合格证明文件、中文标志及检验报告等。

3)防腐涂料和防火涂料的型号、名称、颜色及有效期应与其质量证明文件相符。开启后,不应存在结皮、结块、凝胶等现象。

检查数量:按桶数抽查5%,且不应少于3桶。

检验方法:观察检查。

(9)其他材料。

1)钢结构用橡胶垫的品种、规格、性能等应符合现行国家产品标准和设计要求。

检查数量:全数检查。

检验方法:检查产品的质量合格证明文件、中文标志及检验报告等。

2)钢结构工程所涉及的其他特殊材料,其品种、规格、性能等应符合现行国家产品标准和设计要求。

检查数量:全数检查。

检验方法:检查产品的质量合格证明文件、中文标志及检验报告等。

2. 旁站监理检查

(1)钢结构连接工程。

1)钢结构焊接施工。

①钢构件焊接工程。

a. 焊条、焊丝、焊剂、电渣焊熔嘴等焊接材料与母材的匹配应符合设计要求及国家现行行业标准《建筑钢结构焊接技术规程》(JGJ 81—2002)的规定。焊条、焊剂、药芯焊丝、熔嘴等在使用前,应按其产品说明书及焊接工艺文件的规定进行烘焙和存放。

b. 焊工必须经考试合格并取得合格证书。持证焊工必须在其考试合格项目及其认可范围内施焊。

c. 施工单位对其首次采用的钢材、焊接材料、焊接方法、焊后热处理等,应进行焊接工艺评定,并应根据评定报告确定焊接工艺。

d. 设计要求全焊透的一、二级焊缝应采用超声波探伤进行内部缺陷的检验,超声波探伤不能对缺陷作出判断时,应采用射线探伤,其内部缺陷分级及探伤方法应符合现行国家标准《钢焊缝手工超声波探伤方法和探伤结果分级法》(GB/T 11345—1989)或《金属熔化焊焊接接头射线照相》(GB/T 3323—2005)的规定。

焊接球节点网架焊缝、螺栓球节点网架焊缝及圆管T、K、Y形节点相关线焊缝，其内部缺陷分级及探伤方法应符合国家现行标准《钢结构超声波探伤及质量分级法》(JGJ/T 203—2007)、《建筑钢结构焊接技术规程》(JGJ 81—2002)。

一级、二级焊缝的质量等级及缺陷分级应符合表5.25的规定。

表5.25　一级、二级焊缝的质量等级及缺陷分级

焊缝质量等级		一级	二级
内部缺陷超声波探伤	评定等级	Ⅱ	Ⅲ
	检验等级	B级	B级
	探伤比例	100%	20%
内部缺陷射线探伤	评定等级	Ⅱ	Ⅲ
	检验等级	AB级	AB级
	探伤比例	100%	20%

注：探伤比例的计数方法应按以下原则确定：

1. 对工厂制作焊缝，应按每条焊缝计算百分比，且探伤长度应不小于200 mm，当焊缝长度不足200 mm时，应对整条焊缝进行探伤。

2. 对现场安装焊缝，应按同一类型、同一施焊条件的焊缝条数计算百分比，探伤长度应不小于200 mm，并应不少于1条焊缝。

e. T形接头、十字接头、角接接头等要求熔透的对接和角对接组合焊缝，其焊脚尺寸不应小于$t/4$[图5.6(a)、(b)、(c)]；设计有疲劳验算要求的吊车梁或类似构件的腹板与上翼缘连接焊缝的焊脚尺寸为$t/2$[图5.6(d)]，且不应大于10 mm。焊脚尺寸的允许偏差为0~4 mm。

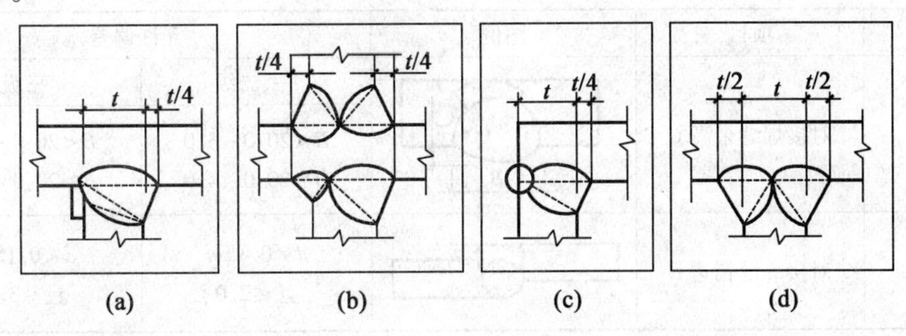

图5.6　焊脚尺寸

f. 焊缝表面不得有裂纹、焊瘤等缺陷。一级、二级焊缝不得有表面气孔、夹渣、弧坑裂纹、电弧擦伤等缺陷。且一级焊缝不得有咬边、未焊满、根部收缩等缺陷。

g. 对于需要进行焊前预热或焊后热处理的焊缝，其预热温度或后热温度应符合国家现行有关标准的规定或通过工艺试验确定。预热区在焊道两侧，每侧宽度均应大于焊件厚度的1.5倍以上，且不应小于100 mm；后热处理应在焊后立即进行，保温时间应根据板厚按每25 mm板厚1 h确定。

h. 二级、三级焊缝外观质量标准应符合表5.26的规定。三级对接焊缝应按二级焊缝标准进行外观质量检验。

表 5.26　二级、三级焊缝外观质量标准　（单位：mm）

项目 缺陷类型	允许偏差 二级	三级
未焊满 （指不足设计要求）	$\leq 0.2+0.02t$，且≤ 1.0	$\leq 0.2+0.04t$，且≤ 2.0
	每 100.0 焊缝内缺陷总长≤25.0	
根部收缩	$\leq 0.2+0.02t$，且≤ 1.0	$\leq 0.2+0.04t$，且≤ 2.0
	长度不限	
咬边	$\leq 0.05t$，且≤0.5；连续长度≤100.0，且焊接两侧咬边总长≤10%焊缝全长	$\leq 0.1t$，且≤1.0，长度不限
弧坑裂纹	—	允许存在个别长度≤5.0 的弧坑裂纹
电弧擦伤	—	允许存在个别电弧擦伤
接头不良	缺口深度 $0.05t$，且≤0.5	缺口深度 $0.1t$，且≤1.0
	每 1 000.0 焊缝不应超过 1 处	
表面夹渣	—	深$\leq 0.2t$ 长$\leq 0.2t$ 且≤20.0
表面气孔	—	每 50.0 焊缝长度内允许直径$\leq 0.4t$，且≤3.0 的气孔 2 个，孔距≥6 倍孔径

注：表内 t 为连接处较薄的板厚。

i. 对接焊缝及完全熔透组合焊缝尺寸允许偏差应符合表 5.27 的规定。

表 5.27　对接焊缝及完全熔透组合焊缝尺寸允许偏差　（单位：mm）

序号	项目	图例	允许偏差 一、二级	三级
1	对接焊缝余高 C	C　B	$B<20$：0～3.0 $B\geq 20$：0～4.0	$B<20$：0～4.0 $B\geq 20$：0～5.0
2	对接焊缝错边 d	d	$d<0.15t$， 且≤2.0	$d<0.15t$， 且≤3.0

j. 焊成凹形的角焊缝，焊缝金属与母材间应平缓过渡；加工成凹形的角焊缝，不得在其表面留下切痕。

k. 焊缝感观应达到外形均匀、成型较好，焊道与焊道、焊道与基本金属间过渡较平滑，焊渣和飞溅物基本清除干净。

②焊钉（栓钉）焊接工程。

a. 施工单位对其采用的焊钉和钢材焊接应进行焊接工艺评定，其结果应符合设计要求和国家现行有关标准的规定。瓷环应按其产品说明书进行烘焙。

b. 焊钉焊接后应进行弯曲试验检查，其焊缝和热影响区不应有肉眼可见的裂纹。

c. 焊钉根部焊脚应均匀，焊脚立面的局部未熔合或不足 360°的焊脚应进行修补。

2）紧固件连接施工。

①普通紧固件连接。

a. 普通螺栓作为永久性连接螺栓时，当设计有要求或对其质量有疑义时，应进行螺栓实物最小拉力载荷复验，其结果应符合现行国家标准《紧固件机械性能 螺栓、螺钉和螺柱》(GB 3098.1—2010)的规定。

b. 连接薄钢板采用的自攻钉、拉铆钉、射钉等其规格尺寸应与被连接钢板相匹配，其间距、边距等应符合设计要求。

c. 永久性普通螺栓紧固应牢固、可靠，外露丝扣不应少于2扣。

d. 自攻螺钉、钢拉铆钉、射钉等与连接钢板应紧固密贴，外观排列整齐。

②高强度螺栓连接。

a. 钢结构制作和安装单位应按规范《钢结构工程施工质量验收规范》(GB 50205—2001)附录B的规定分别进行高强度螺栓连接摩擦面的抗滑移系数试验和复验，现场处理的构件摩擦面应单独进行摩擦面抗滑移系数试验，其结果应符合设计要求。

b. 高强度大六角头螺栓连接副终拧完成1 h后、48 h内应进行终拧扭矩检查，检查结果应符合《钢结构工程施工质量验收规范》(GB 50205—2001)附录B的规定。

c. 扭剪型高强度螺栓连接副终拧后，除构造原因无法使用专用扳手终拧掉梅花头者外，未在终拧中拧掉梅花头的螺栓数不应大于该节点螺栓数的5%。对所有梅花头未拧掉的扭剪型高强度螺栓连接副应采用扭矩法或转角法进行终拧并作标记，按上述规定进行终拧扭矩检查。

d. 高强度螺栓连接副的施拧顺序和初拧、复拧扭矩应符合设计要求和国家现行行业标准《钢结构高强度螺栓连接的设计施工及验收规程》(JGJ 82—2011)的规定。

e. 高强度螺栓连接副终拧后，螺栓丝扣外露应为2~3扣，其中允许有10%的螺栓丝扣外露1扣或4扣。

f. 高强度螺栓连接摩擦面应保持干燥、整洁，不应有飞边、毛刺、焊接飞溅物、焊疤、氧化铁皮、污垢等，除设计要求外摩擦面不可以涂漆。

g. 高强度螺栓应自由穿入螺栓孔。高强度螺栓孔不应采用气割扩孔，扩孔数量应征得设计同意，扩孔后的孔径不应超过$1.2d$(d为螺栓直径)。

h. 螺栓球节点网架总拼完成后，高强度螺栓与球节点应紧固连接，高强度螺栓拧入螺栓球内的螺纹长度不应小于$1.0d$(d为螺栓直径)，连接处不应出现有间隙、松动等未拧紧情况。

(2)钢零件及钢部件加工工程。

1)切割。

①钢材切割面或剪切面应无裂纹、夹渣、分层和大于1 mm的缺棱。

②气割的允许偏差应符合表5.28的规定。

表5.28　气割的允许偏差　(单位:mm)

项目	允许偏差	项目	允许偏差
零件宽度、长度	±3.0	割纹深度	0.3
切割面平面度	$0.05t$，且不应大于2.0	局部缺口深度	1.0

注:t为切割面厚度。

③机械剪切的允许偏差应符合表5.29的规定。

表5.29 机械剪切的允许偏差 （单位:mm）

项目	允许偏差	项目	允许偏差
零件长度、宽度	±3.0	型钢端部垂直度	2.0
边缘缺棱	1.0	—	—

2）矫正和成型。

①碳素结构钢在环境温度低于-16 ℃、低合金结构钢在环境温度低于-12 ℃时，不应进行冷矫正和冷弯曲。碳素结构钢和低合金结构钢在加热矫正时，加热温度不应超过900 ℃。低合金结构钢在加热矫正后应自然冷却。

②当零件采用热加工成型时，加热温度应控制在900~1 000 ℃；碳素结构钢和低合金结构钢在温度分别下降到700 ℃和800 ℃之前，应结束加工；低合金结构钢应自然冷却。

③矫正后的钢材表面，不应有明显的凹面或损伤，划痕深度不得大于0.5 mm，且不应大于该钢材厚度负允许偏差的1/2。

④冷矫正和冷弯曲的最小曲率半径和最大弯曲矢高应符合表5.30的规定。

表5.30 冷矫正和冷弯曲的最小曲率半径和最大弯曲矢高 （单位:mm）

钢材类别	图例	对应轴	矫正		弯曲	
			r	f	r	f
钢板扁钢		$x-x$	$50t$	$l^2/400t$	$25t$	$l^2/200t$
		$y-y$（仅对扁钢轴线）	$100b$	$l^2/800b$	$50b$	$l^2/400b$
角钢		$x-x$	$90b$	$l^2/720b$	$45b$	$l^2/360b$
槽钢		$x-x$	$50h$	$l^2/400h$	$2h$	$l^2/200h$
		$x-x$	$90b$	$l^2/720b$	$45b$	$l^2/360b$
工字钢		$x-x$	$50h$	$l^2/400h$	$25h$	$l^2/200h$
		$y-y$	$50b$	$l^2/400b$	$25b$	$l^2/200b$

注：r为曲率半径；f为弯曲矢高；l为弯曲弦长；t为钢板厚度。

⑤钢材矫正后的允许偏差，应符合表5.31的规定。

表5.31 钢材矫正后的允许偏差 （单位:mm）

项目		允许偏差	图例
钢板的局部平面度	$t \leq 4$	1.5	1 000
	$t>4$	1.0	

续表 5.31 (单位:mm)

项目	允许偏差	图例
型钢弯曲矢高	l/1 000 且不应大于 5.0	—
角钢肢的垂直度	b/100 双肢栓接角钢的角度不得大于 90°	
槽钢翼缘对腹板的垂直度	b/80	
工字钢、H 型钢翼缘对腹板的垂直度	b/100 且不大于 2.0	

3)边缘加工。

①气割或机械剪切的零件,需要进行边缘加工时,其刨削量不应小于 2.0 mm。

②边缘加工允许偏差应符合表 5.32 的规定。

表 5.32 边缘加工的允许偏差 (单位:mm)

项目	允许偏差	项目	允许偏差
零件宽度、长度	±1.0	加工面垂直度	0.025t,且不应大于 0.5
加工边直线度	l/3 000,且不应大于 2.0	加工面表面粗糙度	不应大于 50
相邻两边夹角	±6′	—	—

4)管、球加工。

①螺栓球成型后,不应有裂纹、褶皱、过烧。

②钢板压成半圆球后,表面不应有裂纹、褶皱;焊接球其对接坡口应采用机械加工,对接焊缝表面应打磨平整。

③螺栓球加工的允许偏差应符合表 5.33 的规定。

表 5.33 螺栓球加工的允许偏差 (单位:mm)

项目		允许偏差	检验方法
圆度	$d \leqslant 120$	1.5	用卡尺和游标卡尺检查
	$d > 120$	2.5	
同一轴线上两铣平面平行度	$d \leqslant 120$	0.2	用百分表 V 形块检查
	$d > 120$	0.3	

续表 5.33　（单位:mm）

项目		允许偏差	检验方法
铣平面距球中心距离		±0.2	用游标卡尺检查
相邻两螺栓孔中心线夹角		±30′	用分度头检查
两铣平面与螺栓孔轴线垂直度		0.005r	用百分表检查
球毛坯直径	d≤120	+2.0 -1.0	用卡尺和游标卡尺检查
	d>120	+3.0 -1.5	

④焊接球加工的允许偏差应符合表 5.34 的规定。

表 5.34　焊接球加工的允许偏差　（单位:mm）

项目	允许偏差	检验方法
直径	±0.005d ±2.5	用卡尺和游标卡尺检查
圆度	2.5	用卡尺和游标卡尺检查
壁厚减薄量	0.13t,且不应大于 1.5	用卡尺和测厚仪检查
两半球对口错边	1.0	用套模和游标卡尺检查

⑤钢网架(桁架)用钢管杆件加工的允许偏差应符合表 5.35 的规定。

表 5.35　钢网架(桁架)用钢管杆件加工的允许偏差　（单位:mm）

项目	允许偏差	检验方法
长度	±1.0	用钢尺和百分表检查
端面对管轴的垂直度	0.005r	用百分表 V 形块检查
管口曲线	1.0	用套模和游标卡尺检查

5)制孔。

①A、B 级螺栓孔(Ⅰ类孔)应具有 H12 的精度,孔壁表面粗糙度 R_a 不应大于 12.5 μm。其孔径的允许偏差应符合表 5.36 的规定。

表 5.36　A、B 级螺栓孔径的允许偏差　（单位:mm）

序号	螺栓公称直径、螺栓孔直径	螺栓公称直径允许偏差	螺栓孔直径允许偏差
1	10~18	0.00 -0.21	+0.18 0.00
2	18~30	0.00 -0.21	+0.21 0.00
3	30~50	0.00 -0.25	+0.25 0.00

C 级螺栓孔(Ⅱ类孔),孔壁表面粗糙度 R_a 不应大于 25 μm,其允许偏差应符合表 5.37 的规定。

表 5.37　C 级螺栓孔的允许偏差　（单位:mm）

项目	允许偏差	项目	允许偏差
直径	+1.0,0.0	垂直度	0.03t,且不应大于 2.0
圆度	2.0	—	—

②螺栓孔孔距的允许偏差应符合表 5.38 的规定。

表 5.38　螺栓孔孔距的允许偏差　（单位:mm）

螺栓孔孔距范围	≤500	501～1 200	1 201～30 00	>3 000
同一组内任意两孔间距离	±1.0	±1.5	—	—
相邻两组的端孔间距离	±1.5	±2.0	±2.5	±3.0

注:1. 在节点中连接板与一根杆件相连的所有螺栓孔为一组。

2. 对接接头在拼接板一侧的螺栓孔为一组。

3. 在两相邻节点或接头间的螺栓孔为一组,但不包括上述两款所规定的螺栓孔。

4. 受弯构件翼缘上的连接螺栓孔,每米长度范围内的螺栓孔为一组。

③螺栓孔距的允许偏差超过表 5.38 规定的允许偏差时,应采用与母材材质相匹配的焊条补焊后重新制孔。

(3)单层钢结构安装工程。

1)监理巡视要点。

①基础和支撑面。

a. 建筑物的定位轴线、基础轴线和标高、地脚螺栓的规格及其紧固应符合设计要求。

b. 基础顶面直接作为柱的支承面和基础顶面预埋钢板或支座作为柱的支撑面时,其支撑面、地脚螺栓(锚栓)位置的允许偏差应符合表 5.39 的规定。

表 5.39　支撑面、地脚螺栓(锚栓)位置的允许偏差　（单位:mm）

项目		允许偏差
支撑面	标高	±3.0
	水平度	l/1 000
地脚螺栓(锚栓)	螺栓中心偏移	5.0
预留孔中心偏移		10.0

c. 采用座浆垫板时,座浆垫板的允许偏差应符合表 5.40 的规定。

表 5.40　座浆垫板的允许偏差　（单位:mm）

项目	允许偏差	项目	允许偏差
顶面标高	0.0 -3.0	水平度	l/1 000
		位置	20.0

d. 采用杯口基础时,杯口尺寸的允许偏差应符合表 5.41 的规定。

表 5.41　杯口尺寸的允许偏差　(单位:mm)

项目	允许偏差	项目	允许偏差
顶面标高	0.0, -5.0	杯口垂直度	H/100,且不应大于 10.0
被扣深度 H	±5.0	位置	10.0

e. 地脚螺栓(锚栓)尺寸的允许偏差应符合表 5.42 的规定。地脚螺栓(锚栓)的螺纹应受到保护。

表 5.42　地脚螺栓(锚栓)尺寸的允许偏差　(单位:mm)

项目	允许偏差	项目	允许偏差
螺栓(锚栓)露出长度	+30.0,0.0	螺纹长度	+30.0,0.0

②安装和校正。

a. 钢构件应符合设计要求和本规范的规定。运输、堆放和吊装等造成的钢构件变形及涂层脱落,应进行矫正和修补。

b. 设计要求顶紧的节点,接触面不应少于 70% 紧贴,且边缘最大间隙不应大于 0.8 mm。

c. 钢屋(托)架、桁架、梁及受压杆件的垂直度和侧向弯曲矢高的允许偏差应符合表5.43 的规定。

表 5.43　钢屋(托)架、桁架、梁及受压杆件的垂直度和侧向弯曲矢高的允许偏差　(单位:mm)

项目	允许偏差		图例
跨中的垂直度	h/250,且不应大于 15.0		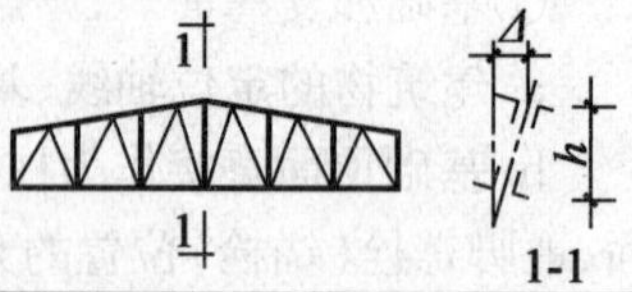 1 1 Δ h 1-1
侧向弯曲矢高 f	l≤30 m	l/1 000,且不应大于 10.0	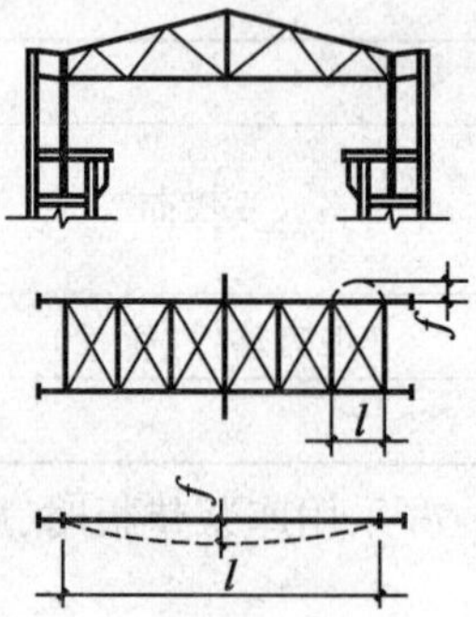 f l f l
	30 m < l≤60 m	l/1 000,且不应大于 30.0	
	l > 60 m	l/1 000,且不应大于 50.0	

d. 单层钢结构主体结构的整体垂直度和整体平面弯曲允许偏差应符合表 5.44 的规定。

表 5.44　整体垂直度和整体平面弯曲的允许偏差　　（单位:mm）

项目	允许偏差	图例
主体结构的整体垂直度	H/1 000，且不应大于 25.0	
主体结构的整体平面弯曲	l/1 500，且不应大于 25.0	

e. 钢柱等主要构件的中心线及标高基准点等标记应齐全。

f. 当钢桁架（或梁）安装在混凝土柱上时，其支座中心对定位轴线的偏差不应大于 10 mm；当采用大型混凝土屋面板时，钢桁架（或梁）间距的偏差不应大于 10 mm。

g. 钢柱安装的允许偏差应符合表 5.45 的规定。

表 5.45　单层钢结构中柱子安装的允许偏差　　（单位:mm）

<table>
<tr><th colspan="3">项目</th><th>允许偏差</th><th>图例</th><th>检验方法</th></tr>
<tr><td colspan="3">柱脚底座中心线对定位轴线的偏移</td><td>5.0</td><td></td><td>用吊线和钢尺检查</td></tr>
<tr><td rowspan="2">柱基准点标高</td><td colspan="2">有吊车梁的柱</td><td>+3.0，-5.0</td><td rowspan="2"></td><td rowspan="2">用水准仪检查</td></tr>
<tr><td colspan="2">无吊车梁的柱</td><td>+5.0，-8.0</td></tr>
<tr><td colspan="3">弯曲矢高</td><td>H/1 200，且不应大于 15.0</td><td>—</td><td>用经纬仪或拉线和钢尺检查</td></tr>
<tr><td rowspan="4">柱轴线垂直度</td><td rowspan="2">单层柱</td><td>$H\leqslant 10$ m</td><td>H/1 000</td><td rowspan="4"></td><td rowspan="4">用经纬仪或吊线和钢尺检查</td></tr>
<tr><td>$H>10$ m</td><td>H/1 000，且不应大于 25.0</td></tr>
<tr><td rowspan="2">多节柱</td><td>单节柱</td><td>H/1 000，且不应大于 10.0</td></tr>
<tr><td>柱全高</td><td>35.0</td></tr>
</table>

h. 钢吊车梁或直接承受动力荷载的类似构件，其安装的允许偏差应符合表 5.46 的规定。

表5.46　钢吊车梁安装的允许偏差　　（单位:mm）

<table>
<tr><th colspan="2">项目</th><th>允许偏差</th><th>图例</th><th>检验方法</th></tr>
<tr><td colspan="2">梁的跨中垂直度 Δ</td><td>$h/500$</td><td></td><td>用吊线和钢尺检查</td></tr>
<tr><td colspan="2">侧向弯曲矢高</td><td>$l/1\ 500$,且不应大于10.0</td><td>—</td><td rowspan="4">拉线和钢尺检查</td></tr>
<tr><td colspan="2">垂直上拱矢高</td><td>10.0</td><td rowspan="4"></td></tr>
<tr><td rowspan="2">两端支座中心位移 Δ</td><td>安装在钢柱上时,对牛腿中心的偏移</td><td>5.0</td></tr>
<tr><td>安装在混凝土柱上时,对定位轴线的偏移</td><td>5.0</td></tr>
<tr><td colspan="2">吊车梁支座加劲板中心与柱子承压加劲板中心的偏移 Δ_1</td><td>$t/2$</td><td>用吊线和钢尺检查</td></tr>
<tr><td rowspan="2">同跨间内同一横截面吊车梁顶面高差 Δ</td><td>支座处</td><td>10.0</td><td rowspan="2"></td><td rowspan="2">用经纬仪、水准仪和钢尺检查</td></tr>
<tr><td>其他处</td><td>15.0</td></tr>
<tr><td colspan="2">同跨间内同一横截面下挂式吊车梁底面高差 Δ</td><td>10.0</td><td></td><td></td></tr>
<tr><td colspan="2">同列相邻两柱间吊车梁顶面高差 Δ</td><td>$l/1\ 500$,且不应大于10.0</td><td></td><td>用水准仪和钢尺检查</td></tr>
<tr><td rowspan="3">相邻两吊车梁接头部位 Δ</td><td>中心错位</td><td>3.0</td><td rowspan="3"></td><td rowspan="3">用钢尺检查</td></tr>
<tr><td>上承式顶面高差</td><td>1.0</td></tr>
<tr><td>下承式底面高差</td><td>1.0</td></tr>
<tr><td colspan="2">同跨间任一截面的吊车梁中心跨距 Δ</td><td>±10.0</td><td></td><td>用经纬仪和光电测距仪检查;跨度小时,可用钢尺检查</td></tr>
</table>

续表 5.46

项目	允许偏差	图例	检验方法
轨道中心对吊车梁腹板轴线的偏移 Δ	$t/2$		用吊线和钢尺检查

i. 檩条、墙架等次要构件安装的允许偏差应符合表 5.47 的规定。

表 5.47 墙架、檩条等次要构件安装的允许偏差 (单位:mm)

项目		允许偏差	检验方法
墙架立柱	中心线对定位轴线的偏移	10.0	用钢尺检查
	垂直度	H/1 000,且不应该大于 10.0	用经纬仪或吊线和钢尺检查
	弯曲矢高	H/1 000,且不应该大于 15.0	用经纬仪或吊线和钢尺检查
抗风桁架的垂直度		h/250,且不应该大于 15.0	用吊线和钢尺检查
檩条、墙梁的间距		±5.0	用钢尺测量
檩条的弯曲矢高		L/750,且不应大于 12.0	用拉线和钢尺测量
墙梁的弯曲矢高		L/750,且不应大于 10.0	用拉线和钢尺测量

注:H 为墙架立柱的高度;h 为抗风桁架的高度;L 为檩条或墙梁的长度。

j. 钢平台、钢梯、栏杆安装应符合现行国家标准《固定式钢梯及平台安全要求 第 1 部分:钢直梯》(GB 4053.1—2009)、《固定式钢梯及平台安全要求 第 2 部分:钢斜梯》(GB 4053.2—2009)、《固定式钢梯及平台安全要求 第 3 部分:工业防护栏杆及钢平台》(GB 4053.3—2009)和《固定式钢梯及平台安全要求 第 3 部分:工业防护栏杆及钢平台》(GB 4053.3—2009)的规定。安装的允许偏差应符合表 5.48 的规定。

表 5.48 钢平台、钢梯和防护栏杆安装的允许偏差 (单位:mm)

项目	允许偏差	检验方法
平台高度	±15.0	用水准仪检查
平台梁水平度	l/1 000,且不应大于 20.0	用水准仪检查
平台支柱垂直度	H/1 000,且不应大于 15.0	用经纬仪或吊线和钢尺检查
承重平台梁侧向弯曲	l/1 000,且不应大于 10.0	用拉线和钢尺检查
承重平台梁垂直度	h /250,且不应大于 15.0	用吊线和钢尺检查
直梯垂直度	l/1 000,且不应大于 15.0	用吊线和钢尺检查
栏杆高度	±15.0	用钢尺检查
栏杆立柱间距	±15.0	用钢尺检查

k. 现场焊缝组对间隙的允许偏差应符合表5.49的规定。

表5.49　现场焊缝组对间隙的允许偏差　(单位:mm)

项目	允许偏差	项目	允许偏差
无垫板间隙	+3.0,0.0	有垫板间隙	+3.0,-2.0

l. 钢结构表面应干净,结构主要表面不应有疤痕、泥沙等污垢。

(4)多层及高层钢结构安装工程。

1)基础和支撑面。

①建筑物的定位轴线、基础上柱的定位轴线和标高、地脚螺栓(锚栓)的规格和位置、地脚螺栓(锚栓)紧固应符合设计要求。当设计无要求时,应符合表5.50的规定。

表5.50　建筑物定位轴线、基础上柱的定位轴线和标高、地脚螺栓(锚栓)的允许偏差(单位:mm)

项目	允许偏差	图例
建筑物定位轴线	l/20 000,且不应大于3.0	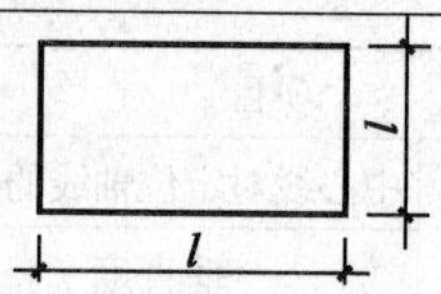 l l
基础上柱的定位轴线	1.0	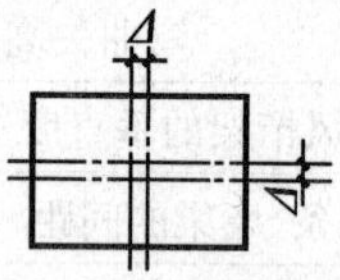 Δ Δ
基础上柱底标高	±2.0	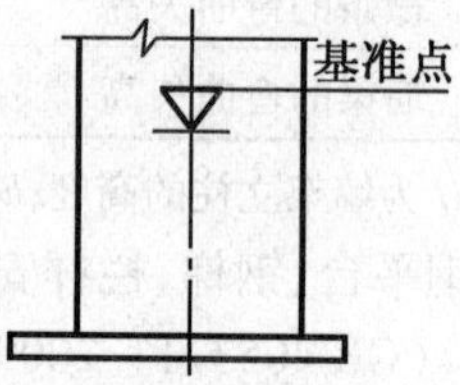 基准点
地脚螺栓(锚栓)位移	2.0	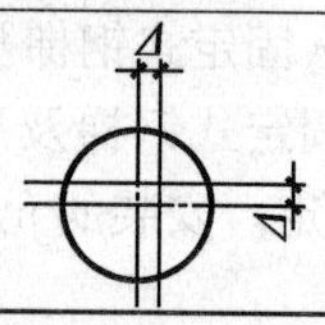 Δ Δ

②多层建筑以基础顶面直接作为柱的支撑面,或以基础顶面预埋钢板或支座作为柱的支撑面时,其支承面、地脚螺栓(锚栓)位置的允许偏差应符合表5.39的规定。

③多层建筑采用座浆垫板时,座浆垫板的允许偏差应符合表5.40的规定。

④当采用杯口基础时,杯口尺寸的允许偏差应符合表5.41的规定。

⑤地脚螺栓(锚栓)尺寸的允许偏差应符合表5.42的规定。地脚螺栓(锚栓)的螺纹应受到保护。

2)安装和校正。

①钢构件应符合设计要求和本规范的规定。运输、堆放和吊装等造成的钢构件变形及涂层脱落,应进行矫正和修补。

②柱子安装的允许偏差应符合表5.51的规定。

表 5.51 柱子安装的允许偏差 (单位:mm)

项目	允许偏差	图例
底层柱柱底轴线对定位轴线偏移	3.0	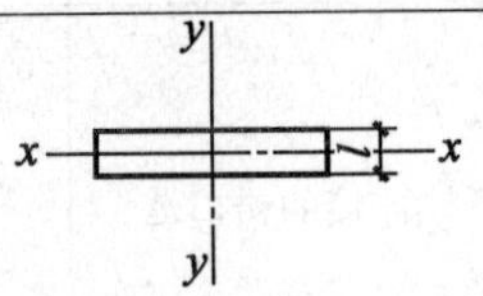
柱子定位轴线	1.0	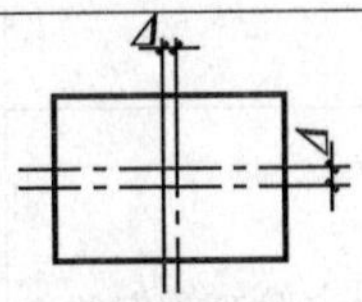
单节柱的垂直度	h/1 000,且不应大于 10.0	

③设计要求顶紧的节点,接触面不应少于70%紧贴,且边缘最大间隙不应大于0.8 mm。

④钢主梁、次梁及受压杆件的垂直度和侧向弯曲矢高的允许偏差应符合表5.43中有关钢屋(托)架允许偏差的规定。

⑤多层及高层钢结构主体结构的整体垂直度和整体平面弯曲的允许偏差应符合表5.52的规定。

表 5.52 整体垂直度和整体平面弯曲的允许偏差 (单位:mm)

项目	允许偏差	图例
主体结构的整体垂直度	(H/2 500 + 10.0),且不应大于 50.0	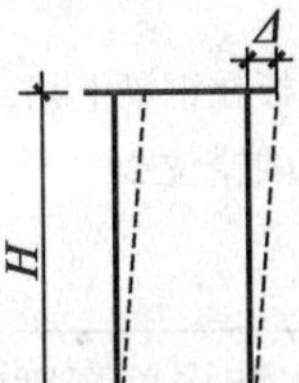
主体结构的整体平面弯起	l/1 500,且不应大于 25.0	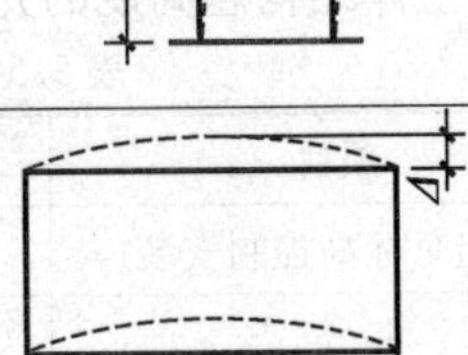

⑥钢结构表面应干净,结构主要表面不应有疤痕、泥沙等污垢。

⑦钢柱等主要构件的中心线及标高基准点等标记应齐全。

⑧钢构件安装的允许偏差应符合表5.53的规定。

表5.53　多层及高层钢结构中构件安装的允许偏差　（单位:mm）

项目	允许偏差	图例	检验方法
上、下柱连接的错口Δ	3.0		用钢尺检查
同一层柱的各柱顶高度差Δ	5.0		用水准仪检查
同一根梁两端顶面的高差Δ	l/1 000,且不应大于10.0		用水准仪检查
主梁与次梁表面的高差Δ	±2.0		用直尺和钢尺检查
压型金属板在钢梁上相邻列的错位Δ	15.00		用直尺和钢尺检查

⑨主体结构总高度的允许偏差应符合表5.54的规定。

表5.54　多层及高层钢结构主体结构总高度的允许偏差　（单位:mm）

项目	允许偏差	图例
用相对标高控制安装	$\pm\sum(\Delta_h+\Delta_z+\Delta_w)$	
用设计标高控制安装	H/1 000,且不应大于30.0 $-H$/1 000,且不应小于-30.0	

注:1. Δ_h为每节柱子长度的制造允许偏差。

2. Δ_z为为每节柱子长度受荷载后的压缩值。

3. Δ_w为每节柱子接头焊缝的收缩值。

⑩当钢构件安装在混凝土柱上时,其支座中心对定位轴线的偏差不应大于10 mm;当采

用大型混凝土屋面板时，钢梁（或桁架）间距的偏差不应大于10 mm。

多层及高层钢结构中钢吊车梁或直接承受动力荷载的类似构件，其安装的允许偏差应符合表5.46的规定。

(5)钢网架结构安装工程。

1)支撑面顶板和支撑垫块。

①钢网架结构支座定位轴线的位置、支座锚栓的规格应符合设计要求。

②支撑面顶板的位置、标高、水平度，以及支座锚栓位置的允许偏差应符合表5.55规定。

表5.55　支撑面顶板、支座锚栓位置的允许偏差　（单位：mm）

项目		允许偏差
支撑面顶板	位置	15
	顶面标高	0，-3.0
	顶面水平度	L/1 000
支座锚栓	中心偏移	±5.0

③支撑垫块的种类、规格、摆放位置和朝向，必须符合设计要求和国家现行有关标准的规定。橡胶垫块与刚性垫块之间或不同类型刚性垫块之间不得互换使用。

④网架支座锚栓的紧固应符合设计要求。

⑤支座锚栓尺寸的允许偏差应符合表5.42的规定。支座锚栓的螺纹应受到保护。

2)总拼与安装。

①小拼单元的允许偏差应符合表5.56的规定。

表5.56　小拼单元的允许偏差　（单位：mm）

项目			允许偏差
节点中心偏移			2.0
焊接球节点与钢管中心的偏移			1.0
杆件轴线的弯曲矢高			L_1/1 000，且不应大于5.0
锥体型小拼单元	弦杆长度		±2.0
	锥体高度		±2.0
	上弦杆对角线长度		±2.0
平面桁架型小拼单元	跨长	≤24 m	+3.0 -7.0
		>24 m	+5.0 -10.0
	跨中高度		±3.0
	跨中拱度	设计要求起拱	±L/5 000
		设计未要求起拱	+10.0

注：1. L_1 为杆件长度。

2. L 为跨长。

②中拼单元的允许偏差应符合表5.57的规定。

表5.57　中拼单元的允许偏差　（单位:mm）

项目		允许偏差
单元长度≤20 m,拼接长度	单跨	±10.0
	多跨连续	±5.0
单元长度>20 m,拼接长度	单跨	±20.0
	多跨连续	±1.0

③对建筑结构安全等级为一级,跨度40 m及以上的公共建筑钢网架结构,且设计有要求时,应按下列项目进行节点承载力试验,其结果应符合以下规定:

a.焊接球节点应按设计指定规格的球及其匹配的钢管焊接成试件,进行轴心拉、压承载力试验,其试验破坏荷载值大于或等于1.6倍设计承载力为合格。

b.螺栓球节点应按设计指定规格的球最大螺栓孔螺纹进行抗拉强度保证荷载试验,当达到螺栓的设计承载力时,螺孔、螺纹及封板仍完好无损为合格。

④钢网架结构总拼完成后及屋面工程完成后应分别测量其挠度值,且所测的挠度值不应超过相应设计值的1.15倍。

⑤钢网架结构安装完成后,其节点及杆件表面应干净,不应有明显的疤痕、泥沙和污垢。螺栓球节点应将所有接缝用油腻子填嵌严密,并应将多余螺孔封口。

⑥钢网架结构安装完成后,其安装的允许偏差应符合表5.58的规定。

表5.58　钢网架结构安装的允许偏差　（单位:mm）

项目	允许偏差	检测方法
纵向、横向长度	L/2 000,且不应大于30.0 $-L$/2 000,且不应小于-30.0	用钢尺实测
支座中心偏移	L/3 000,且不应大于30.0	用钢尺和经纬仪实测
周边支撑网架相邻支座高差	L/400,且不应大于15.0	用钢尺和水准仪实测
支座最大高差	30.0	
多点支撑网架相邻支座高差	L_1/800,且不应大于30.0	

注:1. L为纵向、横向长度。

2. L_1为相邻支座间距。

(6)钢结构防腐与防火。

1)钢结构防腐涂料涂装。

①涂装前钢材表面除锈应符合设计要求和国家现行有关标准的规定。处理后的钢材表面不应有焊渣、焊疤、灰尘、油污、水和毛刺等。当设计无要求时,钢材表面除锈等级应符合表5.59的规定。

表5.59　各种底漆或防锈漆要求最低的除锈等级

涂料品种	除锈等级
油性酚醛、醇酸等底漆或防锈漆	St2
高氯化聚乙烯、氯化橡胶、氯磺化聚乙烯、环氧树脂、聚氨酯等底漆或防锈漆	Sa2
无机富锌、有机硅、过氯乙烯等底漆	Sa2 $\frac{1}{2}$

②涂料、涂装遍数、涂层厚度均应符合设计要求。当设计对涂层厚度无要求时，涂层干漆膜总厚度：室外应为 150 μm，室内应为 125 μm，其允许偏差为 -25μm。每遍涂层干漆膜厚度的允许偏差为 -5 μm。

③构件表面不应误涂、漏涂，涂层不应脱皮和返锈等。涂层应均匀、无明显皱皮、流坠、针眼和气泡等。

④当钢结构处在有腐蚀介质环境或外露且设计有要求时，应进行涂层附着力测试，在检测处范围内，当涂层完整程度达到 70% 以上时，涂层附着力达到合格质量标准的要求。

⑤涂装完成后，构件的标志，标记和编号应清晰完整。

2）钢结构防火涂料涂装。

①防火涂料涂装前钢材表面除锈及防锈底漆涂装应符合设计要求和国家现行有关标准的规定。

②钢结构防火涂料的黏结强度、抗压强度应符合国家现行标准《钢结构防火涂料应用技术规程》CECS24:90 的规定。检验方法应符合现行国家标准《建筑构件防火喷涂材料性能试验方法》(GB 9978.1—2008 ~ GB 9978.6—2008）的规定。

③薄涂型防火涂料的涂层厚度应符合有关耐火极限的设计要求。厚涂型防火涂料涂层的厚度 80% 及以上面积应符合有关耐火极限的设计要求，且最薄处厚度不应低于设计要求的 85%。

④薄涂型防火涂料涂层表面裂纹宽度不应大于 0.5 mm；厚涂型防火涂料涂层表面裂纹宽度不应大于 1 mm。

⑤防火涂料涂装基层不应有油污、灰尘和泥砂等污垢。

⑥防火涂料不应有误涂、漏涂，涂层应闭合无脱层、空鼓、明显凹陷、粉化松散和浮浆等外观缺陷，乳突已剔除。

5.5　施工阶段装饰工程质量监理

1. 抹灰工程

（1）质量要求。

1）一般抹灰工程。

①水泥必须有出厂合格证，标明进场批量，按照品种、强度等级、出厂日期的不同分别堆放，并应保持水泥的干燥。如遇水泥强度等级不明或出厂日期超过 3 个月及受潮变质等情况，应进行检查鉴定，按检查结果确定是否可以使用。不同品种的水泥不得混合使用。水泥凝结时间和安定性应进行复验。

②抹灰宜采用中砂（平均粒径为 0.35 ~ 0.5 mm)，或粗砂（平均粒径≥0.5 mm）与中砂混合，少用细砂（平均粒径为 0.25 ~ 0.35 mm)，不宜使用特细砂（平均粒径 <0.25 mm)。砂在使用前必须过筛，不得含有杂质，含泥量应符合标准。

③石灰粉细度过 0.125 mm 的方孔筛，累计筛余量不大于 13%，使用前用水浸泡使其充分熟化，熟化时间不少于 3 d。

④石灰膏与水调和后凝固时间快，在空气中硬化时体积不收缩。用块状生石灰淋制时，在用筛网过滤后，贮存在沉淀池中，使其充分熟化。熟化时间在常温下一般不少于 15 d，用于

罩面灰时不少于30 d,使用时石灰膏内不得含有未熟化的颗粒或其他杂质。要对沉淀池中的石灰膏加以保护,防止其干燥、冻结和污染。

⑤使用白纸筋或草纸筋施工之前,要用水浸透至少三周的时间,然后将其捣烂至糊状,并要求洁净、细腻。用于罩面的纸筋宜用机械碾磨细腻,也可制成纸浆。要求稻草、麦秆坚韧、干燥、不含杂质,长度不得大于30 mm,稻草、麦秆应经石灰浆浸泡处理。

⑥麻刀应柔韧干燥,不含杂质,行缝长度为10~30 mm,用前4~5 d敲打松散并用石灰膏调好,也可采用合成纤维。

⑦膨胀珍珠岩抹灰所采用的膨胀珍珠岩具有密度小、导热系数低、承压能力高的优点,宜采用Ⅱ类粒径混合级配。即密度为80~150 kg/m³,粒径小于0.16 mm的不大于8%,常温导热系数为0.052~0.064 W/m·K,含水率<2%。

2)装饰抹灰工程。

①水刷石抹灰材料。

a.水泥应采用不低于32.5等级的矿渣硅酸盐水泥或普通硅酸盐水泥,应用颜色一致的同批产品,超过3个月保存期的水泥不得使用。

b.砂宜采用中砂,使用前应过5 mm筛孔,含泥量不大于3%。

c.石子要求采用颗粒坚硬的石英石(俗称水晶石子),不含针片状和其他有害物质,粒径约为4 mm,彩色石子应分类堆放。

d.水泥石粒浆的配合比应根据石粒粒径的大小而决定,一般按体积比水泥为1,用大八厘石粒为(粒径8 mm)1,中八厘(粒径6 mm)石粒为1.25,小八厘(粒径4 mm)石粒为1.5,稠度为5~7 cm。如饰面采用彩色石子级配,按统一比例掺量先搅拌均匀,所用石子应事先清洗干净。

②斩假石装饰抹灰材料。

a.所用集料(石子、玻璃、粒砂等)应颗粒坚硬,色泽一致,不含杂质,使用前要过筛、洗净、晾干,防止污染。

b.使用32.5级普通水泥、矿渣水泥,所选水泥应为同一批号、同一厂生产、同一颜色。

c.有颜色的墙面,应选用耐碱、耐光的矿物颜料,并与水泥一次干拌均匀,过筛装袋以备用。

③干黏石装饰抹灰材料。

a.石子粒径小一点为最佳,但也不宜过小或过大,太小容易脱落泛浆,太大则需增加黏结层厚度。粒径以3~4 mm或5~6 mm为最佳。

b.水泥必须选用同一品种,其强度等级应不低于32.5级,过期水泥不允许使用。

c.砂子宜选用中砂或粗砂与中砂混合使用。中砂平均粒径为0.35~0.5 mm,要求颗粒坚硬洁净,含泥量不得超过3%,砂子在使用前要过筛。不得使用细砂、粉砂,以免影响粘结强度。

d.石灰膏应控制含量,一般灰膏的掺量为水泥的1/3~1/2。用量过大,会降低面层砂浆的强度。合格的石灰膏中不得含有未熟化的颗粒和其他杂质。

e.原则上要使用矿物质的颜料粉,如铬黄、铬绿、氧化铁红、氧化铁黄、炭黑、黑铅粉等。不论选用哪种颜料粉,进场后都要经过试验。颜料粉的品种、货源、数量要一次进够,否则无法保证色调一致。

④假石砖装饰抹灰材料。

a.应采用等级在32.5级以上的普通水泥。

b.宜用中砂或粗砂,过筛,含泥量不大于3%。

c.应采用矿物质颜料,按设计要求和工程用量,与水泥一次性拌均匀,准备充足,过筛装袋,保存时避免潮湿。

3)清水砌体勾缝工程。

①应采用等级为32.5级普通或矿渣水泥,应选择同一品种、同一强度等级、同一厂家生产的水泥。水泥进厂时需对产品名称、代号、净含量、强度等级、生产许可证编号、生产地址、出厂编号、执行标准、日期等进行检查,同时验收合格证。

②砂子宜采用细砂,并过筛。

③生石灰粉不含杂质和颗粒,使用前7 d用水闷透。

④石灰膏使用时不得含有未熟化的颗粒和杂质,熟化时间不得少于30 d。

⑤应采用矿物质颜料,使用时按设计要求和工程用量,与水泥一次性拌均匀,计量配比准确,应做好样板(块),过筛装袋,避免保存时受潮。

(2)旁站监理检查。

1)一般抹灰工程。

①抹灰前,砖石、混凝土等基体表面的尘土、污垢、油渍等应清除干净,砌块的空壳层要凿掉,光滑的混凝土表面要对其进行斩毛处理,并洒水湿润。

②抹灰工程应分层进行。当抹灰厚度大于或等于35 mm时,应采取加强措施。不同材料基体交接处表面的抹灰,应采取防止开裂的加强措施,当采用加强网时,加强网与各基体的搭接宽度不应小于100 mm。

④各种砂浆抹灰层,在凝结前应采取措施以防止快干、水冲、撞击振动和受冻,在凝结后应采取措施以防止玷污和损坏。水泥砂浆抹灰层应在湿润条件下进行养护。

⑤当要求抹灰层具有防水、防潮功能时,应采用防水砂浆。当混凝土(包括预制和现浇)顶棚基体表面需要抹灰时,必须按设计要求对基体表面进行技术处理。

⑥水泥砂浆不可抹在石灰砂浆层上。

⑦抹灰应在踢脚板、门窗贴脸板和挂镜线等木制品安装前进行。

⑧外墙与顶棚的抹灰层、基层之间,以及各抹灰层之间必须黏结牢固。

⑨板条、金属网顶棚和墙面的抹灰,应符合下列规定:

a.底层和中层宜选用麻刀石灰砂浆或纸筋石灰砂浆,各层应分别进行,每遍厚度为3~6 mm。

b.底层砂浆应压入板条缝或网眼内,形成转脚结合牢固。

c.顶棚的高级抹灰,应加钉长350~450 mm的麻束,间距为400 mm,交错布置,分遍按放射状梳理抹进中层砂浆内,等前一层干至7~8成后,可涂抹后一层。

⑩冬季施工,抹灰砂浆应采取保温措施。抹灰时,砂浆的温度不宜低于5 ℃。各抹灰层硬化初期不得受冻。做油漆墙面的抹灰砂浆,不得掺入食盐和氯化钙。

2)装饰抹灰工程。

①当用普通水泥做水刷石、斩假石和干黏石时,在同一操作面上,应使用同一厂家、同一品种、同一强度等级、同一批量的水泥。所用的彩色石粒也应是同一产地、同一品种、同一规

格、同一批量的，应筛洗干净，统一配料、干拌均匀。

②水刷石、斩假石面层涂抹前，应在已湿润的中层砂浆面上刮一遍水灰比为0.37～0.40的水泥浆，以使面层与中层结合牢固。水刷石面层必须分遍拍平压实，以使石子分布均匀、紧密。凝结前应用清水自上而下洗刷，并采取措施以防弄脏墙面。

③干黏石面层的施工，应符合下列规定：

a.中层砂浆表面应先用水湿润，然后刷一遍水灰比为0.40～0.50的水泥浆，随即涂抹水泥砂浆黏结层，涂抹时可掺入外加剂及少量石灰膏或少量纸筋石灰膏。

b.石粒粒径为4～6 mm。

c.水泥砂浆黏结层厚度一般为4～6 mm，砂浆稠度不应大于8cm，将石粒黏在黏结层上以后，用滚子或抹子压平压实。石粒嵌入砂浆的深度应不小于粒径的1/2。

d.水泥砂浆黏结层在硬化期间，要保持湿润。

e.房屋底层不宜使用干黏石。

④斩假石面层的施工，应符合下列规定：

a.斩假石面层要赶平压实，斩剁前应先试剁，以石子不脱落为准。斩剁的方向要一致，剁纹要均匀。

b.墙角、柱子等边棱，横剁出边条或留出窄小边条不剁。

3）清水砌体勾缝工程。

①勾缝前，将门窗台残缺的砖补砌好，用1:3的水泥砂浆将门窗框四周与墙之间的缝隙塞实、抹平，要深浅一致。门窗框填缝材料应符合标准。

②堵脚手眼时要先将眼内的残留砂浆及灰尘等杂物全部清除，然后洒水润湿，用与墙颜色一致的原砖补砌堵严。

③勾缝砂浆配制应符合设计及相关要求，不宜拌制太稀。勾缝顺序应自上而下，先勾水平缝，后勾立缝。

④勾平缝时应使用长溜子，操作时左手拿灰板，右手拿溜子，将拖灰板顶在要勾的缝的下口，用右手将灰浆推入缝中，从右向左喂灰，随勾随移动托灰板，勾完一段，用溜子在缝内左右推拉移动，勾缝溜子要保持立面垂直，将缝内砂浆赶平压实、压光，深浅一致。

⑤勾立缝时应使用短溜子，左手托平灰板，右手拿小溜子将灰板上的砂浆用力压下（压在砂浆前沿），然后左手将托灰板扬起，右手迅速的将小溜子向前上方用力推起，将砂浆叼起勾入主缝，以避免污染墙面。然后使溜子在缝中上下推动，将砂浆压实在缝中。

⑥勾缝深度应符合设计要求，无设计要求时，一般宜控制为4～5 mm。

⑦每完成一段勾缝后，用笤帚顺缝清扫，先扫平缝，后扫立缝，不断抖弹笤帚上的砂浆，防止污染墙面。

⑧扫缝完毕后，要认真检查一遍看是否有漏勾的墙缝，尤其应仔细检查易忽略、挡视线和不易操作的地方，发现漏勾的缝及时补勾。

⑨勾缝工作全部完毕后，应对墙面进行全面清扫，对施工中污染墙面的残留灰痕应用力扫净，如难以扫掉时可用毛刷蘸水轻刷墙面，然后仔细将灰痕擦洗掉，使墙面恢复干净整洁。

2.门窗工程

（1）质量要求。

1）木门窗制作与安装工程。

①制作普通木门窗所用木材的质量规定详见表5.60。

表5.60 普通木门窗用木材的质量要求

木材缺陷		门窗扇的立梃、冒头、中冒头	窗棂、压条、门窗及气窗的线脚、通风窗立梃	门心板	门窗框
活结	不记个数,直径/mm	<15	<5	<15	<15
	计算个数,直径	≤材宽的1/3	≤材宽的1/3	≤30 mm	≤材宽的1/3
	任1延米个数	≤3	≤2	≤3	≤5
死结		允许,计入活结个数	不允许	允许,计入活结个数	
髓心		不露出表面的,允许	不允许	不露出表面的,允许	
裂缝		深度及长度≤厚度及材长的1/5	不允许	允许可见裂缝	深度及长度≤厚度及材长的1/4
斜纹的斜率/%		≤7	≤5	不限	≤12
油眼		非正面,允许			
其他		浪形纹理、圆形纹理、偏心及化学变色,允许			

②制作高级木门窗所用木材的质量规定详见表5.61。

表5.61 高级木门窗用木材的质量要求

木材缺陷		门窗扇的立梃、冒头、中冒头	窗棂、压条、门窗及气窗的线脚、通风窗立梃	门心板	门窗框
活结	不记个数,直径/mm	<10	<5	<10	<10
	计算个数,直径	≤材宽的1/4	≤材宽的1/4	≤20 mm	≤材宽的1/3
	任1延米个数	≤2	≤0	≤2	≤3
死结		允许,计入活结个数	不允许	允许,计入活结个数	
髓心		不露出表面的,允许	不允许	不露出表面的,允许	
裂缝		深度及长度≤厚度及材长的1/6	不允许	允许可见裂缝	深度及长度≤厚度及材长的1/5
斜纹的斜率/%		≤6	≤4	≤15	≤10
油眼		非正面,允许			
其他		浪形纹理、圆形纹理、偏心及化学变色,允许			

③制作木门窗大多采用国产酚醛树脂胶和脲醛树脂胶。普通木门窗可使用半耐水的脲醛树脂胶,高档木门窗应使用耐水的酚醛树脂胶。

④工厂生产的木门窗必须有出厂合格证。由于运输堆放等原因而导致受损的门窗框、扇,要进行相应的处理,达到合格要求后,才可用于工程项目中。

⑤五金零件的品种、规格、型号、颜色等均要符合设计要求,质量必须合格,地弹簧等五金零件应有出厂合格证。

2)金属门窗安装工程。

①钢门窗安装工程。

a. 使用出厂合格的钢门窗,型号品种应符合设计要求。

b. 宜使用等级为 32.5 级以上的水泥,砂使用中砂或粗砂。

c. 使用符合设计要求的玻璃。

d. 使用符合要求的电焊条。进场前应先对钢门窗进行质量验收,不合格的坚决不允许进场。现场的钢门窗应分类堆放,不得相互挤压,以免钢门窗发生变形。堆放场地应干燥,并采取防雨、排水措施。搬运时应轻拿轻放,严禁扔摔。

②铝合金门窗安装工程。

a. 铝合金门窗的规格、型号要符合设计的要求,五金配件配套齐全,并具有产品出厂合格证以及材质检验报告书并加盖厂家印章。

b. 防腐材料、填缝材料、密封材料、防锈漆、水泥、砂、连接板等应符合设计要求和有关标准的规定。

c. 进场前应对铝合金门窗进行验收检查,不合格者不准进场。运至现场的铝合金门窗应按型号、规格分别堆放整齐,并存放于仓库内。搬运时应轻拿轻放,严禁扔摔。

3)塑料门窗安装工程。

①塑料门窗的规格、型号应符合设计要求,五金配件配套齐全,并具有出厂合格证。

②玻璃、嵌缝材料、防腐材料等应符合设计要求和有关标准的规定。

③进场前应先对塑料门窗进行验收检查,不合格者不准进场。运至现场的塑料门窗应按型号、规格以不小于70°的角度立放于整洁的仓库内,这之前需先放置垫木。仓库内的环境温度应小于 50 ℃;门窗与热源的距离不应小于 1 m,并不得与腐蚀物质接触。

④五金件型号、规格和性能均应符合国家现行标准的有关规定:滑撑铰链不得使用铝合金材料。

4)特种门窗安装工程。

①防火、防盗门。

a. 防火门、防盗门的规格、型号应符合设计要求,并经消防部门鉴定和批准,五金配件配套齐全,并具有生产许可证、产品合格证和性能检测报告。

b. 防腐材料、填缝材料、密封材料、水泥、砂、连接板等应符合设计要求和有关标准的规定。

c. 防火门、防盗门在码放之前,应先将存放处清理平整,垫好支撑物。如果门有编号,要根据编号码放好;码放时面板叠放高度不得超过 1.2 m;门框重叠平放高度不得超过 1.5 m;要采取防晒、防风及防雨措施。

②全玻门。

a. 玻璃主要是指厚度大于 12 mm 的玻璃,根据设计要求选好玻璃,并安放在安装位置附近。

b. 不锈钢或其他有色金属型材的门框、限位槽及板,均应加工好,准备安装。

c. 按照设计要求准备木方、玻璃胶、地弹簧、木螺钉、自攻螺钉等辅助材料。

③卷帘门。

a. 符合设计要求的卷帘门产品,由帘板、卷筒体、导轨、电动机传动部分组成。

b. 按其导轨的规格不同,卷帘门又可分为 8 型、14 型、16 型等类型。

c. 不论何种卷帘门均应由工厂制作成成品,运至现场安装。

5)门窗玻璃安装工程。

①选用的平板、吸热、反射、中空、夹层、夹丝、磨砂、钢化、压花玻璃的品种、规格、质量标准,要符合设计及规范要求。

②腻子(油灰)分为自行配制的和在市场购买的成品两种。从外观看,其为灰白色的稠塑性固体膏状物,具有塑性、不泛油、不黏手等特征,且柔软、有拉力、支撑力,常温下20昼夜内硬化。

③其他材料如红丹、铅油、玻璃钉、钢丝卡子、油绳、橡皮垫、木压条、煤油等,应满足设计及规范要求。

(2)旁站监理检查。

1)木门窗制作与安装工程。

①木门窗制作。

a. 制作前应选择符合设计要求的材料。

b. 严格控制木材的含水率。

c. 刨削木材应尽量控制在相同的刨削厚度,顺着木纹的方向刨削,以免产生戗茬,制作过程中始终保持各构件(制品)表面及细部的平整、光洁,减少表面缺陷。

d. 门窗框和厚度大于50 mm的门窗扇应使用双榫连接。榫槽应紧密适宜,以利锤轻击顺利插入,达到榫槽嵌合严密,避免出现因过紧而使榫槽处开裂现象。榫槽用胶料胶结并用胶楔加紧。

e. 成型后的门窗框、扇表面要净光或磨光,线角细部应整齐,对于露出槽外的榫、楔应锯平。

②木门窗安装。

a. 将修刨好的门窗扇,用木楔临时立于门窗框中,排好后画出铰链的位置。铰链位置距上、下距离宜为门扇宽度的1/10,该位置对铰链受力比较有利,又可避开榫头。然后把扇取下来,用扇铲剔出铰链页槽。铰链页槽应外浅里深,其深度宜以将铰链合上后与框、扇平正为准。剔好铰链槽后,将铰链放入,上下铰链各拧一颗螺丝钉把扇挂上,检查缝隙是否符合要求,扇与框是否齐平,扇能否关住。检查合格后,再上齐全部螺丝钉。

b. 双扇门窗扇安装方法与单扇的安装方法相似,只是多一道工序,即错口。双扇门应按开启方向看,右手门是盖口,左手门是等口。

c. 门窗扇安装好后应试开,试开标准是:开到哪就能停在哪最好,不能出现自开或自关的现象。如果发现门窗扇在高、宽上有短缺,高度上应将补钉的板条钉在下冒头下面,宽度上在装铰链一边的梃上补钉板条。

d. 为了开关方便,平开扇上、下冒头最好刨成斜面。

2)金属门窗安装工程。

①钢门窗安装。

a. 钢门窗就位。

ⅰ. 按图纸中要求的型号、规格及开启方向等,将所需要的钢门窗运至安装地点,并垫靠稳当。

ⅱ. 将钢门窗立于图纸要求的安装位置,用木楔临时固定,将其铁脚插入预留孔中,然后根据门窗边线、水平线及距外墙皮的尺寸进行支垫,并用托线板靠吊垂直。

ⅲ. 钢门窗就位时,应保证钢门窗上框距过梁要有 20 mm 缝隙,框左右缝宽一致,距外墙皮尺寸符合图纸要求。

b. 钢门窗固定。

ⅰ. 钢门窗就位后,先校正其水平和正、侧面垂直,然后将上框铁脚与过梁预埋件焊牢,将框两侧铁脚插入预留孔内,洒水将预留孔内湿润,用 1:2 较硬的水泥砂浆或 C20 细石混凝土将其填实后抹平。终凝前不得碰动框扇。

ⅱ. 三天后取出四周木楔,用 1:2 水泥砂浆把框与墙缝隙填实,并将框平面抹平。

ⅲ. 如为钢大门时,应将合页焊至墙中的预埋件上。要求每侧预埋件必须位于同一垂直线上,两侧对应的预埋件必须位于同一水平位置上。

c. 五金配件的安装。

ⅰ. 检查窗扇开启是否灵活,关闭是否严密,如有问题必须调整后再安装。

ⅱ. 在开关零件的螺孔处配置合适的螺钉,将螺钉拧紧。当拧不进去时,检查孔内是否有多余物。若有,将其剔除后再拧紧螺丝。当螺钉与螺孔位置不吻合时,可略微挪动位置,重新攻丝后再进行安装。

ⅲ. 钢门锁的安装应按照说明书及施工图要求进行,安好后的锁应开关灵活。

②铝合金门窗安装。

a. 安装前应逐樘检查、核对其规格、型号、形式、表面颜色等,必须符合设计要求。铝合金门窗安装应采用预留洞口的方法施工,不得采用边安装边砌口或先安装后砌口的方法施工。

b. 对在搬运和堆放过程造成的质量问题,应经处理合格后,方可安装。

c. 铝合金窗披水安装。按照施工图纸的要求将披水固定在铝合金窗上,且要保证位置正确、安装牢固。

d. 铝合金门窗的安装就位。根据划好的门窗定位线,安装铝合金门窗框。并及时调整好门窗框的水平、垂直及对角线长度等,使其符合质量标准,然后用木楔临时固定。

e. 铝合金门窗的固定。

ⅰ. 当墙体上预埋有铁件时,可将铝合金门窗的铁脚直接与墙体上的预埋铁件焊牢,焊接处需做防锈处理。

ⅱ. 当墙体上没有预埋铁件时,可用金属膨胀螺栓或塑料膨胀螺栓将铝合金门窗的铁脚固定至墙上。

ⅲ. 当墙体上没有预埋铁件时,也可用电钻在墙上打一个深 80 mm、直径 6 mm 的孔,用 L 型 80 mm × 50 mm 的直径 6 mm 的钢筋,在其长的一端粘涂 108 胶水泥浆,然后打入孔中。待 108 胶水泥浆终凝后,再将铝合金门窗的铁脚与埋置的 6 mm 钢筋焊牢。

f. 门窗扇及门窗玻璃的安装。

ⅰ. 门窗扇和门窗玻璃应在洞口墙体表面装饰完工验收后安装。

ⅱ. 推拉门窗在门窗框安装固定后,将配好玻璃的门窗扇整体安入框内滑槽,调整好与扇的缝隙即可。

ⅲ. 平开门窗在框与扇格架组装上墙、安装固定好后再安玻璃,即先调整好框与扇的缝隙,再将玻璃安入扇并调整好位置,最后镶嵌密封条及密封胶。

ⅳ. 地弹簧门应在门框及地弹簧主机入地安装固定后再安门扇。先将玻璃嵌入门扇格架并一起入框就位,调整好框扇缝隙后,再填嵌门扇玻璃的密封条及密封胶。

g. 安装五金配件。五金配件与门窗连接用镀锌螺钉。安装的五金配件应结实牢固,使用灵活。

3)塑料门窗安装工程。

①在门窗的上框及边框上安装固定片,其安装应符合下列要求:

a. 检查门窗框上、下两边的位置及内外朝向,确认无误后,安固定片。安装时先采用直径为 $\phi3.2$ 的钻头钻孔,将十字槽盘端头自攻 M4 ×20 拧入,严禁直接锤击钉入。

b. 固定片的位置应距门窗角、中竖框、中横框 150 ~ 200 mm,固定片之间的间距应不大于 600 mm。不得将固定片直接装在中横框、中竖框的档头上。

②根据设计图纸及门窗扇的开启方向,确定门窗框的安装位置,并将门窗框装入洞口,且应使其上下框中线与洞口中线对齐。安装时应采取防止门窗变形的措施。无下框平开门应使两边框的下脚低于地面标高线 30 mm。带下框的平开门或推拉门应使下框低于地面标高线 10 mm。然后将上框的一个固定片固定在墙体上,并应调整门框的水平度、垂直度和直角度,用木楔临时固定。当下框长度大于 0.9 m 时,其中间也应用木楔塞紧。然后调整垂直度、水平度及直角度。

③当门窗与墙体固定时,应先固定上框,后固定边框。

4)特种门窗安装工程。

①防火、防盗门安装。

a. 立门框先拆掉门框下部的固定板,凡框内高度超过门扇高度 30 mm 者,洞口两侧地面须设留凹槽。门框一般埋入 ±0.00 标高以下 20 mm,须保证框口上下尺寸相同,允许误差应小于 1.5 mm,对角线允许误差小于 2 mm。

将门框用木楔临时固定在洞口内,经校正合格后,固定木楔,门框铁脚与预埋铁板焊牢。然后在框两上角墙上开洞,向框内灌注 M10 的水泥素浆,待其凝固后方可装配门扇,冬季施工时应注意防寒,水泥素浆浇注后的养护期为 21 d。

b. 安装门扇附件时,门框周边缝隙应用 1:2 的水泥砂浆或强度不低于 10 MPa 的细石混凝土嵌缝牢固,并应保证与墙体结成整体;经养护凝固后,再粉刷洞口及墙体。

c. 粉刷完毕后,安装门窗、五金配件及有关防火、防盗装置。门扇关闭后,门缝应均匀平整,开启自由轻便,不得出现过紧、过松和反弹现象。

②自动门安装。

a. 铝合金自动门和全玻璃自动门在地面上装有导向性下轨道。异形钢管自动门无下轨道。自动门安装时,撬出预埋方木条便可埋设下轨道,下轨道长度为开启门宽的 2 倍。埋轨道时应注意与地坪的面层材料的标高保持一致。

b. 将 18 号槽钢放置在已预埋铁的门柱处,校平、吊直,并注意与下面轨道的位置关系,然后电焊牢固。

c. 将厂方生产的机箱仔细固定在横梁上。

d. 安装门窗,使门扇滑动平稳、润滑。

e. 接通电源,调整微波传感器和控制箱,使其达到最佳工作状态。一旦调整正常后,不得任意变动各种旋转位置,以免出现故障。

③全玻门安装。

a. 厚玻璃的安装尺寸,应从安装位置的底部、中部和顶部进行测量,选择最小尺寸作为玻璃板宽度的切割尺寸。如果在上、中、下测得的尺寸一致，其玻璃宽度的裁割则应比实测尺寸小 3 ~5 mm。玻璃板的高度方向裁割，应小于实测尺寸的 3 ~5 mm。玻璃板裁割后，应在其四周作倒角处理，倒角宽度为2 mm，如若在现场自行倒角，应手握细砂轮块作缓慢细磨操作，防止崩边崩角。

b. 用玻璃吸盘将玻璃板吸紧，然后进行玻璃就位。先把玻璃板上边插入门框底部的限位槽内，然后将其下边安放于木底托上的不锈钢包面对口缝内。

c. 进行门扇定位安装。先将门框横梁上的定位销本身的调节螺钉调出横梁平面 1 ~2 mm，再将玻璃门扇竖起来，把门扇下横档内的转动销连接件的孔位对准地弹簧的转动销轴，并转动门扇将孔位套入销轴上。然后把门扇转动 90°使之与门框横梁成直角，把门扇上横档中的转动连接件的孔对准门框横梁上的定位销，将定位销插入孔内约 15 mm 左右(调动定位销上的调节螺钉)。

d. 全玻璃门扇上的拉手孔洞，一般在事先订购时就加工好的，拉手连接部分插入孔洞时不能很紧，应有松动。安装前在拉手插入玻璃的部分涂抹少许玻璃胶；如果插入过松，可在插入部分裹上软质胶带。拉手组装时，其根部与玻璃贴紧后再拧紧固定螺钉。

④卷帘门安装。

a. 复核洞口与产品尺寸是否相符。防火卷帘门洞口尺寸，可根据 3M 模制选定。一般洞口宽度不宜大于 5 m，洞口高度也不宜大于 5 m。并应复核预埋件位置及数量。

b. 将垫板电焊在预埋铁板上，用螺丝固定卷筒的左右支架，安装卷筒。卷筒安装后应转动灵活。安装减速器和传动系统、电气控制系统。

c. 将帘板拼装起来，然后安装在卷筒上。

d. 按图纸规定位置，将两侧及上方导轨焊牢于墙体预埋件上，并焊成一体，各导轨应位于同一垂直平面上。安装水幕喷淋系统，并与总控制系统联结。

e. 先手动试运行，再用电动机启闭数次，调整到无卡住、阻滞及异常噪音等现象为止，启闭的速度应符合要求。全部调试完毕后，安装防护罩。

f. 粉刷或镶砌导轨墙体装饰面层，清理现场。

5)门窗玻璃安装工程。

①门窗玻璃的安装顺序，一般先安外门窗，后安内门窗，按照先西北后东南的顺序安装；如果因工期要求或劳动力允许，也可同时进行安装。

②玻璃安装前应清理裁口。先在玻璃底面与裁口之间，沿裁口的全长均匀涂抹 1 ~3 mm 厚的底油灰，接着把玻璃推铺平整、压实、然后收净底油灰。

③木门窗固定扇(死扇)玻璃安装，应先用扁铲将木压条撬出，同时退出压条上的小钉，并在裁口处抹上底油灰，把玻璃推铺平整，然后嵌好四边木压条将钉子钉牢，底灰修好、刮净。

④钢门窗安装玻璃，将玻璃装进框口内轻压使玻璃与底油灰粘住，然后沿裁口玻璃边外侧装上钢丝卡，钢丝卡要卡住玻璃，其间距不得大于 300 mm，且框口每边至少有两个。经检查玻璃无松动时，再沿裁口全长抹油灰，油灰应抹成斜坡，表面抹光平。如框口玻璃采用压条固定时，则不抹底油灰，先将橡胶垫嵌入裁口内，装上玻璃，随即装压条并用螺丝钉固定。

⑤安装斜天窗的玻璃，如设计无要求时，应采用夹丝玻璃，并应从顺留方向盖叠安装。盖叠安装搭接长度应由天窗的坡度决定，当坡度为 1/4 或大于 1/4 时，应不小于 30 m；坡度小于 1/4 时，应不小于 50 mm，盖叠处应用钢丝卡固定，并在缝隙中用密封膏嵌填密实；如果用

平板或浮法玻璃时,要在玻璃下面加设一层镀锌铅丝网。

⑥安装窗中玻璃,按开启方向确定定位垫块宽度应大于玻璃的厚度,长度不宜小于25 mm,并应按设计要求。

⑦铝合金框扇安装玻璃,安装前,应将铝合金框的槽口内所有灰渣、杂物等清除,畅通排水孔。在框口下边槽口放入橡胶垫块,以免玻璃直接与铝合金框接触。

⑧玻璃安装完毕后,应将油灰、钉子、钢丝卡及木压条等随即清理干净,关好门窗。

3. 吊顶工程

(1)质量要求。

1)暗龙骨吊顶工程。

暗龙骨吊顶工程包括以轻钢龙骨、铝合金龙骨、木龙骨等为骨架,以石膏板、金属板、矿棉板、木板、塑料板或格栅等为饰面材料的龙骨吊顶工程。

①龙骨。

a. 木龙骨。木龙骨一般宜选用针叶树类,树种及规格应符合设计要求,进场后应进行筛选,并将其中腐蚀部分、斜口开裂部分、虫蛀以及焖烂部分剔除,其含水率不得大于18%。

b. 轻钢龙骨。轻钢龙骨分为U形和T形龙骨两种。

②罩面板。罩面板应具有出厂合格证;罩面板不应有气泡、起皮、裂纹、缺角、污垢和图案不完整等缺陷;表面应平整,边缘整齐,色泽一致。

③其他材料。安装吊顶罩面板的紧固件、螺钉、钉子宜为镀锌的,吊杆用的钢筋、角铁等应作防锈处理,胶黏剂的类型应按所用罩面板的品种配套选用,若现场配制胶黏剂,其配合比应由试验确定。其他如射钉、膨胀螺栓等应按照设计要求选用。

2)明龙骨吊顶工程。

①明龙骨吊顶工程所用木龙骨、轻钢龙骨、石膏板、金属板等材料要求与暗龙骨吊顶工程相同。

②当吊顶饰面使用玻璃板时,应选用安全玻璃并应符合设计要求,玻璃应有出厂合格证。

(2)旁站监理检查。

1)暗龙骨吊顶工程。

①施工前应按照设计要求对房间的净高、洞口标高和吊顶内的管道、设备及其支架的标高进行交接检验。

②吊顶龙骨必须牢固、平整,利用吊杆或吊筋螺栓调整拱度。安装龙骨时应严格按照放线的水平标准线和规方线组装周边骨架。受力节点应装订严密、牢固,并能保证龙骨的整体刚度。龙骨的尺寸应符合设计要求,纵横拱度均匀,互相适应。吊顶龙骨严禁有硬弯,如有必须调直再进行固定。

③吊顶面层必须平整。施工前应弹线,中间按平线起拱。长龙骨的接长应采用对接;相邻龙骨接头要错开,避免主龙骨向边倾斜。

④吊顶工程在施工中应做好各项记录,收集好相关文件。

⑤大于3 kg的重型灯具、电扇及其他重型设备严禁安装在吊顶工程的龙骨上。

2)明龙骨吊顶工程。

①轻钢骨架及罩面板安装应注意保护顶棚内各种管线。轻钢骨架的吊杆、龙骨不允许固定在通风管道及其他设备上。

②施工顶棚部位已安装的门窗,以及已施工完毕的地面、墙面、窗台等应注意保护,防止污损。

③接缝应平直,板块装饰前应严格控制其角度和周边的规整性,尺寸要一致。安装时应拉通线找直,并按拼缝中心线,排放饰面板,排列必须保持整齐。安装时应沿中心线和边线进行,并使接缝保持均匀一致。压条应沿装订线钉装,并应平顺光滑,线条整齐,接缝密合。

④大于 3 kg 的重型灯具、电扇及其他重型设备严禁安装在吊顶工程的龙骨上。

4. 轻质隔墙工程

(1)质量要求。

1)板材隔墙工程。

①复合轻质墙板、石膏空心板、预制钢丝网水泥板等板材,应检查出厂合格证,并按其产品质量标准验收。

②罩面板应表面平整、边缘整齐、不应有污垢、裂纹、缺角、翘曲、起皮、色差、图案不完整的缺陷。胶合板、木质纤维板不应脱胶、变色和腐朽。

③龙骨和罩面板材料的材质均应符合现行国家标准和行业标准的规定。

④罩面板的安装宜使用镀锌的螺丝、钉子。接触砖石、混凝土的木龙骨和预埋的木砖应做防腐处理。所有木头材质均应做好防火处理。

2)骨架隔墙工程。骨架隔墙工程包括以轻钢龙骨、木龙骨等为骨架,以纸面石膏板、人造木板、水泥纤维板等为墙面板的隔墙工程。

①龙骨骨架隔墙工程中常用的龙骨主要包括木龙骨、轻钢龙骨、铝合金龙骨等。

a. 木龙骨一般选用针叶树类,其含水率不得大于18%。

b. 轻钢龙骨、铝合金龙骨应有出厂合格证。

c. 龙骨不得变形、生锈,规格品种应符合设计和规范要求。

②罩面板骨架隔墙工程中常用的罩面板主要包括纸面石膏板、矿棉板、胶合板、纤维板等。

a. 罩面板应有出厂合格证。

b. 罩面板表面应平整,边缘应整齐,不应有污垢、裂缝、缺角、翘曲、起皮、色差和图案不完整等缺陷。

③其他材料骨架隔墙工程罩面板所使用的螺钉、钉子宜为镀锌,其他如胶黏剂等,其材料的品种、规格、断面尺寸、颜色、物理及化学性质应符合设计要求。

3)活动隔墙工程。

①活动隔墙所用墙板、配件等材料的品种、规格、性能和木材的含水率应符合设计要求。

②有阻燃、防潮等特性要求的工程,材料应有相应性能等级的检测报告。

③骨架、罩面板材料,在进场、存放、使用过程中应妥善管理,使其不会变形、受潮、损坏、污染等。

4)玻璃隔墙工程。

①玻璃隔墙工程所用材料的品种、规格、性能、图案和颜色应符合设计要求。玻璃板隔墙应使用安全玻璃。玻璃厚度有 8 mm、10 mm、12 mm、15 mm、18 mm、22 mm 等,长宽根据工程设计要求确定。

②铝合金建筑型材应符合《铝合金建筑型材》(GB/T 5237)的规定。

③膨胀螺栓、射钉、自攻螺丝、木螺丝和粘贴嵌缝料,应符合设计要求。

(2)旁站监理检查。

1)板材隔墙工程。

①弹线必须准确,经复验后方可进行下道工序。

②墙位楼地面应凿毛,并清扫干净,洒水湿润。

③安装条板应从门旁用整块板开始,收口处可根据需要随意锯开再拼装黏结,但不应放在门边。

④安装前在条板的顶面和侧面满涂108胶水泥砂浆,先推紧侧面,再顶牢顶面,在条板下两侧各1/3处垫两组木楔,并用靠尺检查,然后在下端浇筑硬性细石混凝土。

⑤在安装石膏空心条板时,为防止其板底端吸水,可先涂刷甲基硅醇钠溶液防潮涂料。

⑥用铝合金条板装饰墙面时,可用螺钉直接将其固定在结构层上,也可用锚固件悬挂或嵌卡的方法,将板固定在墙筋上。

2)骨架隔墙工程。

①隔断龙骨安装。

a. 当选用支撑卡系列龙骨时,应先将支撑卡安装在竖向龙骨的开口上,卡距为400~600 mm,距龙骨两端20~25 mm。

b. 选用通贯系列龙骨时,高度低于3 m的,应隔墙安装一道;3~5m的,安装两道;5 m以上的,安装三道。

c. 门窗或特殊节点处,应使用附加龙骨,加强其安装应符合设计要求。

d. 隔断的下端如用木踢脚板覆盖,则隔断的罩面板下端应距离地面20~30 mm;如用大理石、水磨石踢脚时,罩面板下端应与踢脚板上口齐平,接缝要严密。

②石膏板安装。

a. 石膏板应采用自攻螺钉固定。周边螺钉的间距不应大于200 mm,中间部分螺钉的间距不应大于300 mm,螺钉与板边缘的距离应为10~16 mm。

b. 安装石膏板时,应从板的中部开始向四边固定。钉头略埋入板内,但不得损坏纸面;钉眼应用石膏腻子抹平。

c. 石膏板应按框格尺寸裁割准确;就位时应与框格靠紧,但不得强压。

d. 隔墙端部的石膏板与周围的墙或柱应留有3 mm的槽口。施铺罩面板时,应先在槽口处加注嵌缝膏,然后铺板并挤压嵌缝膏使面板与邻近表层接触紧密。

e. 在丁字型或十字型相接处,如为阴角应用腻子嵌满,贴上接缝带,如为阳角则应做护角。

f. 石膏板的接缝,一般应为3~6 mm,必须坡口与坡口相接。

③铝合金装饰条板安装。用铝合金条板装饰墙面时,可用螺钉直接将其固定在结构层上,也可用锚固件悬挂或嵌卡的方法,将板固定在轻钢龙骨上,或将板固定在墙筋上。

④细部处理。墙面安装胶合板时,阳角处应做护角,以防板边角损坏,阳角的处理应采用刨光起线的木质压条,以增加装饰。

3)活动隔墙工程。

①安装后必须能重复及动态使用,必须保证使用的安全性和灵活性。

②推拉式活动隔墙的轨道必须平直,安装后,应推拉平稳、灵活、无噪声,不得有弹跳卡阻

现象。

③施工过程中,应做好成品保护,防止已施工完的地面、隔墙受损。

4)玻璃隔墙工程。

①玻璃隔墙的固定框通常包括木框、铝合金框、金属框(如角铁、槽钢等)或木框外包金属装饰板等。固定框的形式有四周均有档子组成的封闭框,或只有上下档子的固定框(常用于无框玻璃门的玻璃隔墙中)。

②玻璃与固定框的结合不能太紧密,玻璃放入固定框时,应设置橡胶支撑垫块和定位块,支撑块的长度不得小于50 mm,宽度应等于玻璃厚度加上前部余隙和后部余隙,厚度应等于边缘余隙。

③安装好的玻璃应平整、牢固,不得有松动现象;密封条与玻璃、玻璃槽口的接触应紧密、平整,并不得露出玻璃槽口外。

④用橡胶垫镶嵌的玻璃,橡胶垫应与裁口、玻璃及压条紧贴,并不得露出压条外;密封胶与玻璃、玻璃槽口的边缘应黏结牢固,接缝齐平。

⑤玻璃隔断安装完毕后,应在玻璃单侧或双侧设置护栏或摆放花盆等装饰物,或在玻璃表面,距离地面1 500 ~1 700 mm处设置醒目彩条或文字标志,以避免人体直接冲击玻璃。

5. 饰面板工程

(1)质量要求。

1)饰面板安装工程。

①水泥宜选用32.5级或42.5级矿渣水泥或普通硅酸盐水泥。应有出厂证明或复验合格单,若出厂日期超过3个月或水泥已结有小块的不得使用;白水泥应采用符合《白色硅酸盐水泥》(GB 2015—2005)标准中425号以上的,并符合设计和规范质量标准的要求。

②砂子宜选用粗砂或中砂,用前过筛,其他应符合规范的质量标准。

③石灰膏用块状生石灰淋制,必须用孔径3 mm×3 mm的筛网过滤,并储存在沉淀池中,熟化时间,常温下不少于15 d,用于罩面灰时,不少于30 d,石灰膏内不得有未熟化的颗粒和其他物质。

④饰面板的品种、规格、颜色和性能应符合设计要求,木龙骨、木饰面板和塑料饰面板的燃烧性能等级应符合设计要求,进场产品应有合格证书和性能检测报告,并做进场验收记录。

2)饰面砖粘贴工程。

①面砖的表面应光洁、方正、平整、质地坚固,其品种、规格、尺寸、色泽、图案应均匀一致,并且必须符合设计规定。不得有缺棱、掉角、暗痕和裂纹等缺陷。其性能指标均应符合现行国家标准的规定,釉面砖的吸水率不得大于10%。

②水泥宜选用等级为32.5级或42.5级矿渣水泥或普通硅酸盐水泥。应有出厂证明或复验合格试单,若出厂日期超过3个月或水泥已结有小块的不得使用;白水泥的等级应为32.5级以上,并符合设计和规范质量标准的要求。

③砂子宜选用粒径为0.35 ~0.5 mm的中砂,黄色河砂,含泥量不大于3%,颗粒坚硬、干净,无有机杂质,用前过筛,其他应符合规范的质量标准。

④石灰膏用块状生石灰淋制,必须用孔径3mm×3 mm的筛网过滤,并储存在沉淀池中,熟化时间,常温下不少于15 d,用于罩面灰时,不少于30 d,石灰膏内不得有未熟化的颗粒和其他物质。

(2)旁站监理检查。

1)饰面板安装工程。

①饰面板(砖)在搬运中应轻拿轻放,以防棱角损坏、板(砖)断裂,堆放时要竖直堆放,避免碰撞。

②光面、镜面饰面板在搬运时要光面(镜面)对光面(镜面),并衬好软纸,以免损伤光面(镜面),大理石、花岗石不宜采用易褪色的材料包装。

③饰面板所用锚固件及连接件一般应用镀锌铁件或连接件作防腐处理。镜面和光面的大理石、花岗石饰面应用铜或不锈钢制品连接件。

④在砖墙墙面上采用干挂法施工时,饰面板应安装在金属骨架上,金属骨架通常采用镀锌角钢根据设计要求及饰面板尺寸加工制作,并与砖墙上的预埋铁件焊牢。

⑤金属饰面板应自下而上逐排安装。采用单面施工的钩形螺栓应准确固定,螺栓的位置应横平竖直。在室外将金属饰面板用螺钉拧到型钢或木龙骨上,在室内一般都将板条卡在特制的龙骨上。为了保证安装质量,在施工中应经常吊线检查。板间缝隙为 10~20 mm,用橡胶条或密封胶弹性材料处理。

⑥金属饰面板安装完毕后,要十分注意成品保护,不仅要用塑料薄膜覆盖保护,对易被划、碰的部位,还应设置安全栏杆保护。

⑦塑料贴面装饰板安装应符合下列要求:

a. 宜用细齿木工锯,并用刨子加以修边,如需钉钉或螺钉时,应用钻从板正面钻孔。

b. 厚度小于 2 mm 的塑料贴面装饰板,必须将胶贴在胶合板、细木工板、纤维板等板材上,以增大幅面刚度、便于使用。

应将型料板背面与被贴板材表面预先砂毛,再行涂胶。胶合时一般使用脲醛树脂或在脲醛树脂中加入适量的白胶,其胶量一般为 150~250 g/m^2。用冷压法胶合时,一般在两面各加木垫板,用卡子夹紧,加压时室温应在 15 ℃以上,加压持续 12 h 后才能解除压力,并经放置 24 h 后再加工,以免影响胶结强度。

2)饰面砖黏贴工程。

①基层应潮湿,并涂以 1:3 水泥砂浆找平层。如在金属网上涂抹时,砂浆厚度应为 15~20 mm。

②基层表面如有管线、灯具、卫生设备等突出物,则周围的砖应用整砖套割吻合,不得采用非整砖拼凑镶贴。

③粘贴室内面砖时一般自下而上逐层粘贴,从阳角起贴,先贴大面,后贴阴阳角、凹槽等难度较大的部位。每皮砖上口应平齐成一线,竖缝应单边接墙上控制线齐直,砖缝应横平竖直。

6. 幕墙工程

(1)质量要求。

1)玻璃幕墙。

①玻璃幕墙所选用的材料应符合国家现行产品标准的规定,同时应有出厂合格证、质保书及必要的检验报告。

②玻璃幕墙材料应选用耐气候性的材料,金属材料和零配件除不锈钢外,钢材应进行表面热镀锌处理或采取其他有效的防腐措施,铝合金应进行表面阳极氧化处理或其他表面处

理。

③玻璃幕墙采用的铝合金型材应符合现行国家标准《铝合金建筑型材》(GB/T 5237)中规定的高精级和《铝及铝合金阳极氧化膜与有机聚合物膜》(GB 8013)的规定;铝合金的表面处理层厚度和材质应符合现行国家标准《铝合金建筑型材》(GB/T 5237)的有关规定。

④玻璃幕墙采用玻璃的外观质量和性能应符合各种玻璃现行国家标准的规定,如钢化玻璃应符合《建筑用安全玻璃 第2部分:钢化玻璃》(GB 15763.2—2005)的规定。

⑤钢构件采用冷弯薄壁型钢时,除应符合现行国家标准《冷弯薄壁型钢结构技术规范》(GB 50018—2002)的有关规定外,其壁厚不得小于3.5 mm,承载力应进行验算,表面处理应符合现行国家标准《钢结构工程施工质量验收规范》(GB 50205—2001)的有关规定。

⑥玻璃幕墙采用的非标准五金件应符合设计要求,并应有出厂合格证。同时应符合现行国家标准《紧固件机械性能 不锈钢螺栓、螺钉和螺柱》(GB/T 3098.6—2000)和《紧固件机械性能 不锈钢螺帽》(GB/T 3098.15—2000)的规定。

⑦玻璃幕墙应采用中性硅酮耐候密封胶。

⑧玻璃幕墙宜采用岩棉、矿棉、玻璃棉、防火板等不燃烧性或难燃烧性材料作隔热保温材料,同时应采用铝箔或塑料薄膜包装的复合材料,作为防水和防潮材料。

⑨在不同金属材料之间,除不锈钢外均应加设耐热的硬质有机材料垫片。玻璃幕墙立柱与横梁之间的连接处,宜加设橡胶片,或留出1 mm孔隙。

2)金属幕墙。

①金属幕墙所选用的材料应符合国家现行产品标准的规定,同时应有出厂合格证、质保书及必要的检验报告。

②金属幕墙材料应选用耐气候性的材料。金属材料和零配件除不锈钢外,钢材应进行表面热镀锌处理或其他有效防腐措施,铝合金应进行表面阳极氧化处理,或其他有效的表面处理。

③金属幕墙应根据幕墙面积、使用年限及性能要求,分别选用铝冶金单板(简称铝单板)、铝塑复合板、铝合金蜂窝板(简称蜂窝铝板);铝合金板材应达到国家相关标准及设计的要求,并有出厂合格证。

④钢构件采用冷弯薄壁型钢时,除应符合现行国家标准《冷弯薄壁型钢结构技术规范》(GB 50018—2002)的有关规定外,其壁厚不得小于3.0 mm,强度应根据实际工程验算,表面处理应符合现行国家标准《钢结构工程施工质量验收规范》(GB 50205—2001)的有关规定。

⑤金属幕墙采用的非标准五金件应符合设计要求,并应有出厂合格证,同时应符合现行国家标准《紧固件机械性能 不锈钢螺栓、螺钉和螺柱》(GB/T 3098.6—2000)和《紧固件机械性能 不锈钢螺帽》(GB/T3098.15—2000)的规定。

⑥幕墙可采用聚乙烯发泡材料作填充材料,其密度不应小于0.037 g/cm^3。

⑦幕墙宜采用岩棉、矿棉、玻璃棉、防火板等不燃烧性或难燃烧性材料作隔热保温材料,同时应采用铝箔或塑料薄膜包装的复合材料作防水和防潮材料。

⑧幕墙立柱与横梁之间的连接处,宜加设橡胶片,并应安装严密,或留出1 mm间隙。

3)石材幕墙。

①石材幕墙所选用的材料应符合国家现行产品标准的规定,同时应有出厂合格证、质保书及必要的检验报告。

②石材幕墙材料应选用耐气候性的材料。金属材料和零配件除不锈钢外,钢材应进行表面热镀锌处理,铝合金应进行表面阳极氧化处理。

③硅酮结构密封胶、硅酮耐候密封胶必须有与所接触材料的相容性试验报告。橡胶条应有成分分析报告和保质年限证书。

④当石材含有放射物质时,应符合现行行业标准《建筑材料放射性核素限量》(GB 6566—2010)的规定。

⑤幕墙采用的非标准五金件应符合设计要求,并应有出厂合格证。同时应符合现行国家标准《紧固件机械性能 不锈钢螺栓、螺钉和螺柱》(GB/T3098.6—2000)和《紧固件机械性能 不锈钢螺帽》(GB/T 3098.15—2000)的规定。

⑥幕墙石材宜选用火成岩,石材吸水率应小于0.8%。

⑦花岗石板材的弯曲强度应经法定检测机构检测确定,其弯曲强度标准值不应小于8.0 MPa。

⑧密封胶条的技术要求应符合现行国家行业标准《金属与石材幕墙工程技术规范》(JGJ 133—2001)的规定。

⑨硅酮密封胶应有保质年限的质量证书。用于石材幕墙的硅酮结构密封胶还应有证明无污染的试验报告。

⑩幕墙宜采用岩棉、矿棉、玻璃棉、防火板等不燃烧性或难燃烧性材料作隔热保温材料,同时应采用铝箔或塑料薄膜包装的复合材料作防水和防潮材料。

(2)旁站监理检查。

1)玻璃幕墙。

①玻璃与构件不得直接接触。每块玻璃的下部应设不少于两块弹性定位垫块;垫块宽度与槽口相同,长度不小于100 mm;玻璃两边嵌入量及空隙应符合设计要求。

②隐框、半隐框幕墙构件中板材与金属框之间硅酮结构密封胶的黏结宽度,应分别计算风荷载标准值和板材自重标准值作用下硅酮结构密封胶的黏结宽度,并取其较大值,且不得小于7.0 mm。

③耐候硅酮密封胶的施工厚度应大于3.5 mm,施工宽度不应小于施工厚度的2倍;较深的密封槽口底部应采用聚乙烯发泡材料填塞。

④硅酮结构密封胶应打注饱满,并应在温度15~30 ℃、相对湿度50%以上、洁净的室内进行;不得在现场墙上打注。

⑤玻璃幕墙的构件、玻璃和密封等应制定保护措施,不得发生碰撞变形、变色、污染和排水管堵塞等现象。黏附物应及时消除,清洁剂不得产生腐蚀和污染。

⑥幕墙的抗震缝、伸缩缝、沉降缝等部位的处理应保证缝的使用功能和饰面的完整性。

2)金属幕墙。

①安装前应对构件加工精度进行检验,检验合格后方可进行安装。

②预埋件安装必须符合设计要求,安装牢固,严禁歪、斜、倾。安装位置偏差应控制在允许范围内。

③幕墙立柱与横梁安装应严格控制水平、垂直度以及对角线长度,在安装过程中应反复检查,达到要求后方可进行玻璃的安装。

④金属板安装时,应拉线控制相邻玻璃面的水平度、垂直度及大面平整度;用木模板控制

缝隙宽度,如有误差则应均分在每一条缝隙中,防止误差积累。

⑤进行密封工作前应对密封面进行清扫,并在胶缝两侧的金属板上粘贴保护胶带,防止注胶时污染周围的板面;注胶应均匀、密实、饱满,胶缝表面应光滑;同时应注意注胶方法,防止气泡产生并避免浪费。

⑥清扫时应选用合适的清洗溶剂,严禁使用金属物品作为清扫工具,以防损坏金属板或构件表面。

3)石材幕墙。

①安装前应对构件加工精度进行检验,达到设计及规范要求后方可进行安装。

②预埋件安装必须符合设计要求,安装牢固,不应出现歪、斜、倾。安装位置偏差应控制在允许范围内。

③石材板安装时,应拉线控制相邻板材面的水平度、垂直度及大面平整度;用木模板控制缝隙宽度,如有误差则应均分在每一条缝隙中,防止误差积累。

④进行密封工作前应对密封面进行清扫,并在胶缝两侧的石板上粘贴保护胶带,防止注胶时污染周围的板面;注胶应均匀、密实、饱满,胶缝表面应光滑;同时应注意注胶方法,避免浪费。

⑤清扫时应选用合适的清洗溶剂,严禁使用金属物品作为清扫工具,以防磨损石板或构件表面。

7.涂饰工程

(1)质量要求。

1)水性涂料涂饰工程。

①水性涂料涂刷工程所用涂料的品种、型号和性能应符合设计要求。

②民用室内用水性涂料,应测定总挥发性有机化合物(TVOC)和游离甲醛的含量,含量应符合表5.62的规定。

表5.62　室内用水性涂料中总挥发性有机化合物(TVOC)和游离甲醛限量

测定项目	限量	测定项目	限量
TVOC/($g \cdot L^{-1}$)	≤200	游离甲醛/($g \cdot kg^{-1}$)	≤0.01

③民用建筑工程室内用水性胶黏剂,应测定其总挥发性有机化合物(TVOC)和游离甲醛的含量,其限量应符合表5.63的规定。

表5.63　室内用水性胶黏剂中总挥发性有机化合物(TVOC)和游离甲醛限量

测定项目	限量	测定项目	限量
TVOC/($g \cdot L^{-1}$)	≤50	游离甲醛/($g \cdot kg^{-1}$)	≤1

④室外带颜色的涂料,应采用耐碱和耐光的颜料。

2)溶剂型涂料涂饰工程。

①溶剂型涂料涂饰工程所选涂料的品种、型号和性能应符合设计要求。

②民用建筑工程室内用溶剂型胶粘剂,应测定其总挥发性有机化合物(TVOC)和苯的含量,其限量应符合表5.64的规定。

表5.64 室内用溶剂型胶粘剂中总挥发性有机化合物(TVOC)和苯限量

测定项目	限　量	测定项目	限量
TVOC/($g \cdot L^{-1}$)	≤750	苯/($g \cdot kg^{-1}$)	≤5

3)美术涂饰工程

①油漆、涂料、填充料、催干剂、稀释剂等材料选用必须符合《民用建筑工程室内环境污染控制规范》(GB 50325—2010)第3.3.2条的要求。并具备有关国家环境检测机构出具的有关有害物资限量等级检测报告。

(2)旁站监理检查。

1)水性涂料涂饰工程。

①水性涂料涂饰工程的施工环境温度应为5~35 ℃。

②基层表面必须干净、平整。表面麻面等缺陷应用腻子填平并用砂纸磨平磨光。

③室外涂饰,同一墙面应采用相同的材料和配合比。涂料在施工时,应经常搅拌,每遍涂层不应过厚,涂刷均匀。若分段施工时,其施工缝应留在分格缝、墙的阴阳角处或水落管后。

④室内涂饰,一面墙每遍必须一次完成,涂饰上部时,溅到下部的浆点,要用铲刀及时铲除掉,以免妨碍平整美观。

⑤涂层与其他装修材料和设备衔接处应吻合,界面应清晰。

2)溶剂型涂料涂饰工程。

①混凝土或抹灰基层涂刷溶剂型涂料时,含水率不得大于8%;木材基层的含水率不得大于12%。

②基层腻子应平整、坚实、牢固,无粉化、起皮和裂缝;内墙腻子的黏结强度应符合《建筑室内用腻子》(JG/T 298—2010)的规定。

③一般溶剂型涂料涂饰工程施工时的环境温度不宜低于10 ℃,相对湿度不宜大于60%。遇有大风、雨、雾等情况时,不宜施工(特别是面层涂饰,更不宜施工)。

④采用机械喷涂油漆时,应对不涂漆部位加以遮盖,以防污染。

⑤涂层与其他装修材料和设备衔接处应吻合,界面应清晰。

3)美术涂饰工程。

①基层腻子应平整、坚实、牢固,无粉化、起皮和裂缝。

②水溶性、溶剂型涂饰应涂刷均匀、黏结牢固,不得漏涂、透底、起皮和反锈。

③一般涂料、油漆施工的环境温度不宜低于10 ℃,相对湿度不宜大于60%。

6　监理信息管理、资料管理与组织协调工作

6.1　项目监理机构的信息管理

1. 建设工程项目信息管理的基本概念

(1)建设工程信息管理基本任务。

①组织项目基本情况信息的收集并系统化,编制项目手册。

②项目报告及各种资料的规定,例如资料的格式、内容、数据结构要求。

③按照项目实施、项目组织、项目管理工作过程建立项目管理信息系统流程,在实际工作中保证这个系统能够正常运行,并控制信息流。

④文件档案管理工作。

(2)建设工程信息管理工作原则。

建设工程信息管理的工作原则如下:

1)标准化原则。

2)有效性原则。

3)定量化原则。

4)时效性原则。

5)高效处理原则。

6)可预见原则。

(3)信息分类编码原则。

信息分类编码的原则如下:

1)唯一性。

2)合理性。

3)可扩充性。

4)简单性。

5)适用性。

6)规范性。

(4)常用信息代码分类标准。

常用信息代码分类标准有以下四种:

1)美国建筑规范学会的 CSI 信息分类体系。

2)美国 UNIFORMAT 信息分解体系。

3)ISO 信息编码框架体系。

4)北京市地方标准《建筑安装工程资料管理规程》中提出的“专业工程分类编码参考表”。

2. 建设工程信息管理基本环节

建设工程信息管理贯穿建设工程全过程，衔接建设工程各个阶段、各个参建单位和各个方面，其基本环节有信息的收集、传递、加工、整理、检索、分发、存储。

(1)建设工程信息收集。

1)项目决策阶段的信息收集

①项目相关市场方面的信息，如产品预计进入市场后的市场占有率、社会需求、影响市场渗透的因素、产品生命周期等。

②项目资源相关方面的信息，如资金筹措渠道和方式，劳动力，原辅料，矿藏来源，水、气、电的供应等。

③自然环境相关方面的信息，如城市交通、运输、气象、地质、水文地形地貌、废料处理可能性等。

④新技术、新设备、新工艺、新材料，专业配套方面的信息。

⑤政治环境、社会治安状况，当地法律、政策、教育的信息。

2)设计阶段的信息收集。

①可行性研究报告，如前期相关文件资料，存在的问题和建设单位的意图，建设单位前期准备和项目审批完成的情况。

②同类工程相关信息，如建筑规模，结构形式，造价构成，工艺、设备的选型，地基处理方式及实际效果，建设工期，采用的新材料、新技术、新设备、新工艺的实际效果及存在的问题，技术经济指标。

③拟建工程当地相关信息，如工程地质、水文地质、地形地貌、地下设施情况、城市拆迁政策和拆迁户数、青苗补偿、周围环境(水电气、道路等的接入点、交通等)。

④勘察设计单位信息，如同类工程完成情况、实际效果、完成能力、人员构成、设备投入、质量管理体系情况、创新能力、施工期技术服务主动性和处理问题的能力、设计深度和技术文件质量、专业配套能力、设计概算和施工图预算编制能力、合同履约情况、采用新设计新技术新设备能力等。

⑤工程所在地政府相关信息，如国家和地方政策、法律、法规、规范、规程、环保政策、政府服务情况和限制等。

⑥设计信息，如设计中的设计进度计划，设计质量保证体系，设计合同执行情况，专业间设计交接情况，偏差产生的原因，纠偏措施，执行规范、规程、技术标准情况，设计概算和施工预算结果，限额设计执行情况等。

3)施工招标阶段的信息收集。

①勘察设计资料。工程地质、水文地质勘察报告，施工图设计及施工图预算、设计概算，设计、地质勘察、测绘的审批报告等方面的信息。

②前期报审文件。建设单位建设前期报审文件，如立项文件、建设用地、征地、拆迁文件。

③工程造价信息。工程造价的市场变化规律及所在地的材料、构件、设备、劳动力差异。

④当地施工企业信息。当地施工单位管理水平、质量保证体系，施工质量、设备、机具能力。

⑤拟采用的规范信息。本工程适用的规范、规程、标准，特别是强制性规范。

⑥招标监管信息。所在地关于招投标有关法规、规定，国际招标、国际贷款指定适用的范

本,本工程适用的建筑施工合同范本及特殊条款。

⑦招标代理机构信息。所在地招投标代理机构能力、特点,所在地招投标管理机构及管理程序。

⑧新材料、设备等"四新"信息。该建设工程采用的新材料、新技术、新设备、新工艺,投标单位对"四新"的处理能力和了解程度、经验、措施。

4)施工阶段的信息收集。

①施工准备期。

a. 监理准备信息。监理大纲,施工图设计及施工图预算,掌握结构特点,工程难点、要点、特点,工业工程的工艺流程特点、设备特点,了解工程预算体系、了解施工合同。

b. 施工项目经理部组建及运行信息。施工单位项目经理部组成、人员资质、进场设备的规格型号和保修记录、施工场地的准备情况、施工单位质量保证体系及施工单位的施工组织设计、特殊工程的技术方案和施工进度网络计划图表、进场材料和构件管理制度、安全措施、信息管理制度、承包单位和分包单位的资质等施工单位信息。

c. 测量放线信息。建设场地的工程地质、水文,地上、地下设施、相邻建筑物等环境信息,建筑红线、标高、坐标,水、电、气管道的引入标志,地质勘察报告,地形测量图及标桩等环境信息。

d. 开工准备信息。施工图的会审和交底记录、开工前的监理交底记录、施工组织设计的修改情况、施工单位的开工报告及实际准备情况。

e. 法规、规范信息。本工程需遵循的相关法律、法规、规范、规程、有关质量检验、控制的技术法规和质量验收标准。

②施工实施期。

a. 资源信息。施工单位人员、设备、水、电等能源的动态信息。

b. 气象信息。施工期气象的中长期趋势及同期历史数据,每天不同时段的动态信息。

c. 材料信息。建筑原材料、半成品、成品、构配件等工程物资的进场、加工、保管、使用等信息。

d. 项目管理信息。项目经理部管理程序,质量、进度、投资的事前、事中、事后控制措施,数据采集来源及采集、处理、存储、传递方式,工序间交接制度,事故处理制度,施工组织设计、方案执行的情况,工地文明施工及安全措施等。

e. 规范执行信息。施工中需要执行的国家和地方规范、规程、标准、施工合同执行情况。

f. 施工记录信息。施工中发生的工程数据,如地基验槽及处理记录、工序间交接记录、隐蔽工程检查记录等。

g. 材料必试项目信息。水泥、砖、砂石、钢筋、外加剂、混凝土、防水材料、回填土、饰面板、玻璃幕墙等测试项目信息。

h. 设备安装的试运行和测试项目的信息。电气接地电阻、绝缘电阻测试,管道通水、通气、通风试验,电梯施工试验,消防报警、自动喷淋系统联动试验等。

i. 施工索赔相关信息。索赔程序,索赔依据,索赔证据,索赔处理意见等。

③竣工保修期。

a. 工程准备阶段文件。立项文件、建设用地、征地、拆迁文件、开工审批文件等。

b. 监理文件。监理规划、监理实施细则、有关质量问题和质量事故的相关记录、监理工作总结及监理过程中各种控制和审批文件等。

c. 施工资料。分建筑安装工程和市政基础设施工程两大类分别收集。

d. 竣工图。分建筑安装工程和市政基础设施工程两大类分别收集。

e. 竣工验收资料。工程竣工总结、竣工验收备案表、电子档案等。

(2)建设工程信息的加工、整理、分发、检索和存储

1)信息加工。整理信息的加工主要是把建设各方得到的数据和信息进行鉴别、选择、核对、合并、排序、更新、计算、汇总、转储,生成不同形式的数据和信息,提供给不同需求的各类管理人员使用。在信息加工时,往往要求按照不同的需求,分层进行加工。

2)信息处理。信息处理包括信息的加工、整理和存储。信息的加工、整理和存储流程是信息系统流程的主要组成部分。信息系统的流程图有业务流程图、数据流程图,一般应先找到业务流程图,方可进一步绘制数据流程图。数据流程图的绘制应自上而下地层层细化,经过整理、汇总后得到总的数据流程图,再得到系统的信息处理流程图。

3)信息的分发和检索。信息在通过对收集的数据进行分类加工处理产生信息后,要及时提供给需要使用数据和信息的部门,信息和数据的分发要根据需要进行,信息和数据的检索则要建立必要的分级管理制度,一般由使用软件来保证实现数据和信息的分发、检索,关键是要决定分发和检索的原则。

分发和检索的原则是:需要的部门和使用人,有权在需要的第一时间,方便地得到所需要的、以规定形式提供的一切信息和数据,而保证不向不该知道的部门(人)提供任何信息和数据。

考虑分发设计的主要内容包括:

①了解使用部门或使用人的使用目的、使用周期、使用频率、得到时间、数据的安全要求。

②决定分发的项目、内容、分发量、范围和数据来源。

③决定分发信息和数据的数据结构、类型、精度和如何组织成规定的格式。

④决定提供的信息和数据介质。

检索设计的主要考虑因素包括:

①允许检索的范围、检索的密级划分、密码的管理。

②检索的信息和数据能否及时、快速地提供,采取什么手段来实现。

③提供检索需要的数据和信息输出形式、能否根据关键字实现智能检索。

4)信息的存储。信息的存储一般需要建立统一的数据库,各类数据以文件的形式组织在一起,组织的方法一般由单位自定,但要考虑规范化。

根据建设工程实际,可按照下列方式组织:

①按照工程进行组织,同一工程按照投资、进度、质量、合同的角度组织,各类进一步按照具体情况细化。

②文件名规范化,以定长的字符串作为文件名。

③各建设方协调统一存储方式,在国家技术标准有统一的代码时尽量采用统一代码。

④有条件时可通过网络数据库形式存储数据,从而达到建设各方数据共享,减少数据冗余,保证数据的唯一性。

6.2　项目监理机构的资料管理

监理工作中资料的管理包括两大方面,一方面是对施工单位的资料管理工作进行监督,要求施工人员及时记录、收集并存档需要保存的资料与档案;另一方面是监理机构本身应进行的资料与档案管理工作。

1. 工程监理资料编制基本规定

(1)监理资料管理的基本要求是:整理及时、真实齐全、分类有序。

(2)总监理工程师应指派专人进行监理资料管理,总监理工程师为总负责人。

(3)应要求承包单位将有监理人员签字的施工技术和管理文件,上报项目监理部存档备查。

(4)应利用计算机建立图、表等系统文件辅助监理工作控制和管理,可在计算机内建立监理管理台账,具体内容包括:

1)工程材料、构配件、设备报验台账。

2)施工试验(混凝土、钢筋、水、电、暖、通等)报审台账。

3)分项、分部验收台账。

4)工程量、月工程进度款报审台账。

5)其他。

(5)监理工程师应根据基本要求认真审核资料,不得接受经过涂改的报验资料,并在审核整理后交由资料管理人员存放。

(6)在监理工作过程中,监理资料应按单位工程建立案卷盒(夹),分专业存放保管,并编目,以便于跟踪检查。

(7)监理资料的收发、借阅必须通过资料管理人员履行手续。

2. 工程监理资料的组成

(1)监理文件资料应包括下列主要内容:

1)勘察设计文件、建设工程监理合同及其他合同文件。

2)监理规划、监理实施细则。

3)设计交底和图纸会审会议纪要。

4)施工组织设计、(专项)施工方案、施工进度计划报审文件资料。

5)分包单位资格报审文件资料。

6)施工控制测量成果报验文件资料。

7)总监理工程师任命书,工程开工令、暂停令、复工令,开工或复工报审文件资料。

8)工程材料、构配件、设备报验文件资料。

9)见证取样和平行检验文件资料。

10)工程质量检查报验资料及工程有关验收资料。

11)工程变更、费用索赔及工程延期文件资料。

12)工程计量、工程款支付文件资料。

13)监理通知单、工作联系单与监理报告。

14)第一次工地会议、监理例会、专题会议等会议纪要。

15)监理月报、监理日志、旁站记录。

16)工程质量或生产安全事故处理文件资料。

17)工程质量评估报告及竣工验收监理文件资料。

18)监理工作总结。

(2)监理日志应包括下列主要内容:

1)天气和施工环境情况。

2)当日施工进展情况。

3)当日监理工作情况,包括旁站、巡视、见证取样、平行检查等情况。

4)单日存在的问题及协调解决情况。

5)其他有关事项。

(3)监理月报应包括下列主要内容:

1)本月工程实施情况。

①工程进展情况,实际进度与计划进度的比较,施工单位人、机、料进场及使用情况,本期在施部位的工程照片。

②工程质量情况,分项分部工程验收情况,工程材料、设备、构配件进场检验情况,主要施工试验情况,本月工程质量分析。

③施工单位安全生产管理工作评述。

④已完工程量与已付工程款的统计及说明。

2)本月监理工作情况。

①工程进度控制方面的工作情况。

②工程质量控制方面的工作情况。

③安全生产管理方面的工作情况。

④工程计量与工程款支付方面的工作情况。

⑤合同其他事项的管理工作情况。

⑥监理工作统计及工作照片。

3)本月施工中存在的问题及处理情况。

①工程进度控制方面的主要问题分析及处理情况。

②工程质量控制方面的主要问题分析及处理情况。

③施工单位安全生产管理方面的主要问题分析及处理情况。

④工程计量与工程款支付方面的主要问题分析及处理情况。

⑤合同其他事项管理方面的主要问题分析及处理情况。

4)下月监理工作重点。

①在工程管理方面的监理工作重点。

②在项目监理机构内部管理方面的工作重点。

(4)监理工作总结应包括下列主要内容:

1)工程概况。

2)项目监理机构。

3)建设工程监理合同履行情况。

4)监理工作成效。

5)监理工作中发现的问题及其处理情况。

6)说明和建议。

6.3　项目监理机构的组织协调工作

建设工程监理目标的实现,需要监理工程师扎实的专业知识和对监理程序的有效执行,此外,还要求监理工程师具有较强的组织协调能力。通过组织协调,使影响监理目标实现的各方主体有机配合,使监理工作实施和运行过程顺利。

所谓协调就是联结、联合、调和所有的活动及力量,使各方配合得适当,其目的是促使各方协同一致,以实现预定目标。协调工作应贯穿于整个建设工程实施及其管理过程中。

从系统方法的角度看,项目监理机构协调的范围分为系统内部的协调和系统外部的协调,系统外部协调又分为近外层协调和远外层协调。近外层和远外层的主要区别是,建设工程与近外层关联单位一般有合同关系,与远外层关联单位一般没有合同关系。

1.项目监理机构组织协调的工作内容

(1)项目监理机构内部的协调。

1)项目监理机构内部人际关系的协调。项目监理机构是由人组成的工作体系,工作效率很大程度上取决于人际关系的协调程度,总监理工程师应首先抓好人际关系的协调,激励项目监理机构成员。

①在人员安排上要量才录用。

②在工作委任上要职责分明。

③在成绩评价上要实事求是。

④在矛盾调解上要恰到好处。

2)项目监理机构内部组织关系的协调。项目监理机构内部组织关系的协调可从以下几方面进行:

①在职能划分的基础上设置组织机构,根据工程对象及委托监理合同所规定的工作内容,确定职能划分,并相应设置配套的组织机构。

②明确规定每个部门的目标、职责和权限,最好以规章制度的形式作出明文规定。

③事先约定各个部门在工作中的相互关系。在工程建设中许多工作是由多个部门共同完成的,其中有主办、牵头和协作、配合之分,事先约定,才不至于发生误事、脱节等贻误工作的现象。

④建立信息沟通制度,如采用工作例会、业务碰头会、发会议纪要、工作流程图或信息传递卡等方式来沟通信息,这样可使局部了解全局,服从并适应全局需要。

⑤及时消除工作中的矛盾或冲突。

3)项目监理机构内部需求关系的协调。建设工程监理实施中的需求包括人员需求、试验设备需求、材料需求等,而资源是有限的,因此,内部需求平衡至关重要。需求关系的协调可从以下环节进行:

①对监理设备、材料的平衡。

②对监理人员的平衡。

(2)项目监理机构与业主的协调。

监理实践证明,监理目标能否顺利实现和与业主协调的好坏有很大的关系。监理工程师应从以下几方面加强与业主的协调:

1)监理工程师首先要理解建设工程总目标、理解业主的意图。

2)利用工作之便搞好监理宣传工作,增进业主对监理工作的理解,特别是对建设工程管理各方职责及监理程序的理解;主动帮助业主处理建设工程中的事务性工作,以自身规范化、标准化、制度化的工作去影响和促进双方工作的协调一致。

3)尊重业主,让业主一起投入建设工程全过程。

(3)项目监理机构与承包商的协调。

监理工程师对质量、进度和投资的控制都是通过承包商的工作来实现的,所以做好与承包商的协调工作是监理工程师组织协调工作的重要内容。

1)坚持原则,实事求是,严格按规范、规程办事,讲究科学态度。

2)协调不仅是方法、技术问题,更多的是语言艺术、感情交流和用权适度问题。

3)施工阶段的协调工作内容。

施工阶段协调工作的主要内容如下:

①与承包商项目经理关系的协调。

②进度问题的协调。

③质量问题的协调。

④对承包商违约行为的处理。

⑤合同争议的协调。

⑥对分包单位的管理。

⑦处理好人际关系。

(4)项目监理机构与设计单位的协调。

监理单位必须协调与设计单位的工作,以加快工程进度,确保质量,降低消耗。

1)真诚尊重设计单位的意见,在设计单位向承包商介绍工程概况、设计意图、技术要求、施工难点等时,注意标准过高、设计遗漏、图纸差错等问题,并在施工之前将其解决;施工阶段,严格按图施工;结构工程验收、专业工程验收、竣工验收等工作,应约请设计代表参加;若发生质量事故,应认真听取设计单位的处理意见,等等。

2)施工中发现设计问题,应及时向设计单位提出,以免造成大的直接损失;若监理单位掌握比原设计更先进的新技术、新工艺、新材料、新结构、新设备时,可主动向设计单位推荐。为使设计单位有修改设计的余地而不影响施工进度,应协调各方达成协议,约定一个期限,争取设计单位、承包商的理解和配合。

3)注意信息传递的及时性和程序性。监理工作联系单、工程变更单传递,要按照规定的程序进行传递。

(5)项目监理机构与政府部门及其他单位的协调。

一个建设工程的开展还存在政府部门及其他单位(如金融组织、社会团体、新闻媒介等)的影响,它们对建设工程起着一定的控制、监督、支持、帮助作用,这些关系若协调不好,建设工程实施也可能严重受阻。

1)与政府部门的协调。

①工程质量监督站是由政府授权的工程质量监督的实施机构,对委托监理的工程,质量监督站主要是核查勘察设计单位、施工单位和监理单位的资质,监督这些单位的质量行为和工程质量。监理单位在进行工程质量控制和质量问题处理时,要做好与工程质量监督站的交流和协调。

②重大质量事故,在承包商采取急救、补救措施的同时,应督促承包商立即向政府有关部门报告情况,并接受检查和处理。

③建设工程合同应送交公证机关公证,并报政府建设管理部门备案;征地、拆迁、移民要争取政府有关部门支持和协作;现场消防设施的配置,宜请消防部门检查认可;要督促承包商在施工中注意防止环境污染,坚持做到文明施工。

2)协调与社会团体的关系。

一些大中型建设工程建成后,不仅会给业主带来效益,还会给该地区的经济发展带来好处,同时给当地人民生活带来方便,因此必然会引起社会各界关注。业主和监理单位应把握机会,争取社会各界对建设工程的关心和支持。这是一种争取良好社会环境的协调。

对本部分的协调工作,从组织协调的范围来看是属于远外层的管理。根据目前的工程监理实践,对远外层关系的协调,应当由业主主持,监理单位主要是协调近外层关系。如果业主将部分或全部远外层关系协调工作委托给监理单位承担,则应在委托监理合同专用条件中明确委托的工作和相应的报酬。

2. 建设工程监理组织协调的方法

监理工程师组织协调可采用下列方法:

(1)会议协调法。

1)第一次工地会议。

第一次工地会议是建设工程尚未全面展开前,履约各方相互认识、确定联络方式的会议,也是检查开工前各项准备工作是否就绪并明确监理程序的会议。第一次工地会议应在项目总监理工程师下达开工令之前举行,会议由建设单位主持召开,邀请监理单位、总承包单位的授权代表参加,也可邀请分包单位参加,必要时邀请有关设计单位人员参加。

2)监理例会。

①监理例会是由总监理工程师主持,按照一定程序召开的,研究施工中出现的计划、进度、质量及工程款支付等问题的工地会议。

②监理例会应当定期召开,宜每周召开一次。

③参加人员包括项目总监理工程师(也可为总监理工程师代表)、其他有关监理人员、承包商项目经理、承包单位其他有关人员。需要时,还可邀请其他有关单位代表参加。

④会议的主要议题如下:

a. 对上次会议存在问题的解决和纪要的执行情况进行检查。

b. 工程进展情况。

c. 对下月(或下周)的进度预测及其落实措施。

d. 施工质量、加工订货、材料的质量与供应情况。

e. 质量改进措施。

f. 有关技术问题。

g. 索赔及工程款支付情况。

h. 需要协调的有关事宜。

⑤会议纪要。会议纪要由项目监理机构起草，经与会各方代表会签，然后分发给有关单位。会议纪要内容包括：

a. 会议地点及时间。

b. 出席者姓名、职务及他们代表的单位。

c. 会议中发言者的姓名及所发表的主要内容。

d. 决定事项。

e. 诸事项分别由何人何时执行。

3）专业性监理会议。除定期召开工地监理例会以外，还应根据需要组织召开一些专业性协调会议，例如加工订货会、业主直接分包的工程内容承包单位与总包单位之间的协调会、专业性较强的分包单位进场协调会等，均应由监理工程师主持会议。

（2）交谈协调法。

在实践中，并不是所有问题都需要开会来解决，有时可采用“交谈”这一方法。交谈主要有两种形式，即面对面交谈和电话交谈。

无论是内部协调还是外部协调，这种方法的使用频率都是相当高的。其作用如下：

1）保持信息畅通。由于交谈本身并没有合同效力及其方便性和及时性，所以建设工程参与各方之间及监理机构内部都愿意采用这一方法进行。

2）寻求协作和帮助。在寻求别人帮助和协作时，往往需要及时了解对方的反应和意见，以便采取相应的对策。另外，相对于书面寻求协作，人们更难于拒绝面对面的请求。因此，采用交谈方式请求协作和帮助通常比采用书面方法实现的可能性要大。

3）及时发布工程指令。在实践中，监理工程师一般均采用交谈方式先发布口头指令，这样，一方面可使对方及时地执行指令，另一方面可与对方进行交流，了解对方是否正确理解了指令。随后，再以书面形式加以确认。

（3）书面协调法。

当会议或者交谈不方便或不需要时，或者需要精确地表达自己的意见时，就会用到书面协调的方法。书面协调方法的特点是具有合同效力，一般常用于以下几方面：

1）不需双方直接交流的书面报告、报表、指令和通知等。

2）需要以书面形式向各方提供详细信息和情况通报的报告、信函和备忘录等。

3）事后对会议记录、交谈内容或口头指令的书面确认。

（4）访问协调法。

访问法主要用于外部协调中，分为走访和邀访两种形式。走访是指监理工程师在建设工程施工前或施工过程中，对与工程施工有关的各政府部门、公共事业机构、新闻媒介或工程毗邻单位等进行访问，向他们解释工程的情况，了解他们的意见。邀访是指监理工程师邀请上述各单位（包括业主）代表到施工现场对工程进行指导性巡视，了解现场工作。因为在多数情况下，这些有关方面并不了解工程，不清楚现场的实际情况，如果进行一些不恰当的干预，会对工程产生不利影响。这个时候，采用访问法可能是一个相当有效的协调方法。

(5)情况介绍法。

情况介绍法通常是与其他协调方法紧密结合在一起的,它是在一次会议前,或是一次交谈前,或是一次走访或邀访前向对方进行的情况介绍。形式上主要是口头的,有时也伴有书面的。介绍往往作为其他协调的引导,目的是使别人首先了解情况。因此,监理工程师应重视任何场合下的每一次介绍,要使别人能够理解你介绍的内容、问题和困难以及你想得到的协助等。

参考文献

[1] 国家标准. GB/T 50319—2013 建设工程监理规范[S]. 北京:中国建筑工业出版社,2013.

[2] 国家标准. GB 50345—2012 屋面工程技术规范[S]. 北京:中国建筑工业出版社,2012.

[3] 国家标准. GB 50208—2011 地下防水工程质量验收规范[S]. 北京:中国建筑工业出版社,2012.

[4] 国家标准. GB 50209—2010 建筑地面工程施工质量验收规范[S]. 北京:中国计划出版社,2010.

[5] 国家标准. GB 50210—2001 建筑装饰装修工程质量验收规范[S]. 北京:中国标准出版社,2002.

[6] 国家标准. GB 50207—2012 屋面工程质量验收规范[S]. 北京:中国建筑工业出版社,2012.

[7] 国家标准. GB 50242—2002 建筑给水排水及采暖工程施工质量验收规范[S]. 北京:中国标准出版社,2004.

[8] 国家标准. GB 50243—2002 通风与空调工程施工质量验收规范[S]. 北京:中国计划出版社,2004.

[9] 国家标准. GB 50303—2002 建筑电气工程施工质量验收规范[S]. 北京:中国计划出版社,2004.

[10] 国家标准. GB 50202—2002 建筑地基基础工程施工质量验收规范[S]. 北京:中国计划出版社,2004.

[11] 国家标准. GB 50204—2002 混凝土结构工程施工质量验收规范(2010 版)[S]. 北京:中国建筑工业出版社,2002.

[12] 国家标准. GB 50203—2011 砌体结构工程施工质量验收规范[S]. 北京:中国建筑工业出版社,2012.

[13] 国家标准. GB 50205—2001 钢结构工程施工质量验收规范[S]. 北京:中国计划出版社,2002.

[14] 郑淑平、吴泳川. 建设工程监理[M]. 北京:清华大学出版社,2012.

[15] 李惠强、唐菁菁. 建设工程监理[M]. 2 版. 北京:中国建筑工业出版社,2010.